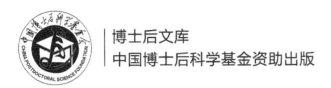

博士后文库
中国博士后科学基金资助出版

建筑内部风荷载的理论评估和设计取值

徐海巍　著

科学出版社
北　京

内 容 简 介

风致建筑内压是结构抗风设计中重要的荷载组成部分。针对这一现状,本书将理论、试验和工程案例相结合,从多角度介绍建筑内部风压的响应特点,并提供多种评估方法。全书共 9 章,第 1~4 章主要介绍风致建筑内压的响应机理、理论评估方法和风洞试验模拟策略;第 5~7 章结合实际工程深入分析内压的取值规律、影响因素和简化预测方法;第 8 章提供一种基于流体动力学理论的内压数值模拟技术,以拓宽抗风设计的手段;第 9 章从设计角度出发,建立一套适合规范应用的内压设计值计算方法。

本书可供高等院校结构工程、土木工程等相关专业的教师和研究生参考,也可为从事建筑结构抗风设计与研究的设计师及科研人员提供参考和帮助。

图书在版编目(CIP)数据

建筑内部风荷载的理论评估和设计取值/徐海巍著.—北京:科学出版社,
2018.2

(博士后文库)

ISBN 978-7-03-056545-7

Ⅰ.①建… Ⅱ.①徐… Ⅲ.①建筑物-内部-风载荷-研究 Ⅳ.①TU312

中国版本图书馆 CIP 数据核字(2018)第 025854 号

责任编辑:张晓娟 / 责任校对:桂伟利
责任印制:徐晓晨 / 封面设计:熙 望

科 学 出 版 社 出版
北京东黄城根北街 16 号
邮政编码:100717
http://www.sciencep.com

北京中石油彩色印刷有限责任公司 印刷
科学出版社发行 各地新华书店经销
*
2018 年 2 月第 一 版 开本:720×1000 B5
2019 年 1 月第二次印刷 印张:17 1/2
字数:350 000
定价:108.00 元
(如有印装质量问题,我社负责调换)

《博士后文库》编委会名单

《博士后文库》序言

1985年，在李政道先生的倡议和邓小平同志的亲自关怀下，我国建立了博士后制度，同时设立了博士后科学基金。30多年来，在党和国家的高度重视下，在社会各方面的关心和支持下，博士后制度为我国培养了一大批青年高层次创新人才。在这一过程中，博士后科学基金发挥了不可替代的独特作用。

博士后科学基金是中国特色博士后制度的重要组成部分，专门用于资助博士后研究人员开展创新探索。博士后科学基金的资助，对正处于独立科研生涯起步阶段的博士后研究人员来说，适逢其时，有利于培养他们独立的科研人格、在选题方面的竞争意识以及负责的精神，是他们独立从事科研工作的"第一桶金"。尽管博士后科学基金资助金额不大，但对博士后青年创新人才的培养和激励作用不可估量。四两拨千斤，博士后科学基金有效地推动了博士后研究人员迅速成长为高水平的研究人才，"小基金发挥了大作用"。

在博士后科学基金的资助下，博士后研究人员的优秀学术成果不断涌现。2013年，为提高博士后科学基金的资助效益，中国博士后科学基金会联合科学出版社开展了博士后优秀学术专著出版资助工作，通过专家评审遴选出优秀的博士后学术著作，收入《博士后文库》，由博士后科学基金资助、科学出版社出版。我们希望，借此打造专属于博士后学术创新的旗舰图书品牌，激励博士后研究人员潜心科研，扎实治学，提升博士后优秀学术成果的社会影响力。

2015年，国务院办公厅印发了《关于改革完善博士后制度的意见》（国办发〔2015〕87号），将"实施自然科学、人文社会科学优秀博士后论著出版支持计划"作为"十三五"期间博士后工作的重要内容和提升博士后研究人员培养质量的重要手段，这更加凸显了出版资助工作的意义。我相信，我们提供的这个出版资助平台将对博士后研究人员激发创新智慧、凝聚创新力量发挥独特的作用，促使博士后研究人员的创新成果更好地服务于创新驱动发展战略和创新型国家的建设。

祝愿广大博士后研究人员在博士后科学基金的资助下早日成长为栋梁之才，为实现中华民族伟大复兴的中国梦做出更大的贡献。

中国博士后科学基金会理事长

前　　言

通常封闭的情况下,建筑的内部风压是由外部气流通过建筑自身存在的缝隙或通风孔进入其内部而产生的。然而,当建筑由于使用功能的要求(如开合屋盖)或者在强风作用下门窗破坏时,会出现墙面或屋面局部开洞的情况,此时大量气流会涌入建筑内部,从而使其内部风荷载显著增大,甚至可能超过外部风压的作用。大量的风灾调查显示,建筑围护结构的严重破坏是其受内外表面的风荷载共同作用产生的。在合适的开洞大小和外部风压激励下,建筑内压具有明显的共振特性,从而导致其脉动响应得到放大,当其与外部风压叠加时会大大增加结构的破坏风险。对于我国沿海台风高发地区,各类低矮建筑和大跨屋盖结构(如厂房、体育场等)的抗风安全是结构设计所要考虑的重要因素。而作为设计风荷载的重要组成部分,了解内压响应特性并对其进行准确合理的评估将有助于提高各类建筑的抗风性能,从而减少恶劣风环境下的经济损失和人员伤亡。尽管内压对结构抗风设计十分重要,但与外部风荷载相比,对风致内压响应的研究起步较晚且认识也不够充分,这就直接导致各国规范对建筑内压设计取值的规定相对较为简单,难以满足各类复杂工程的抗风设计需求。针对这一研究现状,作者多年来对风致建筑内部风压的响应特性和取值进行了深入的理论和试验研究,并从设计角度出发提炼出相应的内压抗风设计方法。

本书在深入揭示内压响应理论的基础上,结合工程实例介绍如何采用理论公式、风洞试验和数值模拟等多种途径进行内压评估,并最终回归到规范应用,提出内压的设计取值方法。全书共9章,第1章对边界层风场的基本理论知识,内压的研究背景、现状以及各国规范针对内压的相关规定进行介绍;第2、3章介绍各类墙面开洞情况下风致内压响应的特性,以及相应的理论评估方法和相关计算参数的取值;第4章介绍开洞结构内压的风洞试验模拟方法以及相关注意事项;第5章探讨单开洞建筑脉动内压响应的影响因素及简化预测方法;第6章描述某开洞超高单层厂房的内外压分布特征及屋盖的风振响应特点;第7章以实际工程为背景展示屋面开洞时建筑内压的取值特性;第8章探索建筑内部风效应的数值模拟技术及其效果;第9章在前面各章研究的基础上给出建筑内部风荷载的设计取值方法。本书的主要特色是将理论研究与工程实际以及规范设计紧密结合,使读者不仅能够从机理的角度清晰地认识内压的特性,而且能从设计应用的角度掌握内压的取值评估方法。

本书的完成得到了同行专家及家人的支持和鼓励。感谢浙江大学建筑工程学院结构风工程课题组的楼文娟教授对书稿的评阅和建议,感谢我的父母和我的姨妈,你们一如既往的支持和鼓励,使我能够潜心研究并顺利完成本书的撰写。

　　本书相关研究得到了国家自然科学基金青年科学基金项目(51508502、50908208)和中国博士后科学基金(2015M581938)的支持,在此一并表示感谢!

　　限于作者水平,书中难免存在不足之处,敬希广大读者指正!

目　　录

第1章　建筑风致内压的研究和设计现状

1.1　边界层风特性

风是空气相对于地球表面的运动。太阳辐射的不均匀性使得地球表面受热不均从而产生大气的压差，加之地球自转效应造成了大气的流动，这就是风的成因。大量的风速实测研究表明，风速时程包含一种长周期分量（周期长度在 10min 以上）和一种短周期分量（通常为几秒）。据此，实际工程应用中可以将风速时程分解为平均风和脉动风。平均风具有长周期的特点，可以认为是一种不随时间变化的静态作用力，而脉动风具有随机时变性，故将其当成一种动态的作用力。因此，对于顺风向来流，其风速时程 $U(t)$ 可以表示为

$$U(t) = \overline{U}(t) + \widetilde{U}(t) \tag{1.1}$$

式中，$\overline{U}(t)$ 为来流的平均风速，m/s；$\widetilde{U}(t)$ 为来流的脉动风速，m/s。

由此产生的相应动态风压力为

$$
\begin{aligned}
W(t) &= \frac{1}{2}\rho_a U(t)^2 \\
&= \frac{1}{2}\rho_a \overline{U}(t)^2 + \frac{1}{2}\rho_a (2\overline{U}(t)\widetilde{U}(t) + \widetilde{U}(t)^2) \\
&= \overline{W}(t) + \widetilde{W}(t)
\end{aligned}
\tag{1.2}
$$

式中，ρ_a 为空气密度，kg/m^3；$\overline{W}(t)$ 为平均风压，Pa；$\widetilde{W}(t)$ 为脉动风压，Pa。

为了便于设计应用，《建筑结构荷载规范》（GB 50009—2012）[1]（全书以下简称《荷载规范》）规定，取平坦地貌下 10m 高度处 50 年重现期的 10min 平均风速作为基本设计风速，而由此计算得到的风压作为基本设计风压。下面将分别对大气边界层的平均风和脉动风的特性进行介绍，该部分内容也是本书后续研究的理论基础。

1.1.1　平均风特性

水平流动的空气由于受到近地面地表摩擦的影响而产生边界层效应，即在近地面处的气流流速将会有明显衰减，随着高度增加该衰减作用将逐渐减弱。边界层的高度又称为梯度高度。在梯度高度以下，风速随着高度的增加而增加，而在梯度高度以上，风速将不再增加，且气流呈现出层流流动的特征。在自然条件下，除雷暴风和龙卷风等罕见风气象外，大部分的常态风均符合上述边界层的分布特点。

为了反映风速的这一分布特征,工程上采用平均风速剖面来进行描述。目前,近地风剖面主要有对数率和指数率两种形式,以下分别对其进行介绍。

1. 对数率风剖面

对数率风剖面基于平板边界层理论,是强风条件下较为准确的数学表达形式。根据该理论,z 高度处的平均风速 $\overline{U}_z$ 可以表示为

$$\overline{U}_z = \frac{u_*}{k}\ln\left(\frac{z}{z_0}\right) \tag{1.3}$$

式中,u_* 为摩擦风速,m/s;k 为卡门常数,其试验的经验值为 0.4;z_0 为粗糙长度,m,是用于衡量地表粗糙程度的参数。

其中,摩擦风速又可以表示为

$$u_*^2 = \kappa\overline{U}_{10}^2 \tag{1.4}$$

式中,κ 为地表阻力系数;$\overline{U}_{10}$ 为 10m 高度处的平均风速,m/s。

对于式(1.3),取 $z=10$ 并将其代入式(1.4),可以得到

$$\kappa = \left[\frac{k}{\ln(10/z_0)}\right]^2 \tag{1.5}$$

根据文献[2],表 1.1 给出了不同地貌类型下粗糙长度和地表阻力系数。

表 1.1　不同地貌类型下粗糙长度和地表阻力系数

地貌类型	粗糙长度/m	地表阻力系数
平坦地貌(雪地、沙漠)	0.001~0.005	0.002~0.003
开阔地貌(草地、少量树木)	0.01~0.05	0.003~0.006
郊区地貌(建筑平均高度3~5m)	0.1~0.5	0.0075~0.02
密集城市(建筑平均高度10~30m)	1~5	0.03~0.3

对于城市或者森林等地表粗糙度较大的区域,式(1.3)中的高度 z 通常用有效高度($z-z_b$)来代替,因此,式(1.3)又可以表示为

$$\overline{U}_z = \frac{u_*}{k}\ln\left(\frac{z-z_b}{z_0}\right) \tag{1.6}$$

其中,z_b 为零平面位移,m,一般可以取为建筑屋盖高度的 3/4 和 20m 这两者中的较小值。

尽管对数率风剖面具有严谨的理论基础,但它是由各向同性地貌下完全发展的风场推导而出,这一理想的情况在实际工程中是很少见的。此外,由式(1.6)可知,当 $z-z_b<z_0$ 时,将得到不合理的负风速,并且该式也不能用来估算高度低于 z_b 处的风速。为了避免以上问题,指数率风剖面应运而生,这也是我国《荷载规范》所采用的风速剖面形式。

2. 指数率风剖面

指数率风剖面假定平均风速沿高度方向按照指数形式分布:

$$\overline{U}_z = \overline{U}_{10} \left(\frac{z}{10} \right)^{\alpha} \tag{1.7}$$

式中,指数 α 反映了地表粗糙度的影响,其取值根据地貌类型来确定。

《荷载规范》根据研究对象所在范围内建筑的平均高度(h)将地貌划分为四类:A 类为近海地貌、B 类为乡村($h \leqslant 9\text{m}$)、C 类为城市($9\text{m} < h < 18\text{m}$)、D 类为大城市中心($h \geqslant 18\text{m}$)。与之对应的地貌指数 α 分别取为 0.12、0.15、0.22 和 0.30。地表粗糙程度的差异导致边界层的厚度也有所不同。针对《荷载规范》给出的四类地貌,其梯度风高度分别为 300m、350m、450m 和 550m。图 1.1 给出了四类地貌下平均风速剖面的比较。可以看出,风速剖面的增速随着地表粗糙度的增加而减缓。同一高度下,A 类地貌的风速比其他地貌要高。

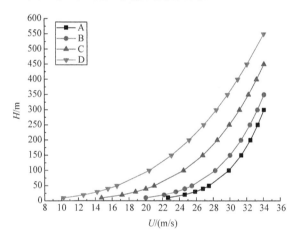

图 1.1 四类地貌下平均风速剖面比较[1]

了解边界层流场平均风特性是为了获得建筑所受的平均风作用力。与国外规范通常采用风压系数和参考点风压乘积的计算方法不同,《荷载规范》采用风压高度变化系数和体型系数来共同确定建筑物所受的平均风压,计算式如下:

$$W_\text{p} = \mu_\text{s} \mu_z W_0 \tag{1.8}$$

式中,μ_s 为体型系数,代表建筑表面风压与相同高度处来流平均风压的比值;μ_z 为风压高度变化系数,体现了不同高度处平均风压与标准地貌(《荷载规范》规定为 B 类地貌)下 10m 高度处平均风压的比值。

由式(1.2)和式(1.7)可以推出标准地貌下风高系数的计算式为

$$\mu_z = \left(\frac{z}{10} \right)^{2\alpha} \tag{1.9}$$

而对于其他地貌类型,需要对式(1.9)乘以相应的修正系数。其中,对于 A、C、D 类地貌,该修正系数分别为 1.284、0.544 和 0.262。

1.1.2 脉动风特性

边界层风场中的脉动风特性通常通过湍流强度、湍流积分尺度以及风速谱等参量来表征。其中,湍流强度是某一方向下风速的脉动均方值与其均值之比:

$$I_x = \frac{\sigma_x}{\overline{U}_x} \tag{1.10}$$

式中,σ 代表某一方向下的脉动风速均方根,m/s。其中,下标 x 可以代表顺风向(u)、横风向(v)或者竖直方向(w)。湍流强度与地表的粗糙度和离地高度有关。

考虑到一般情况下风速的脉动均方根随高度增加而减少,而平均风速随高度的增加而增大。因此,湍流强度将呈现随高度增加而降低的分布特性。《荷载规范》采用指数率来描述湍流强度沿高度方向的分布,即 z 高度处的湍流强度 I_z 可以表示为

$$I_z = I_{10} \left(\frac{z}{10} \right)^{-\alpha} \tag{1.11}$$

式中,I_{10} 为 10m 高度处的名义湍流强度,对应《荷载规范》的 A～D 四类地貌分别取 0.12、0.14、0.23 和 0.39。

脉动风速对建筑围护结构的抗风安全有十分重要的作用,所以在围护结构设计时,需要评估其所受的极值风荷载。首先需要确定极值风速的大小。假定顺风向来流服从高斯随机过程,那么极值风速 $\hat{U}_z$ 就可以表示为

$$\hat{U}_z = \overline{U}_z + g\sigma_u \tag{1.12}$$

由式(1.12)可以得到阵风风速的放大因子 G:

$$G = \frac{\hat{U}_z}{\overline{U}_z} = 1 + gI_u \tag{1.13}$$

式中,g 为峰值因子;I_u 为顺风向来流的湍流强度。

由式(1.13)可知,当考虑顺风向来流的阵风效应时,作用在围护结构上的极值风压与平均风压之比为

$$\frac{\hat{W}_z}{\overline{W}_z} = 1 + 2gI_u + (gI_u)^2 \tag{1.14}$$

由于式(1.14)等号右边的平方项为微小量,因此忽略该项后得到的比值系数即为《荷载规范》在计算围护结构极值风压中所建议的阵风因子 β_{gz}。

除了湍流强度,湍流积分尺度也是表征脉动风速特性的重要指标。风场中某一点的脉动速度可以认为是由平均风所输运的理想涡旋的相互叠加而形成的。如果定义涡旋的波长为旋涡大小的量度,那么湍流积分尺度则是湍流涡旋平均尺寸

的量度。通常湍流积分尺度会随着高度的增加而增大。日本荷载规范[3]给出了有关顺风向湍流积分尺度 L_u 的经验公式：

$$L_u = 100 \left(\frac{z}{30} \right)^{0.5} \tag{1.15}$$

1.1.3　风谱特性

脉动风速谱是反映脉动风速大小和能量分布的重要指标，是脉动风速的频域特性表征。风速时程的脉动均方根 σ_u 与其风速的功率谱密度函数 $S_u(f)$ 之间存在以下关系：

$$\sigma_u^2 = \int_0^\infty S_u(f) \mathrm{d}f \tag{1.16}$$

在气象学和风工程领域有许多关于顺风向脉动风速 $S_u(f)$ 的经验表达式。Davenport[4]根据多次强风实测得到的风速数据，在假定湍流积分尺度 L_u 随高度保持不变的情况下，提出了无量纲化的经验风谱：

$$\frac{f S_u(f)}{\overline{U}_{10}^2} = \frac{4 k^* x^2}{(1 + x^2)^{3/4}} \tag{1.17}$$

式中，$x = \dfrac{L_u f}{\overline{U}_{10}^2}$，$L_u$ 可以取为常数 1200[4]；k^* 为地表粗糙度系数。

Davenport 归纳了几种地貌情况下粗糙度系数的取值。例如，河湾地区，$k^* = 0.003$；有少量树木存在的草地，$k^* = 0.005$；市镇，$k^* = 0.30$。

Simiu 等[5]提出了不同的风速谱：

$$S_u(f) = 200 u_*^2 \frac{x}{f (1 + 50x)^{5/3}} \tag{1.18}$$

式中，$x = \dfrac{z f}{\overline{U}_{10} (z/10)^2}$。

Kaimal 等[6]虽然采用了与 Simiu 谱形式相同的风谱，但是却定义了不同的无量纲参数 x：

$$x = \frac{z f}{\overline{U}_z} \tag{1.19}$$

von Karman[7]也提出了一种广泛应用的顺风向风速谱，其无量纲化后的形式为

$$\frac{f S_u(f)}{\sigma_u^2} = \frac{4x}{(1 + 70.8 x^2)^{5/6}} \tag{1.20}$$

式中，$x = \dfrac{L_u f}{\overline{U}_z}$。

与 Davenport 风谱不同的是，Karman 谱认为湍流积分尺度 L_u 是随着地表粗

糙度和高度变化的参数。

对于大多数建筑,顺风向风谱是抗风设计最为关心的。但是对于桥梁等大跨度的水平结构,竖向脉动风的作用同样影响着结构的抗风安全性。Busch 等[8]给出了一种常用的竖向风速谱的数学表达形式:

$$\frac{fS_u(f)}{\sigma_u^2} = \frac{2.15x}{1+11.16x^{5/3}} \qquad (1.21)$$

式中,x 的定义同式(1.19)。

当已知顺风向脉动风速谱后,相应的脉动风压谱可以采用以下形式来表示[9]:

$$S_w(f) = \chi_a(f)\rho_a^2\mu_z\mu_s^2 U_{10}^2 S_u(f) \qquad (1.22)$$

式中,$S_w(f)$ 为脉动风压谱;$\chi_a(f)$ 为气动导纳函数。

1.1.4　脉动风空间相关性

作用在结构空间上相距为 d 的某两点的脉动风速和脉动风压一般不会同时达到最大值,而且随着两点间距离的增加,同时达到极值的可能性降低,我们将这种现象称为脉动风的空间相关性。假定空间中有 a_1 和 a_2 两个点,其脉动风速时程分别为 $U(a_1,t)$ 和 $U(a_2,t)$,则两点间脉动风速的协方差函数可以表示为

$$\overline{\widetilde{U}(a_1,t)\widetilde{U}(a_2,t)} = \frac{1}{T}\int_0^T (U(a_1,t)-\overline{U}(a_1,t))(U(a_2,t)-\overline{U}(a_2,t))\mathrm{d}t$$

$$(1.23)$$

当 $a_1 = a_2$ 时,式(1.23)则变为脉动风速的方差。根据式(1.23)可以进一步得到两点间脉动风速的相关性系数:

$$\rho_{12} = \frac{\overline{\widetilde{U}(a_1,t)\widetilde{U}(a_2,t)}}{\sigma_u(a_1)\sigma_u(a_2)} \qquad (1.24)$$

式中,ρ_{12} 为 a_1 和 a_2 两点间脉动风速的相关性系数。当 a_1 和 a_2 的位置十分接近时,相关性系数趋近于 1,说明两者脉动风是近似同步的。而当两者距离很远时,其相关性可能趋向于 0,表示两点间风速不相关。对于高耸建筑结构和大跨越的水平结构(如输电线路、桥梁),风荷载分布往往并不均匀,研究不同位置间风速的相关性以及由此引起的空间风速折减效应将有利于更精细化地进行抗风设计,工程应用价值显著。风速相关性系数的经验表达式可以用指数衰减函数来近似描述:

$$\rho_{12} = \exp(-C|a_1-a_2|) \qquad (1.25)$$

式中,C 为经验系数。除了相关性系数,脉动风的相关性也可以从频域的角度出发,采用空间相干函数来进行描述:

$$\mathrm{Coh}(a_1,a_2,f) = \frac{S_u(a_1,a_2,f)}{\sqrt{S_u(a_1,f)S_u(a_2,f)}} \qquad (1.26)$$

式中,$\mathrm{Coh}(a_1,a_2,f)$为相干函数,代表了脉动风在各频率分量上的相关程度;$S_u(a_1,a_2,f)$为 a_1 和 a_2 两点之间脉动风压的互谱密度函数;$S_u(a_1,f)$ 和 $S_u(a_2,f)$ 分别为 a_1 和 a_2 点脉动风压的自功率谱函数。

当分别考虑建筑物的水平(x 方向)和竖向(z 方向)相关性时,Davenport[4]给出了以下近似的经验公式:

$$\mathrm{Coh}(x,x_1,f)=\exp\left(-c_x\frac{f|x-x_1|}{\overline{U}_z}\right) \tag{1.27}$$

$$\mathrm{Coh}(z,z_1,f)=\exp\left(-c_z\frac{f|z-z_1|}{\overline{U}_z}\right) \tag{1.28}$$

式中,经验系数 $c_x=8$,$c_z=7$。

对于宽度和高度尺寸均较大的高层建筑,需要同时考虑水平和竖向两个维度的风压相关性,此时相干函数可以近似表示为

$$\mathrm{Coh}(x,x_1,z,z_1,f)=\exp\left\{\frac{-2f[c_z^2\,(z-z_1)^2+c_x^2\,(x-x_1)^2]^{0.5}}{\overline{U}_z+\overline{U}_{z_1}}\right\} \tag{1.29}$$

式(1.29)考虑了频率、两点间距以及平均风速的综合影响。$\overline{U}_z/f$ 可以认为是波长,由此可见,波长越长,相关性越强。关于经验系数的取值,不同学者有不同的看法,Simiu 等[10]认为,$c_x=16$,$c_z=10$。

尽管 Davenport 提出的上述经验公式具有形式简单和应用方便的优点,但是也存在一定的不足。例如,无论自变量取何值,相干函数始终大于 0。由式(1.27)和式(1.28)可知,在频率较低时相关性较强。所以当频率为 0 时,无论两个空间点位置相距多远,相干函数值均为 1,意味着两点是全相关的,这显然是不合理的。因此,Dyrbye 等[11]对 Davenport 风谱进行了修正,得到了新的相干函数表达式:

$$\mathrm{Coh}(x,x_1,z,z_1,f)=\left\{1-\frac{f^*\left[c_z^2\,(z-z_1)^2+c_x^2\,(x-x_1)^2\right]^{0.5}}{\overline{U}_z+\overline{U}_{z_1}}\right\}$$
$$\exp\left\{\frac{-2f^*\left[c_z^2\,(z-z_1)^2+c_x^2\,(x-x_1)^2\right]^{0.5}}{\overline{U}_z+\overline{U}_{z_1}}\right\} \tag{1.30}$$

式中,$f^*=\sqrt{f^2+\left(\dfrac{\overline{U}_z+\overline{U}_{z_1}}{4\pi L_u}\right)^2}$。

虽然式(1.30)在理论上更具合理性,但由于其计算形式较为复杂,因此实际应用较少。

1.2　建筑风致内压的危害

风灾作为最常见的自然灾害之一,严重影响着社会经济发展和人类的生命财产安全。国内外多次风灾过后的调查结果[12~14]显示,强风作用下大量房屋结构的

破坏和倒塌是造成经济损失与人员伤亡的主要原因。例如，1994 年，17 号台风造成浙江温州 80 多万间民房倒塌[12]（见图 1.2），直接造成经济损失 100 多亿元。对风灾后建筑破坏的原因进行分析发现，大部分低矮建筑屋盖和围护结构的破坏是内外风压的协同作用导致的。这是因为在以往设计中，并不重视建筑内部风压对结构的作用。Walker[15]对 1974 年飓风 Tracy 所造成的建筑破坏成因进行调查后，首次指出在设计中忽略内压的影响对结构抗风安全是极为不利的。这一观点也被后来众多的风灾调查研究所证实[16~19]。Shanmugasundaram 等[20,21]经过研究发现，建筑在恶劣风环境下由于门窗和屋面等破坏而形成开孔后，风将通过开孔涌入建筑物内部导致内压脉动幅值急剧增大。当内压与外压作用方向一致时，将大幅提高建筑所承受的净风荷载，从而导致更为严重的二次破坏。我国东南沿海地区属于台风高发区，建筑受风破坏现象频发。2004 年，台风云娜导致浙江温岭大面积轻钢厂房的门窗和围护结构破坏。2005 年，广东番禺某在建厂房[22]，在围护结构未及时封闭的情况下恰好遇上大风天气，致使结构内部压力骤增，最终导致在建墙体的倒塌。图 1.3 显示了 2011 年台风过后，某体育场屋盖围护结构在内外表面风荷载协同作用下破坏的情况。由此可见，为提高建筑的抗风安全性，有必要进行考虑内压协同作用的抗风设计。

图 1.2　低矮房屋结构风致破坏　　　　图 1.3　大跨屋盖的风致破坏

随着建筑工艺和使用需求的快速发展，大量具有质量轻、跨度大、刚度低等特点的风敏感建筑开始涌现。而建筑物由于造型和使用功能要求出现开孔的频率也大幅增加，如可开合的屋盖、开敞的煤棚等。另外，最新研究表明[23]，由于气候变化的影响，西北太平洋地区生成的袭击亚洲东部和东南部的台风无论在强度上还是频度上均呈现增长的趋势。这些因素都对结构的抗风设计提出了新的挑战，要求设计中应该尽可能地考虑建筑在施工和使用过程中可能出现的各种不利受风情况。由于建筑开孔后所受风荷载的作用更加复杂且难以确定，因此合理地认识和评估风致内压的作用对保障建筑设计的安全与可靠尤为重要。

1.3　开孔建筑风致内压的研究进展

在通常封闭的情况下,建筑内压响应比较小,主要是外部风压通过结构的背景泄漏(如通风口、门窗的缝隙等)作用而产生。当建筑存在主导开孔时(开孔尺寸大于所有背景泄漏面积),内压的响应会明显提高。在适当的开孔尺寸和外部激励下,建筑内部风压将会产生明显的共振效应,使其脉动值进一步得到放大甚至超越外部风压。建筑开孔后风致内压响应的研究最先在国外展开,早在 20 世纪 70 年代,Euteneuer[24] 和 Liu[25] 等就开始了开孔建筑平均内外压传递关系的研究。随后,Liu[26] 推导了阶跃荷载作用下内压瞬态响应的控制方程,但是该方法忽略了气体惯性力的作用。为了弥补这一不足,Holmes[27] 首次基于亥姆霍兹(Helmholtz)谐振器原理,指出单一开孔结构风致内压响应具有二阶非线性微分方程的形式,这也奠定了后续有关内压传递方程的研究基础。国内关于风致内压的研究虽然起步较晚,但是发展迅速,尤其在内压的理论预测方法研究方面取得了不少成果。根据现有文献可知,国内外关于建筑开孔后风致内压响应的研究主要包括以下几个方面:①建筑在门窗等突然破坏情况下内压的瞬态响应研究;②建筑迎风面存在单一主要开孔情况下稳态脉动内压响应的预测方法及其影响因素的研究;③建筑存在背景孔隙时内压响应的动力特性和评估方法研究;④对于柔性结构(如大跨度柔性屋盖结构),当墙面存在开孔时屋盖和内压的耦合振动效应研究;⑤其他不同开孔形式下的风致内压响应研究。以下将针对上述不同研究方向的现状分别进行阐述。

1.3.1　突然开孔内压的瞬态响应

风致建筑破坏开孔后的内压响应可以分为两个阶段:第一阶段是开孔的瞬间内压幅值的突然增大效应,这是一个内压由无到有的过程;第二阶段是开孔形成后内压对外部来流的稳态响应过程。在开孔结构风致内压响应的研究初期,学者主要集中探讨建筑物在强风作用下门窗突然开孔后,建筑内部压力的瞬态幅值。Stathopoulos 等[28] 采用特殊的机械装置模拟了建筑模型突然开孔的情况,并对其内压瞬态响应进行了风洞试验,结果表明,虽然突然开孔将导致内压幅值瞬间增大,但该值并不会超过后续内压稳态响应时的峰值。Vickery 等[29] 和 Yeatts 等[30] 分别通过风洞试验和现场实测表明,突然开孔产生的内压瞬态增幅会淹没在随后的稳态脉动响应中,因此对整体的内压响应影响不大。Sharma 等[31,32] 由突然开孔试验和数值模拟推导了内外压传递方程的新形式,并验证了该方程的有效性。卢旦等[33] 研究了开孔尺寸、建筑物内部容积、结构柔性和来流风速等因素对内压瞬态响应的影响,研究表明,内压的共振频率随结构的柔性增加而减少,且与来流风速无关。楼文娟等[34]通过建筑刚性模型和气弹模型的风洞试验指出,建筑突然开孔后平屋盖静力风荷载将大幅提高,风振响应也有所增加。考虑到突然开孔的时间和方式可能对测试结果造成影响,段旻等[35]通过快速电机带动并向内开孔的方式对低矮建筑模型进行风洞试验。结果显示,试验的瞬态内压过冲比(瞬态和稳态内压响应的峰值之比)为 1.17~1.34,该值会随着开孔率的增加而增大。而当开孔结构存在 0.2% 以上的背景孔隙时,内压的瞬间过冲现象将消失。为了实现突然开孔,Guha 等[36]采用数值模拟的方法,对考虑结构柔性的得克萨斯理工大学(Texas Tech University,TTU)建筑(用于内压实测的标准模型建筑)在有、无背景泄漏两种情况下进行了研究,研究发现,仅当建筑开孔瞬间孔口外压恰好达到峰值时,内压瞬态响应的幅值才可能会超过稳态时的峰值,而在其他情况下内压稳态响应的峰值仍起控制作用。Tecle 等[37]对不同开孔尺寸的低矮建筑在不同风向角下进行突然开孔试验,其所得到的结论与 Stathopoulos 等[28]基本一致。回顾现有的研究成果,绝大部分的研究支持建筑突然破坏开孔时所产生的瞬态内压峰值要小于稳态内压响应峰值的观点,因此,不少研究人员认为研究稳态内压响应的特性对建筑抗风设计有更重要的意义。

1.3.2　迎风面单一开孔建筑风致内压响应

通常认为强风作用下建筑在迎风面开孔时抗风安全较为不利,因此迎风面单一开孔情况下的建筑风致内压响应特性一直以来是内压研究的主要方向和热点。这里迎风面单一洞孔主要是针对建筑仅在迎风墙面存在单一主导开孔而不存在背景泄漏,且建筑内部是一个独立空腔的理想状态。对于建筑存在主导开孔的情况,主要关心的是稳态响应状态下内压脉动的理论评估方法及其影响因素等方面。

1. 内压响应机理及理论方程的研究

Euteneuer[24]和 Liu[25]最早研究了建筑存在开孔时孔口尺寸和位置对内压的影响。当建筑的迎风面和背风面均存在开孔时,应用流量守恒方程可以得到平均外压和平均内压间满足以下关系:

$$\bar{C}_{pi} = \frac{A_W^2}{A_W^2 + A_L^2}\bar{C}_{peW} + \frac{A_L^2}{A_W^2 + A_L^2}\bar{C}_{peL} \qquad (1.31)$$

式中,$\bar{C}_{pi}$ 为建筑的平均内压系数;$\bar{C}_{peW}$ 和 $\bar{C}_{peL}$ 分别为建筑迎风面和背风面的平均外压系数;A_W 为建筑的迎风面积,m^2;A_L 为背风面开孔尺寸,m^2。

当建筑仅存在单一迎风面开孔时,令 $A_L = 0$,可以得到建筑的平均内压等于迎风面平均外压。

Holmes[27]提出单开孔建筑内压振荡可以借鉴声学中 Helmholtz 谐振器理论,即采用单一自由度的非线性振动模型(见图 1.4)来描述,从而得到一个关于内外压传递关系的二阶非线性微分方程：

$$\frac{\rho_a l_e V_0}{\gamma A P_a}\ddot{C}_{pi}+\frac{\rho_a V_0^2 q}{2\gamma^2 k^2 A^2 P_a^2}\dot{C}_{pi}|\dot{C}_{pi}|+C_{pi}=C_{pe}$$

$$(1.32)$$

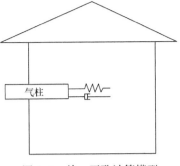

式中，γ 为开孔周围空气的比热比；ρ_a 为空气密度，kg/m^3；P_a 为空气压强，Pa；A 为结构的开孔面积，m^2；V_0 为结构的内部容积，m^3；C_{pe} 和 C_{pi} 分别为外压系数和内压系数；q 为参考点风压，Pa；k 为孔口流量系数；l_e（Holmes 认为 $l_e =$

图 1.4　单一开孔计算模型

$C_I \sqrt{A}$）为孔口处空气柱的有效长度，m，C_I 为惯性系数。

式(1.32)中等式左边各项可以分别看成孔口振荡气流的惯性项、非线性气动阻尼项和气承刚度项。

在此基础上，许多学者也从不同角度对该内压传递方程进行了修正。Liu 等[38] 认为孔口存在气流的收缩现象导致孔口振荡气流的质量有所减少，故在方程左端的惯性项引入了收缩系数 c。而 Vickery[39] 则认为孔口气流在稳定振动状态下收缩现象会消失，并提出采用损失系数 C_L 来代替式(1.32)中孔口的流量系数 k 以表征孔口总的能量损失。从方程形式上来看，Liu 等[38]、Vickery[39] 所提出的内压方程的基本形式与 Holmes 的方程在本质上是一致的，区别仅在于个别参数的修正而已。随着研究的深入发现，对于某些开孔深度较大的情况，Holmes 建议的方程形式难以较好地反映实际内压的响应特点。实际上，Sharma 等[31]、Oh 等[40]、徐海巍等[41] 分别通过试验和数值模拟研究发现，对于深长开孔，式(1.32)中的非线性气动阻尼项过小，应该再添加考虑近壁面摩擦损失而产生的线性阻尼项。有关单一开孔内压响应传递方程的推导和不同方程的适用性分析详见第2章。

对于大部分薄壁开孔，尽管不同的内压控制方程在合理的参数取值下能够很好地反映风致内压脉动响应过程，但是这些方程中普遍存在着一些影响孔口气流振动特性的待定特征参数，主要包括惯性系数 C_I 和损失系数 C_L（对于个别方程还涉及收缩系数 c 等），目前关于这些参数取值的研究十分有限。Chaplin 等[42] 推导了简单正弦荷载激励下惯性系数和损失系数的识别公式。余世策等[43] 用专门制作的扬声器激振装置对正弦荷载激励下的孔口特征参数进行识别，并采用理论时程计算与测试结果的比较证明所采用的识别方法具有较高的精度。在复杂的随机风场下，方程中参数的取值均是基于以往的经验或者由风洞试验结果的拟合得到，因此导致某些参数(如损失系数 C_L)取值差异较大，不具有广泛的适用性。这些参数的不确定性也限制了内外压传递方程在实际预测中的应用。换言之，为了能在实际设计中应用这些内压控制方程，首先必须解决方程中未知特征参数的取值问题。考虑到非线性内压方程求解的复杂性，为便于工程设计人员使用，部分研究人员将注意力集中到半经验的脉动内压简化预测公式上。Holmes 等[44]和 Guha 等[45]通过大量模型风洞试验得到了不同的内外压脉动均方根比值的简化预测公式。但是这些简化方程中依然存在着待定未知常数，距离实际的设计应用仍有一段距离。

2. 内压的影响因素研究

关于单一开孔风致内压研究的另一方面主要为内压影响因素的试验研究。Liu 等[46]对 4 种不同开孔尺寸的刚性无泄漏模型进行层流（湍流强度 1%）和湍流（湍流强度 10%）两种风场下的风洞试验，证明当孔口收缩系数取 0.88 时，所推导的内压响应方程具有较好的适用性。试验发现，无论在均匀流风场还是湍流风场下，内压的 Helmholtz 共振效应均十分显著。当来流受到前方干扰而产生涡脱且涡脱频率接近内压共振频率时会产生明显的双峰共振现象。在均匀流状态下，当开孔背风时内压脉动响应大于开孔迎风时，由于此时外压湍流主要来自建筑尾流，因此比迎风面来流本身的湍流更强。

Vickery[47]对传统的阵风因子法在内压峰值估算中的有效性进行了探讨，研究了建筑围护面材料存在柔性时建筑和内压的耦合振动特性，并提出采用等效容积来代替建筑内部容积来进行内压响应的预测。结果表明，阵风因子受到湍流强度衰减的影响较明显。当围护结构较柔时，名义封闭结构的特征频率应乘以 5.0 的放大系数，而单一开孔建筑的特征频率应放大 2.0 倍。迎风面存在主导开孔，将使平均内压系数从 −0.2 增加到 0.7，而相应的阵风因子则由 2.0 增加到 2.5。

Sharma[48]考察了围护结构柔性对建筑内压和屋盖净压的影响，结果发现，当建筑刚度降低时，内压共振频率降低而阻尼增加。与刚性建筑相比，建筑结构的柔性将导致内压响应的均方根有所减小。Sharma 等[49]还通过试验研究了单一开孔低矮建筑内压 Helmholtz 共振效应的影响因子，并指出当开孔处于斜风向时，切向流的涡脱频率接近内压共振频率，从而导致内压的共振响应得到进一步的放大。这也说明即使 Helmholtz 共振频率处在来流能量的尾部区域，也可以激发很强烈的共振效应。该研究还指出，澳大利亚/新西兰规范 AS/NZS1170.2:2002[50]在某些情况下会低估内压的峰值响应。

Ginger 等[51,52]分别采用数值计算和风洞试验对不同开孔尺寸和内部容积下的建筑模型进行风洞试验，考察了开孔尺寸和容积变化对内压脉动响应的影响。该研究显示，无量纲参数 S^* $[S^* = (a_s/U_h)^2 (A^{3/2}/V_0)]$，其中 U_h 和 a_s 分别为参考高度的风速和声速，m/s]对内压响应有重要的影响。当该参数超过一定值后，内压的脉动均方根和极值均超过对应的外压值，且随着 S^* 增大，内外压均方根之比呈现增长趋势。

Oh 等[40]根据西安大略大学风洞实验室对大量低矮建筑内压试验结果得出以下结论:当孔口深度较长时应考虑近壁面剪切流效应所带来的额外能量损失;内压最大值、均值和均方根均在来流垂直开孔时取得最大值,且随着风向角与开孔平面法线夹角的增大而逐渐减小。

卢旦等[53]通过模拟的脉动风速结合非线性控制方程来求解不同参数改变时内压脉动响应的变化。研究发现,内压响应时程存在长周期的"拍"振现象;当开孔面积和来流风速增加或者结构刚度加强时,内压的脉动能量增强;当建筑内部容积和柔度增加时,风致内压响应的能量会降低;内压共振频率仅与结构本身特性有关。

余世策等[54]研究了单一开孔刚性建筑模型内压的空间分布特性,指出内压在结构内部均匀分布,可用统一值来表示。研究还表明,内压的概率分布呈现一定的非高斯特性,其峰值因子取值可以提高至 3.0~3.2。随后余世策等[55]探讨了内压脉动的频域分析方法,并通过数值计算分析了开孔率、内部容积和来流风速等因素的影响,得出当控制建筑临界开孔率小于 0.6% 时,内压脉动响应将小于相应的外压。

李祝攀等[56]对双坡屋面低矮建筑进行了风洞试验,结果显示,内压均值受风速变化影响较小,而来流湍流强度、开孔位置和屋面坡度对其影响显著。

徐海巍等[57]也对内压脉动响应的影响因素进行了试验考察,研究发现,斜风向来流作用下内压 Helmholtz 共振效应最为明显,且来流湍流强度、开孔位置和深度等因素对内外压均方根之比有重要的影响。具体研究内容将在第 5 章进行详细介绍。

1.3.3　考虑背景泄漏的建筑内部风效应

在实际情况下建筑并非密不透风,总存在通风孔或者连接缝,使室内外气体存在一定的相互交流,我们称该现象为背景泄漏。此时内压响应就与理想的单一开孔模型存在一定的差别。因此研究建筑存在背景泄漏情况下的内压响应特性也具有重要的实际意义。背景泄漏的内压计算模型参见图 1.5。

Vickery 等[29]对带有背景开孔的模型进行了试验,研究结果表明,当建筑存在背景泄漏时,内压的瞬态和稳态响应峰值均会得到衰减,但当背景开孔面积之和小于主导开孔面积的 10% 时,背景泄漏的影响可以忽略。

Woods 等[58]通过对迎风墙面开孔率为 1%、4%、9%、16%、25% 且背风墙面带有背景泄漏孔的模型进行风洞试验后指出,开孔率在 4% 以上的模型内压响应与迎风面仅有单一开孔的情况基本一致;由于背景泄漏面积与迎风开孔面积接近,因而开孔率为 1% 模型的内压响应类似于双开孔模型。该研究最终认为,当开孔模型的主导开孔面积大于背景开孔面积的 2.5 倍以上时,可以当成单一主导开孔来计算。

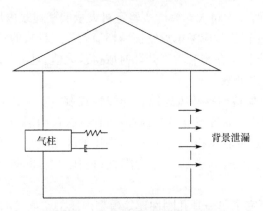

图 1.5　背景泄漏的内压计算模型

　　Oh 等[39]提出采用多流量系数方程(multiple discharge equation, MDE)法来计算多开孔或者背景泄漏情况下的内压响应,并通过对带有均匀分布泄漏孔模型(泄漏面积与主导开孔面积之比分别为 7%和 70%两种情况)的风洞试验来验证该方法的有效性。试验结果显示,在 7%的背景泄漏率下,内压响应主要由外压脉动控制,可近似采用单一开孔的单自由度模型进行求解。而当背景泄漏率达到 70%时,背景开孔处气柱振荡所产生的惯性力效应就不可忽略。此时采用 MDE 法求解所得到的理论值与试验结果符合较好。

　　余世策等[59,60]在假定不考虑背景孔隙气流惯性作用,且以相同的平均风压系数来代替背风面风压的基础上,结合伯努利方程和等熵绝热方程推导出带有背景泄漏情况下单一开孔结构的内压传递方程:

$$\frac{\rho_a l_e V_0}{\gamma P_a A_W}\ddot{C}_{pi} + \frac{\rho_a l_e A_L U_h}{2A_W q \sqrt{(C_{pi} - \overline{C}_{pl})C'_L}}\dot{C}_{pi} + \frac{C_L \rho_a q V_0^2}{2(\gamma P_a A_W)^2}\left[\dot{C}_{pi} + \frac{A_L U_h \gamma P_a}{qV_0}\sqrt{\frac{C_{pi} - \overline{C}_{pl}}{C'_L}}\right]$$

$$\cdot \left|\dot{C}_{pi} + \frac{A_L U_h \gamma P_a}{qV_0}\sqrt{\frac{C_{pi} - \overline{C}_{pl}}{C'_L}}\right| + C_{pi} = C_{pe} \tag{1.33}$$

式中,C'_L为背风面孔隙损失系数;$\overline{C}_{pl}$为背风面平均风压系数,当背景开孔面积 $A_W = 0$ 时,式(1.33)退化为理想状态下单一开孔的内压传递方程。

　　随后,余世策等[60]通过理论计算和风洞试验验证了该方程的有效性并探讨了孔口非线性阻尼的影响因子。理论计算结果显示,开孔率(开孔面积与内部容积的 2/3 次方之比)对风致内压阻尼特性起到关键作用。随着开孔率减少,内压共振响应迅速衰减,阻尼增大。另外,参考风速的增加也会导致孔口内压振荡阻尼的增加。当背景孔隙增加时系统阻尼增大,内压脉动响应遭到削弱。刚性模型的风洞试验结果与理论解有较好的符合度,证明该公式推导过程中所采用的理论假定是合理的。

Guha 等[61]认为背景开孔和材料的柔性一样,都增加了系统响应的阻尼。反映在内压传递方程中,除了非线性阻尼,背景泄漏会产生额外的线性阻尼项。他们通过将背景孔隙合并考虑之后,对非线性方程进行了线性化。理论分析结果表明,随着背景开孔面积的增加,不仅内压脉动响应会大幅减弱,而且系统将转变为双自由度振动体系。为了方便对内外压脉动均方根之比以及阵风因子进行预测,Guha 等[62]对带有背景开孔的内压响应方程进行了简化,得到了无量纲化后的内外压脉动均方根之比的近似计算公式:

$$\frac{\widetilde{C}_{pi}}{\widetilde{C}_{pe}} = \left\{ (1-\alpha_c S_0(f_H)) + \frac{\pi S_0(f_H)}{2\left[(\omega_c/\omega_H)+(1+\omega_c/\omega_H)(4\beta^4 \widetilde{C}_{pe}^2 S_0(f_H))^{1/3}\right]} \right\}^{1/2}$$

(1.34)

式中,$\widetilde{C}_{pi}$、$\widetilde{C}_{pe}$ 为内、外压系数的均方根;f_H 为 Helmholtz 共振频率,Hz;$\omega_H = 2\pi f_H$;$S_0(f_H)$ 为外压谱在 Helmholtz 频率下的值;$\alpha_c = 1.5$;$\beta = \frac{1}{2}\sqrt{\frac{C_L}{C_I}}\frac{U_h}{\alpha_s}\sqrt{\frac{V_0}{A_w^{3/2}}}$,$\alpha_s$ 为声速,m/s;ω_c 为临界泄漏频率,rad/s,对于背景孔隙相对主导开孔较小的情况可以按照式(1.35)计算:

$$\omega_c = \frac{A_L \gamma P_a}{V_0 \sqrt{2\rho_a q}(\overline{C}_{pe}-\overline{C}_{pl})}$$

(1.35)

式中,$\overline{C}_{pe}$ 和 $\overline{C}_{pl}$ 分别为迎风面和背风面平均外压系数。

同时,Guha 等还对均匀泄漏和单一背景开孔模型展开了比对试验。研究发现,当主导开孔处在迎风向和侧风向时,单一形式的背景开孔所产生的内压脉动响应要比均匀分布的背景开孔分别高出 2%～5% 和 7%～10%。

1.3.4　开孔建筑风致内压和柔性屋盖的耦合响应

大跨屋盖通常具有质量轻且刚度低的特点,因而容易产生明显的风致振动效应。当建筑墙面存在开孔时,孔口处内压气柱也会产生振动,并且与柔性屋盖的振动相互耦合,从而形成一个双自由度的振动体系。这里所研究的开孔仅限于墙面而不考虑屋盖开孔的情况,相关的计算模型如图 1.6 所示。大跨屋盖的风振分析中,绝大部分模态对屋盖响应的贡献较小。已有研究[63]发现,屋盖的所有模态中存在一个 X 模态对其风振响应起主导作用,即这一模态对风致内压的响应最为敏感,因此实际分析中只要重点考虑这一模态的作用即可获得较好的精度。由此,可将柔性屋盖结构缩聚为以 X 模态振动为主的单自由度动力模型,然后在此基础上考虑内压的联合振动影响,基本理论方法如下。

对开孔建筑的屋盖和孔口气柱分别列出振动方程:

$$M_r \ddot{X}_r + 2\xi_r \omega_r M_r \dot{X}_r + M_r \omega_r^2 X_r = (P_r - P_i)A_r$$

(1.36)

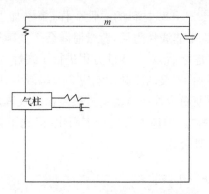

图 1.6　内压和屋盖耦合振动计算模型

$$M_j\ddot{X}_j + 2\xi_{eq}\omega_H M_j\dot{X}_j + M_j\omega_H^2 X_j = (P_e - P_i)A \tag{1.37}$$

式中，X_r 和 X_j 分别为屋盖和气柱的振动位移，m；M_r 和 M_j 分别为屋盖和气柱的质量，kg；ω_r 和 ω_H 分别为屋盖的 X 模态频率和气柱的共振圆频率，rad/s；ξ_r 和 ξ_{eq} 分别为屋盖的 X 模态阻尼比和气柱的等效阻尼比；P_i、P_r 和 P_e 分别为单位面积的内压、孔口外压和屋盖外压，Pa。应用等熵绝热和连续性方程可得如下关系：

$$dP_i = \frac{\gamma P_a}{V_0}(A_r dX_r + A_j dX_j) \tag{1.38}$$

将式(1.38)代入式(1.37)和式(1.36)，可以得到屋盖和孔口气柱的耦合振动方程：

$$\begin{bmatrix} M_r & 0 \\ 0 & M_j \end{bmatrix}\begin{bmatrix} \ddot{X}_r \\ \ddot{X}_j \end{bmatrix} + \begin{bmatrix} 2\xi_r M_r\omega_r & 0 \\ 0 & 2\xi_{eq}M_j\omega_H \end{bmatrix}\begin{bmatrix} \dot{X}_r \\ \dot{X}_j \end{bmatrix} + \begin{bmatrix} M_r\omega_r^2 + \dfrac{\gamma P_a A_r^2}{V_0} & \dfrac{\gamma P_a AA_r}{V_0} \\ \dfrac{\gamma P_a AA_r}{V_0} & \dfrac{\gamma P_a A^2}{V_0} \end{bmatrix}\begin{bmatrix} X_r \\ X_j \end{bmatrix}$$

$$= \begin{bmatrix} P_r A_r \\ P_e A \end{bmatrix} \tag{1.39}$$

Novak 等[64]对墙面开孔且带有轻质屋盖的建筑模态特征进行了理论分析，同时考虑了结构气动刚度和声学阻尼对振动特性的影响，最终提出了屋面模态阻尼的近似估算方法。该研究的主要结论为：屋盖系统一阶模态的动力特性与围护结构的开孔面积和气动刚度密切相关，而二阶模态振动会因声学阻尼产生的过阻尼效应而逐渐消失。

Kassem 等[65]认为，开孔结构内压-屋盖振动系统可以看成是泄漏的定音鼓和 Helmholtz 谐振器的耦合作用。该研究显示，轻质屋盖自由振动的基本对称模态由墙面开孔面积，气动刚度，屋盖的形状、质量以及弹性模量等因素共同控制。屋盖-内压的双自由度振动体系的一阶模态频率随着开孔面积的增加而增加并最终达到屋盖固有的自振频率。封闭建筑内部容积对屋盖的基本振动模态频率影响显著,而当建筑存在开孔时,该容积的影响将减小。

Vickery 等[66]分析了开孔对大跨度柔性屋盖结构风振响应的影响并指出开孔大跨建筑的气动阻尼与结构阻尼的比值,以及开孔面积与屋盖面积的比值是影响屋盖振动特性的主要因素。

Sharma 等[67]推导了瞬态和共振响应情况下开孔柔性低矮建筑和大型轻质厂房的内压-屋盖联合振动的理论模型。假定内压和屋盖符合线性振动系统的要求,故可以建立两者耦合振动的方程组如下:

$$
\begin{aligned}
&\ddot{X}_{\mathrm{j}}+\frac{c_{\mathrm{j}}}{\rho_{\mathrm{a}}cAl_{\mathrm{e}}}\dot{X}_{\mathrm{j}}+\frac{\gamma cAP_{\mathrm{a}}}{\rho_{\mathrm{a}}l_{\mathrm{e}}V_0}X_{\mathrm{j}}=\frac{q}{\rho_{\mathrm{a}}l_{\mathrm{e}}}C_{\mathrm{pe}}+\frac{\gamma A_{\mathrm{r}}P_{\mathrm{a}}}{\rho_{\mathrm{a}}l_{\mathrm{e}}V_0}X_{\mathrm{r}} \\
&\ddot{X}_{\mathrm{r}}+2\xi_{\mathrm{r}}\omega_{\mathrm{r}}\dot{X}_{\mathrm{r}}+\left(\omega_{\mathrm{r}}^2+\frac{\gamma A_{\mathrm{r}}^2P_{\mathrm{a}}}{M_{\mathrm{r}}V_0}\right)X_{\mathrm{r}}=\frac{\gamma cAA_{\mathrm{r}}P_{\mathrm{a}}}{M_{\mathrm{r}}V_0}X_{\mathrm{j}}
\end{aligned}
\tag{1.40}
$$

结果表明,结构的柔性会降低内压的 Helmholtz 共振频率,增加额外的阻尼,但是对频响函数峰值的降低并不明显。对于带有柔性屋盖的建筑,内压响应表现出双峰共振的特点。恶劣风环境下,柔性屋盖建筑的内压 Helmholtz 共振频率所对应的能量比常态风下刚性建筑内压共振频率所对应的能量要大 60 倍以上。这也在一定程度上解释了强风作用下屋盖掀翻前会产生激烈振动的原因。

Pearce 等[68]对开敞地貌下的某建筑屋盖模型分别在 5 种张力、3 种内部容积、2 种风速和 5 种风向角下进行风洞试验。试验结果显示,由于屋盖参与振动,系统会产生一个高阶和一个低阶共振频率。与低阶 Helmholtz 共振频率相比,高阶频率所对应的共振能量较小,可以忽略。在所有试验风向角下增加屋盖的柔度均会降低内压脉动的幅值,最大降幅接近 30%。不同风向角下,内压共振响应与外压共振响应的幅值比也并不相同,所以来流的入射角度(风向角)对激发共振响应起到重要作用。他们还指出,开孔迎风状态下屋盖受力最为不利,背风时结构内空腔的共振作用对屋盖(尤其是比较容易老化的膜结构屋盖体系)的疲劳破坏也有重要贡献。通常刚性模型内压共振频率较高且落在来流的主要能量段之外,但是当屋面和围护结构受到破坏后,刚度和频率的降低可能会导致湍流激振能量的增强,从而产生强烈的共振效应。

布占宇等[69]对大跨平屋盖在突然开孔情况下的内压及屋盖的振动响应进行风洞试验。试验过程中发现,内压的耦合作用使得屋盖能在两个频率下产生共振,增加了屋盖风致破坏的风险。屋盖风振响应会随着风速、屋面柔性和墙面开孔面积的增大而增强。

卢旦等[70]考察了突然开孔产生的瞬态内压以及内压稳定响应状态下屋盖的峰值净风压及风振响应,并指出,当强风作用下导致建筑墙面出现开孔后,屋盖所受的最大风压系数要远超过开孔前外压单独作用的情况。屋盖与内压耦合振动下的 2 个共振频率分别对应屋盖自身的共振频率和内压的 Helmholtz 频率。当开孔面积增加时,内压共振频率增大,其所对应的振动响应增强,对应屋盖固有频率的振动响应则有所减弱。随着屋盖的柔性增强,内压共振响应将减弱,屋盖固有频率对应的振动响应则有所加强。当这两个共振频率和来流所产生的涡脱频率接近时,屋盖共振响应将会更加剧烈。

余世策等[71]推导了封闭建筑风致内压作用下屋盖风振响应的动力微分方程及其稳态频响函数表达式。假定屋面不存在泄漏,墙面存在均匀分布的孔隙且孔隙率为 ε,在不考虑孔隙处气流惯性效应的情况下,封闭建筑屋盖的振动微分方程可以表示为

$$\dddot{X}_r + (2\xi_r\omega_r + \omega_c)\ddot{X}_r + \left(\omega_r^2 + 2\xi_r\omega_r\omega_c + \frac{A_r^2\gamma P_a}{M_r V_0}\right)\dot{X}_r + \omega_c\omega_r^2 X_r$$

$$= \left[\dot{P}_r + \omega_c P_r - \frac{\omega_c(P_W + \alpha^2 P_L)}{1+\alpha^2}\right]\frac{A_r}{M_r} \tag{1.41}$$

式中,α 为迎风墙面和背风墙面的面积比;P_W 和 P_L 分别为迎风面和背风面的外部风压强;ω_c 为特征频率,可按照式(1.42)计算:

$$\omega_c = \frac{A_W\alpha_s^2(1+\alpha^2)^{3/2}}{\alpha V_0} \frac{\varepsilon}{\sqrt{\Delta C_p C_L}} \frac{\varepsilon}{U_{10}} \tag{1.42}$$

式中,α_s 为声速;U_{10} 为来流在 10m 高度处的风速;平均压差系数 $\Delta C_p = \dfrac{\overline{P}_W - \overline{P}_L}{0.5\rho_a U_{10}^2}$。

该研究认为,内压的作用实质上是给屋盖提供了额外的随特征频率变化的气动阻尼和气承刚度。当结构特征频率较大时,墙面孔隙的存在会增强屋盖风振响应,此时需要考虑内压的影响;而当结构特征频率较小时,忽略风致内压的传统分析方法将会偏保守,大量数值计算表明最优孔隙率为 $0.1\%\sim1\%$。

1.3.5　其他开孔形式风致内压响应的研究

除了经典的单一开孔情况,实际工程中还经常可以看见许多复杂的其他形式的开孔组合。这里介绍其他几种常见开孔工况下风致内压响应,主要包括迎风墙面多开孔(如厂房的排窗,同时开启的仓库大门)、开孔双(多)空腔(如建筑外部开孔且内部存在连通的多个分隔房间的低矮建筑或者楼板开孔的多层建筑)和屋盖开孔(如带有可开合屋盖的建筑)的情况。

Guha 等[72]对迎风面存在两个邻近开孔的仓库模型进行了风洞试验。试验结果显示,在开孔迎风时,随着两个开孔面积比的增加,内压响应增强,且几乎接近单一开孔时的内压。在斜风向角下(如 $45°\sim70°$),当两相邻开孔面积相同时,切向流的激振作用使得双开孔模型内压均方根系数和峰值比系数(峰值内压与参考点峰值动态压力的比值)要超过单一开孔的情况。而当开孔处在侧风面时($100°\sim140°$

风向角),由于外部气流的分离,在两个开孔之间形成局部的短循环,所以此时内压脉动响应将受到抑制。

Pan 等[73]对美国典型的多开孔双坡屋面住宅的风致内压响应进行了试验并分析了各开孔在不同先后破坏顺序时对内压响应的影响。研究阐述了低矮建筑由一个破坏开孔到形成多个破坏开孔过程中内压的变化过程,得到以下结论:采用现有预测模型估算得到的内压均值更接近试验测得的内压最小值,这将低估内压对屋盖升力的贡献。大开孔时内压共振能量要大于小开孔的情况。美国设计规范(ASCE/SEI 7-05)[74]低估了封闭和部分敞开建筑的内压值。

Saathoff 等[75]最早探讨了外墙开孔且房屋内部带有多个连通隔间情况下的内压响应机理。他们由单一开孔单一空腔的风致内压响应过程推广到内部连通的多空腔情况。基于该理论,他们分别对两隔间和四隔间的空腔模型在突然开孔时内压的瞬态响应进行了计算,结果表明,随着开孔面积增加或者内部容积的减少,峰值内压响应增强,Helmholtz 共振频率增加。

Sharma[76]推导了外墙面开孔的两空间刚性结构的内压响应方程,并由模型风洞试验验证了该方程的合理性。试验对隔墙有无开孔的工况分别进行了测试,他发现对于外墙不带开孔的内空腔,其内压脉动均方根值要大于存在外墙开孔的外空腔,也高于单一开孔单空腔的情况。连通的双空腔计算模型也是一个双自由度的耦合振动体系,会产生一个高阶模态和一个低阶模态。低阶模态更有利于激发Helmholtz 共振响应。

Kopp 等[77]通过风洞试验研究了带有阁楼的两层低矮建筑在各种内外开孔情况下的内压变化情况。试验结果表明,当建筑外墙存在开孔但阁楼和下部空间密闭分隔(楼板不存在开孔)时有利于隔绝内压对屋盖结构的作用。而当该分隔存在开孔时,即使开孔率仅有 0.4%,下部空间 80%的峰值内压仍会传递至上部屋盖结构。

Guha 等[78]对外部开孔的两空腔建筑的隔墙在有无开孔情况下所受的动力风荷载进行了考察。结果表明,当隔墙开孔面积减小时,隔墙所受的平均和净压力均有所增加。隔墙在设计中采用的风荷载往往偏小,而实际上有开孔隔墙的风荷载阵风因子可以达到 2~3,再加上内压共振响应的作用,将导致隔墙的受力也比较不利。该研究还证实了采用经典的 Helmholtz 谐振器理论和线性化理论能够合理有效地预测隔墙的动态风压。

余先锋等[79]对开孔两空间结构内压响应的线性化预测模型进行了修正,并通过数值算例证明修正后的线性模型有较好的适应性。随后余先锋等[80]对带有背景泄漏的开孔双空腔结构展开研究,推导出相应的非线性内压控制方程,并计算了不同背景泄漏面积对内压脉动的影响。他们发现增大背景孔隙面积和系统阻尼可有效抑制两空腔的内压共振响应。背景孔隙对无外部开孔的内空腔的内压响应有更为显著的影响。

李寿科等[81,82]针对屋盖开孔后风致内压特性展开了一系列风洞试验研究。考虑到规范对屋盖开孔情况下内压取值的相关规定较少,李寿科等[82]对某个开合屋盖体育场进行了风洞试验,试验结果指出,屋盖开启可以减小平均净风压和风压极小值,但将增大脉动风荷载。李寿科[83]结合一系列刚性模型的风洞试验结果对屋盖开孔后的内外表面压力分布进行了探讨,得出如下主要结论:当屋面角部开孔且开孔率小于10%时,风致平均内压系数可取-0.95,而当屋面中心开孔时(开孔率为10%~25%),风致平均内压系数可取-0.6;屋盖开孔时内压共振频率明显高于墙面开孔的情况且多数处于高频段;采用0.8倍平均外压系数值来估算内压均值有较好的预测效果。另外,他还对屋盖开孔情况下的极值风荷载取值及考虑屋盖开孔时其所受的等效风荷载取值做了详细介绍。

徐海巍等[84,85]也对迎风面多开孔模型和双空腔模型的内压响应的动力特性和影响因素进行了大量研究,具体的内容详见第2章。

1.4　建筑内压的研究方法

建筑风致内压的研究属于典型的风工程研究领域。与其他传统风工程问题的研究方法类似,目前有关风致建筑内压的研究方法主要可以分为以下三种。

1) 现场实测

Robertson[86]对 Silsoe 大楼进行了实测,从测得的内压响应谱证实该结构的风致内压存在较弱的共振响应。Fahrtash 等[87]对美国某体育场的内外表面压力进行同步测试后发现,建筑存在背景泄漏会对内压的共振效应起到抑制作用。Ginger 等[88,89]对美国德州理工大学的 TTU 建筑进行了现场实测,验证了 Holmes 理论推导的内外压传递方程能较好地反映真实的内压响应。与此同时,他们还指出内压脉动会受外压大小、开孔尺寸、位置以及结构柔度等因素的影响。Kato 等[90]对台风条件下位于东京的某 120m 高建筑的内部风压进行了实测。该研究表明,建筑内压分布均匀且内压系数接近-0.26,内部干扰物对平均内压分布影响很小。戴益民等[91]对沿海地区某低矮建筑风荷载分布进行了实测。Guha 等[92]对某单一开孔的厂房仓库内压进行测试后发现,无论开孔处于迎风向还是斜风向,内压并没有表现出很强的共振效应。他们把原因归结为结构本身存在背景泄漏和一定的柔性以及测试时外部风环境比较温和。

2) 风洞试验

建筑模型的风洞试验是在内压研究中应用最广泛也是最为主要的方法。其基本原理是在风洞中通过对缩尺的建筑模型在相应的缩尺边界层风场下进行风压测试来模拟结构的受风情况。在试验中为了保证建筑原型和模型间内压动力特性的相似性,Holmes[27]提出对于单一开孔模型,在风洞试验中内部容积应该按照实际原型和模型风速比的平方进行调整。徐海巍等[93]在最新的研究中对该方法进行了完善,总结出内压测试过程中为避免测试误差应注意的事项,并推广到迎风面多开孔、内部空腔存在分隔等情况。有关具体内容可以参见第4章。

3)数值模拟

随着计算流体动力学(computational fluid dynamics,CFD)分析软件和计算机技术的日益成熟,数值风洞在风工程领域的应用也逐渐增多。CFD技术因其具有高效、可视性强的特点在建筑内外表面风荷载及风环境模拟中得到了广泛应用[94,95]。目前,CFD数值风洞技术在建筑内压研究上的应用主要集中在建筑平均内压以及开孔后内压瞬态响应等方面的预测。

Sharma等[31,32]借助数值模拟技术研究了突然开孔状态下孔口气流的瞬态响应特性,避免了试验过程中对突然开孔的模拟可能带来的测试误差。模拟结果形象地展现了孔口气流确实存在一定的收缩现象且孔口近壁面的黏性损失不可忽略。他们通过模拟得到的内压衰减曲线来对已有的内压传递方程进行修正。基于数值模拟技术获得的内压增益函数与风洞试验结果的对比表明,CFD数值模拟可以准确地预测内压的 Helmholtz 共振频率和阻尼特征。

卢旦等[96]同样利用数值模拟得到了内压共振频率和孔口振荡气柱的等效阻尼比等动力特性参数,并由瞬态内压衰减时程曲线对内压传递方程中的待定特征参数进行了拟合识别。楼文娟等[22]还对某在建厂房的围墙在风致倒塌过程中的风荷载作用情况进行了数值模拟,结果表明,结构整体刚度弱且未采取有效封闭措施致使内压大幅增加是造成大风作用下墙体倒塌的主要原因。

Guha等[97]采用CFD技术研究了大气边界层风场下TTU建筑突然开孔时的瞬态内压,并结合数值模拟结果对内压传递方程中孔口长度、损失系数、气动阻尼等未知参数进行了识别和修正。另外,他们还基于数值模型分别在层流条件和静态条件下(设定大小相当于迎风面来流动态压力的初始内外压力差)的计算结果,指出边界层湍流造成的黏性效应增强将导致所模拟的内压衰减曲线与理论计算结果相比表现出过阻尼的现象。

宋芳芳等[98]应用商用流体动力学软件 Fluent 对不同风向角下多种开孔工况的厂房内压进行了评估,得出以下结论:平均内压在结构内部分布较均匀且接近孔口处的平均外压值。当迎风面和背风面同时存在开孔时,内压系数随着迎风面和背风面开孔面积比的增加而增大,但当该比值达到3以上时,内压系数趋近于定值。当山墙和纵墙同时存在开孔时,内压系数随着风向角的增大而增大,且以纵墙迎风时最为不利。该研究建议在恶劣的大风天气下,应尽量避免建筑的围护结构在迎风面出现开孔,同时在沿海地区房屋结构的设计中需考虑风致内压的影响。

肖明葵等[99]采用标准的$k\text{-}\epsilon$湍流模型对单一开孔和多开孔工况下双坡屋面的内压进行了数值模拟。模拟结果表明,单一开孔时,开孔率大小对平均内压影响较小,而开孔位置对其影响较大。迎风墙面和背风墙面(或者屋面)同时开孔的情况下,得到了与宋芳芳等[98]较为一致的结论,即内压均值随着开孔面积比的增加而增加,但当开孔面积比大于3后,该值趋于常数。在屋面和纵墙同时开孔情况下,内压系数分布的均匀性降低且随着风向角变化而变化。

1.5　各国规范对内压设计的相关规定

由于对建筑内压的研究起步较晚且仍有许多悬而未决的问题有待解决,因此与外部风荷载相比,各国荷载规范对于建筑风致内压的设计取值规定也相对不够完善。已有的研究[49]表明,有些规定甚至可能会导致设计偏于不安全。本节对各个国家规范中有关内压的相关规定进行整理和总结。

《荷载规范》规定[1]:对封闭式建筑内部压力的局部体型系数按照外表面风压的正负分别取-0.2或者0.2。对于仅墙面存在单一主导开洞的情况,当开洞率大于0.02且小于等于0.1时取$0.4\mu_{\mathrm{sl}}$(μ_{sl}表示主导洞口对应的体型系数值),当开洞率大于0.1且小于等于0.3时取$0.6\mu_{\mathrm{sl}}$,当开洞率大于0.3时取$0.8\mu_{\mathrm{sl}}$。对于其他开洞情况,则应按照开放式建筑的μ_{sl}取值。

澳大利亚/新西兰规范[50]则按照背景泄漏和主导开孔这两类对不同开孔位置和开孔率下的内压系数分别进行了详细规定。当建筑存在背景泄漏时,内压系数的取值如表1.2所示。

表 1.2　建筑存在背景泄漏时内压系数取值

背景泄漏位置		C_{pi}
仅单一墙面泄漏	泄漏面迎风	0.6
	泄漏面非迎风	-0.3
相同的两面或者三面墙泄漏	泄漏面迎风	$-0.1,0.2$
	泄漏面非迎风	-0.3
所有墙面等同泄漏		-0.3 或 0(按不利荷载组合取)
有效封闭且无开窗的建筑		-0.2 或 0(按不利荷载组合取)

而当建筑墙面存在主导开孔(指建筑某一面上开孔尺寸超过其他面上所有开孔面积之和)时,内压系数的参考取值如表1.3所示(C_{pe}为相应开孔位置的外压取值)。

表 1.3　建筑存在主导开孔时内压系数取值

主导开孔面积与其他墙体、屋面开孔面积总和的比值	开孔在迎风面	开孔在背风面	开孔在侧风面	屋面开孔
$\leqslant 0.5$	$-0.3, 0$	$-0.3, 0$	$-0.3, 0$	$-0.3, 0$
1	$-0.1, 0.2$	$-0.3, 0$	$-0.3, 0$	$-0.3C_{pe}, 0.15C_{pe}$
2	$0.7\,C_{pe}$	$0.7\,C_{pe}$	$0.7\,C_{pe}$	$0.7\,C_{pe}$
3	$0.85\,C_{pe}$	$0.85\,C_{pe}$	$0.85\,C_{pe}$	$0.85\,C_{pe}$
$\geqslant 6$	C_{pe}	C_{pe}	C_{pe}	C_{pe}

美国荷载规范[74]对封闭、部分开敞以及完全开敞等情况下的建筑内压系数分别进行了规定：完全敞开时取 $GC_{pi}=0$（G 为阵风因子），全封闭时取 $GC_{pi}=\pm0.18$，而完全敞开和封闭状态之间的部分开敞时 $GC_{pi}=\pm0.55$。这三类建筑的定义分别为：①完全敞开建筑是指建筑每面墙有超过 80% 的面积敞开；②建筑部分敞开是指承受外部正压的开孔面积超过剩余维护结构开孔面积之和的 10% 并且该承受正压的开孔面积应当大于 $0.37\mathrm{m^2}$ 和 1% 墙面面积这两者中的较小值，此外剩余围护结构的开孔面积比例不应超过 20%；③封闭建筑是指不满足完全敞开和部分敞开条件的其他建筑。

加拿大规范[100]认为，建筑存在均匀分布的小孔隙时，内压会与外压均值最终平衡且内压峰值响应也随之消减。而对于类似门窗一样的大开孔，内压脉动响应会大幅提高。按照有无背景孔隙泄漏和开孔尺寸的不同，该规范将设计内压系数分为 3 类分别给出（见表 1.4）。

表 1.4　加拿大荷载规范有关内压规定

开孔情况	具体类型	C_{pi}
不存在主导开孔或者开孔不大的情况	均匀分布小开孔（小于总面积0.1%）	-0.15
	开孔处于对外部荷载有缓解位置	0
大风中可能出现明显开孔且不具有均匀分布的背景开孔	大部分的低矮建筑和带有可动窗户的高层建筑	$-0.45\sim0.3$
存在主导开孔的情况	围护结构抗风较弱或者在大风情况下出现大开孔的建筑	$-0.7\sim0.7$

欧洲荷载规范[101]认为，风荷载设计取值时内外压应当同时考虑，且应考虑可能的内外压最不利组合。该规范表明，内压取值与开孔大小和分布位置紧密相关，且定义主导开孔为某一墙面的开孔面积至少超过剩余墙面开孔和泄漏面积之和的 2 倍（开孔率大于 2）。对于存在主导开孔的建筑，当开孔率等于 2 时应取 $C_{pi}=0.75C_{pe}$，当开孔率大于 3 时应取 $C_{pi}=0.9C_{pe}$，而当开孔率处于 2～3 时可按线性插

值方法确定 C_{pi} 值。对于不存在明显主导开孔的建筑,内压系数可按照图 1.7 取值。图中,h 和 d 分别代表建筑的高度和深度,η 表示开孔比,可按式(1.43)计算:

$$\eta = \frac{\text{开孔处外压为 0 或者负数时所对应开孔面积}}{\text{总的开孔面积}} \tag{1.43}$$

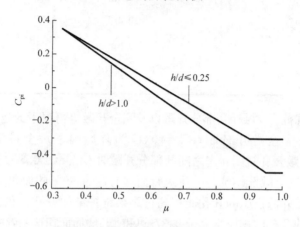

图 1.7　内压系数取值曲线

另外,欧洲荷载规范还对其他构筑物的内压取值进行了规定:对于开敞的筒仓和烟囱,$C_{pi} = -0.6$;对于带有小孔的通风油罐,$C_{pi} = -0.4$。

日本规范[3]对内压的规定则比较简单,仅指出不存在主导开孔的建筑的风致内压系数可取 0 或者 -0.4。

英国荷载规范[102]规定:对于名义封闭建筑,当仅在迎风墙面和背风墙面存在泄漏时,内压系数可取 0.2;当仅在两侧风墙面存在泄漏时,内压系数取 -0.3。而对于存在主导开孔的建筑,其规定与欧洲荷载规范[101]一致。

虽然内压对结构的抗风安全与外压具有同样重要的地位,但从以上各国规范的规定可以看出,相比建筑外部风荷载,规范对内压的规定还是比较简单的。综合比较各国规范可知,澳大利亚/新西兰规范对内压的规定相对较为全面,不仅考虑了建筑开孔尺寸和背景泄漏的影响,还考虑了来流风向和开孔位置对内压取值的差异性,值得借鉴。

1.6　本书的研究背景及主要内容

1.6.1　研究背景

我国是风灾频发的国家之一,尤其是沿海地区的低矮住宅、大型工业厂房以及大跨度体育场馆等建筑受风灾破坏的情况较为严重。为了提高建筑的抗风安全性,首先要在设计中准确评估出建筑所受的设计风荷载作用。而作为设计风荷载的重要组成部分,在建筑结构设计中考虑其内部风效应的作用是十分必要的。这就要求我们对内压响应机理以及预测方法有深入的认识和了解。然而就目前研究现状而言,建筑风致内压问题仍有许多方面值得探索。顾明等[103]和楼文娟等[104]分别对开孔建筑风致内压及其对屋盖结构作用的研究现状进行了回顾,并指出目前研究的薄弱环节包括:多开孔情况下的内压研究略有不足;结构柔度和内部干扰等因素对内压响应的影响有待进一步探讨;CFD 数值模拟方法的有效性验证及其在脉动内压预测上的应用也是有待探讨的问题。Holmes 等[105]最近在对迎风面存在主导开孔结构的内压响应研究现状进行总结回顾时建议未来的研究方向有以下几个方面:内压控制方程中待定的惯性系数和损失系数等关键参数的取值问题;来流湍流强度对损失系数取值的影响;现有的内外压脉动均方根之比的经验预测公式的适用性;风洞试验中对模型内部容积进行调节时,额外增加的容积的外形对内压特性的影响。

尽管建筑内压的理论和试验研究发展到今天已经取得了丰硕的成果,但是依然有很多问题困扰着设计者正确地认识和评估内压响应。主要问题有:①内压传递方程形式多样,但现有的每个方程都有自己的局限性和不足之处,如何得到一个适用性较强的内压预测公式仍然值得探讨。②关于控制方程中未知参数的取值也是困扰研究人员多年的难题,只有确定了孔口特征参数 C_I 和 C_L 的取值,内外压传递方程才有实际的工程和设计应用价值。③对于不同的开孔形式,在试验中为了能够准确获得结构原型真实的内压脉动,如何采取相应的风洞试验修正策略也需要进一步明确。④为了便于在工程设计中估算出内压的脉动和峰值响应,必须要先了解影响内压脉动的因素有哪些,并且建立各类因素之间的相互关系以形成简化的内压响应预测公式。⑤以往的研究主要集中在比较理想的单空腔单一开孔的情况,而对于多开孔、多空腔形式以及建筑存在背景泄漏和结构柔性等情况下风致内压的了解仍然比较有限,因此深入开展复杂开孔形式下以及考虑结构存在柔性和背景泄漏时的内压脉动响应机理及其影响因素的研究不仅有利于充实和完善内压的理论体系,而且更加能够反映实际的工程问题。⑥以往的研究多数认为迎风面开孔情况下建筑的内压响应比较不利,因此多数研究均是基于此展开的。然而最新的研究发现,内压在斜风向来流的激励下将产生强烈的涡激共振响应,由此产生的内压脉动可能会超过开孔迎风的情况。因此有必要对斜风作用下内压的涡激响应特点进行深入的探索。⑦探索和推广基于 CFD 理论的数值模拟技术在建筑内部风荷载研究中的应用也是未来的发展趋势之一。它将有助于我们形象、直观、科学地评估建筑风荷载,并能高效地解决复杂的工程问题。⑧从目前规范对内压的相关规定来看,大部分规范均不考虑内压的风向差异性,也不考虑开孔位置和容积等可能造成的内压取值的不同。另外,在内外压组合时,目前绝大部分规范均不考虑内外之间的相关性问题而通常直接采用最不利值进行组合,这可能会造成设计风荷载取值过于保守。

综上所述,对开孔结构风致内压进行细致深入的研究无论对完善内压理论和还是对工程抗风设计都具有重要意义。本书的研究就是以此为背景展开的,试图寻求上述问题的解决方案,以使读者能够对建筑内压的响应特点和计算方法有初步的认识,最终为工程设计提供参考和依据。

1.6.2　主要内容

为了给开孔建筑维护结构设计提供合理准确的内部风荷载值以确保结构抗风设计的经济安全,本书基于作者多年的相关研究成果对不同开孔情况下建筑内压的脉动响应机理、理论计算方法、风洞试验策略,以及数值模拟技术等方面进行详细介绍,最终给出适合规范设计应用的内压计算方法。本书的基本思路是从内压的响应理论研究出发,在认识内压响应机理的基础上探索内压的风洞试验和数值模拟方法,最后上升到规范的设计应用。确保研究理论和工程实际应用的紧密结合。后续各章的主要内容如下。

第2章系统地介绍单一开孔、多开孔和开孔多空腔,以及考虑背景泄漏、结构柔性等因素后的建筑内压响应的理论机理和控制方程。采用自行研制的扬声器激振装置和风洞试验验证部分内压控制方程的有效性。阐述开孔面积、内部容积等因素对脉动内压均方根、Helmholtz 共振频率以及等效阻尼比等动力特性参数的影响。

第3章基于大量扬声器激振测试和风洞试验得出随机荷载作用下内压控制方程中待定特征参数 C_I 和 C_L 的建议取值,展示多种因素(包括外部风场、建筑开孔特性等)改变对这两个参数取值的影响并推荐相应的理论识别方法。

第4章着重介绍单一开孔建筑在内压风洞试验时的模拟策略,并以该理论为基础推广到迎风面多开孔以及开孔双空腔模型的内压风洞试验方法。与此同时,分析可能导致内压脉动响应测试误差的各种原因及相应的试验解决方案,为各类工程进行准确的内压风洞试验奠定基础。

第5章综合探讨开孔面积、内部容积、来流风速和湍流强度、开孔位置、开孔深度以及模型内部干扰等因素对内压脉动响应的影响。考察斜风向下内压涡激共振响应的特点。比较分析不同的内压脉动均方根简化预测方法的适用性。

第6章主要对沿海地区的某超高单层厂房在4种不同开孔情况下墙面和屋面内外表的风荷载分布进行细致的风洞试验研究,并与我国现行规范的体型系数进行比较。分析墙面可能出现受力集中的端部效应区域以及对纵墙和屋盖受力不利的风向角。探索墙面存在开孔时内压对屋盖风振响应的影响,同时还考察内压峰值因子的分布并给出其建议取值。

　　第 7 章以某屋面开孔的实际工程为背景介绍风致屋面破坏后内压的响应特点并比较屋面与墙面开孔情况下内压的响应差异。讨论建筑开孔大小、内部容积和周边干扰等对屋盖开孔时内压取值的影响,并研究屋盖开孔情况下内压响应的非高斯特性及峰值因子取值,为类似的工程提供经验。

　　第 8 章介绍 CFD 数值风洞技术的基本理论。以某厂房为实例,模拟不同长跨比下开孔厂房纵墙的内外表面风荷载,并与已有的风洞试验结果进行比较来探讨数值模拟技术的可靠性。考察建筑长跨比对厂房纵墙内外表面风压分布以及端部效应区范围的影响。

　　第 9 章结合大量的模型风洞试验数据探讨我国现有荷载规范在内压设计方面可能存在的不足,提供一套修正的且适合主体结构和围护结构抗风设计应用的建筑平均和极值内部风荷载的设计计算方法,并首次引入内外压组合系数使得净风荷载的设计更具合理性,为抗风设计和规范的完善提供借鉴。

参 考 文 献

[1] 中华人民共和国建设部. GB 50009—2012 建筑结构荷载规范[S]. 北京:中国建筑工业出版社,2012.

[2] Holmes J D. Wind Loading of Structures[M]. Florida:Taylor and Francis Group,2015.

[3] Architecture Institute of Japan. AIJ 2004 Recommendations for Loads on Buildings[S]. Tokyo: Architecture Institute of Japan,2004.

[4] Davenport A G. The relationship of Wind structure to wind loading[C]//Proceeding of the Symposium on Wind Effects on Buildings and Structures,London,1965:54-102.

[5] Simiu E,Scanlan R H. Wind Effects on Structures-An Introduction to Wind Engineering[M]. New York:John Wiley and Sons,1978.

[6] Kaimal J C,Wyngaard J C,Izumi Y,et al. Spectral Chavacteristics of surface-lager turbulence [J]. O. J. R. Meteorol,SOC,1972,98:563-598.

[7] von Karman T. Progress in the statistical theory of turbulence[J]. Proceedings of the National Academy of Sciences,1948,34(11):530-539.

[8] Busch N,Panofsky H. Recent spectra of atmospheric turbulence[J]. Quarterly Journal of the Royal Meteorological Society,1968,94(400):132-148.

[9] 余世策. 开孔结构风致内压及其与柔性屋盖的耦合作用[D]. 杭州:浙江大学,2006.

[10] 张建胜,武岳,沈世钊. 不同脉动风相干函数对结构响应的影响[C]//第十三届全国结构风工程会议,大连,2007:165-170.

[11] Dyrbye C,Hansen S O. Wind Loads on Structures[M]. New Jersey:John Wiley and Sons,1997.

[12] 孙炳楠,傅国宏,陈鸣,等. 94 年 17 号台风对温州民房破坏的调查[J]. 浙江建筑,1995,(4):19-23.

[13] Kareem A,Kijewski T. 7th US National Conference on Wind Engineering:A summary of

Papers,1996.

[14] Cyclone Testing Station. Tropical Cyclone Larry Damage to buildings in the Innisfail area[R]. Technical Report 51,James Cook University,2006.

[15] Walker G R. Report on Cyclone Tracy-Effect on Buildings[R]. Department of Housing and Construction-Australia,1974.

[16] Sparks P R,Schiff S D,Reinhold T A. Wind damage to envelopes of houses and consequent insurance losses[J]. Journal of Wind Engineering and Industrial Aerodynamics, 1994, 53(1-2):145-155.

[17] Davenport A G. The role of wind engineering in the reduction of natural disasters[C]//Proceedings of the 9th International Conference on Wind Engineering,New Delhi,1995.

[18] Sheffield J W. A survey of building performance in hurricane Iniki and typhoon Omar[C]// Proceedings of the 7th US National Conference on Wind Engineering,University of California,USA,1993.

[19] Federal Emergenct Management Agency. Summary Report on Building Performance,Hurricane Katrina 2005[R]. Washington,2006.

[20] Shanmugasundaram J,Arunachalam S,Gomathinayagam S,et al. Cyclone damage to buildings and structures-a case study[J]. Journal of Wind Engineering and Industrial Aerodynamics,1994,84(3):369-380.

[21] Shanmugasundaram J,Reardon J. Strong wind damage due to Hurricane Andrew and its implications[J]. Journal of Structural Engineering,1995,22(2):49-54.

[22] 楼文娟,卢旦. 在建厂房的风荷载分布及其风致倒塌机理[J]. 浙江大学学报(工学版), 2006,40(11):1842-1846.

[23] Mei W,Xie S P. Intensification of landfalling typhoons over the northwest Pacific since the late 1970s[J]. Nature Geoscience,2016,(9):753-757.

[24] Euteneuer G A. Einfluss des windeinfalls auf innendruck und zugluft erscheinung in teilweise offenen bauwerken[J]. Der Bauingenieur,1971,(46):355-360.

[25] Liu H. Wind pressure inside building[C]//Proceedings of the 2nd US National Conference on Wind Engineering Research,Fort Collins,1975.

[26] Liu H. Building code requirements on internal pressure[C]//Proceedings of the 3nd US National Conference on Wind Engineering Research,Gainesville Florida,1978.

[27] Holmes J D. Mean and fluctuating pressures induced by wind[C]//Proceedings of the 5th International Conference on Wind Engineering,Fort Collins,USA,1979:435-450.

[28] Stathopoulos B T,Luchian H D. Transient wind-induced internal pressures[J]. Journal of Engineering Mechanics,1989,115(7):1501-1514.

[29] Vickery B J,Bloxham C. Internal pressure dynamics with a dominant opening[J]. Journal of Wind Engineering and Industrial Aerodynamics,1992,41(1-3):167-177.

[30] Yeatts B B,Mehta K C. Field experiments for building aerodynamics[J]. Journal of Wind Engineering and Industrial Aerodynamics,1993,50(1-3):213-224.

[31] Sharma R N,Richards P J. Computational modeling of the transient response of building internal pressure to a sudden opening[J]. Journal of Wind Engineering and Industrial Aerodynamics,1997,72(1):149-161.

[32] Sharma R N, Richards P J. Computational modeling in the prediction of building internal pressure gain function[J]. Journal of Wind Engineering and Industrial Aerodynamics,1997,67-68:815-825.

[33] 卢旦,楼文娟,孙炳楠,等. 建筑物突然开孔时风致瞬态内压研究[C]//第十一届全国结构风工程学术会议,三亚,2003:141-146.

[34] 楼文娟,余世策,李恒,等. 突然开孔对平屋盖结构静动力风荷载的影响[J]. 同济大学学报(自然科学版),2007,35,(10):1316-1321.

[35] 段旻,谢壮宁,石碧青. 低矮房屋瞬态内压的风洞试验研究[J]. 土木工程学报,2012,45(7):10-16.

[36] Guha T K,Sharma R N,Richards P J. Wind induced internal pressure overshoot in buildings with opening[J]. Wind and Structures,2013,16(1):1-23.

[37] Tecle A S,Bitsuamlak G T,Aly A M. Internal pressure in a low-rise building with existing envelope openings and sudden breaching[J]. Wind and Structures,2013,16(1):25-46.

[38] Liu H,Saathoff P J. Building internal pressure:sudden change[J]. Journal of the Engineering Mechanics Division,1981,107(2):309-321.

[39] Vickery B J. Comments on the propagation of internal pressures in buildings by R. I. Harris[J]. Journal of Wind Engineering and Industrial Aerodynamics,1991,37(2):209-212.

[40] Oh H J,Kopp G A,Inculet D R. The UWO contribution to the NIST aerodynamic database for wind load on low buildings:Part 3. Internal pressure[J]. Journal of Wind Engineering and Industrial Aerodynamics,2007,95(8):755-779.

[41] 徐海巍,余世策,楼文娟. 开孔结构内压传递方程的适用性分析[J]. 浙江大学学报(工学版),2012,46(5):811-817.

[42] Chaplin G C,Randall J R,Baker C J. The turbulent ventilation of a single opening enclosure[J]. Journal of Wind Engineering and Industrial Aerodynamics,2000,85(2):145-161.

[43] 余世策,李庆祥,徐海巍,等. 开孔结构内压传递方程的孔口特征参数识别[J]. 振动与冲击,2012,31(5):50-54.

[44] Holmes J D ,Ginger J D. Codification of internal pressure for building design[C]//The seventh Asia-Pacific Conference on Wind Engineering,Taibei,China,2009.

[45] Guha T K,Sharma R N,Richards P J. Influence factors for wind induced internal pressure in a low rise building with a dominant opening[J]. Journal of Wind and Engineering,2011,8(2):1-17.

[46] Liu H,Rhee K H. Helmholtz oscillation in building models[J]. Journal of Wind Engineering and Industrial Aerodynamics,1986,24(2):95-115.

[47] Vickery B J. Gust-factors for internal-pressures in low-rise buildings[J]. Journal of Wind Engineering and Industrial Aerodynamics,1986,23(1-3):259-271.

[48] Sharma R N. Internal and net envelope pressures in a building having quasi-static flexibility and a dominant opening[J]. Journal of Wind Engineering and Industrial Aerodynamics, 2008,96:1074-1083.

[49] Sharma R N,Richards P J. The influence of Helmholtz resonance on internal pressures in a low-rise building[J]. Journal of Wind Engineering and Industrial Aerodynamics, 2003, 91(6):807-828.

[50] Standards Australia/Standards New Zealand. AS/NZS1170. 2-2002[S]. Sydney and Wellington:Standards Australia and Standards New Zealand,2002.

[51] Ginger J D , Holmes J D,Kim P Y. Variation of internal pressure with varying sizes of dominant openings and volumes [J]. Journal of Structure Engineering, 2010, 136 (10): 1319-1326.

[52] Ginger J D ,Holmes J D,Kopp G A. Effect of building volume and opening size on fluctuating internal pressure[J]. Wind and Structures,2008,11(5):361-376.

[53] 卢旦,楼文娟,唐锦春. 开孔结构风致内压研究[J]. 浙江大学学报(工学版),2005,39(9): 1388-1392.

[54] 余世策,楼文娟,孙炳楠. 开孔结构内部风效应的风洞试验研究[J]. 建筑结构学报,2007, 28(4):76-82.

[55] 余世策,楼文娟,孙炳楠. 开孔结构风致内压脉动的频域法分析[J]. 工程力学,2007,24(5): 35-41.

[56] 李祝攀,陈朝晖. 开孔结构风致内压试验研究[C]//第十九届全国结构工程学术会议,济南,2010:454-459.

[57] 徐海巍,余世策,楼文娟. 开孔结构内压脉动影响因子的试验研究[J]. 浙江大学学报(工学版),2013,48(3):487-491.

[58] Woods A R,Blackmore A P. The effect of dominant openings and porosity on internal pressures[J]. Journal of Wind Engineering and Industrial Aerodynamics,1995,57(2):167-177.

[59] 余世策,楼文娟,孙炳楠,等. 背景孔隙对开孔结构风致内压响应的影响[J]. 土木工程学报, 2006,39(6):6-11.

[60] Yu S C,Lou W J,Sun B N. Wind-induced internal pressure response for structure with single windward opening and background leakage[J]. Journal of Zhejiang University Science A,2008,9(3):313-321.

[61] Guha T K,Sharma R N,Richards P J. The effect of background leakage on wind induced internal pressure fluctuations in a low rise building with a dominant opening[C]//Proceedings of the 11th Americas Conference on Wind Engineering,San Juan,2009.

[62] Guha T K,Sharma R N,Richards P J. Internal pressure dynamics of a leaky building with a dominant opening[J]. Journal of Wind Engineering and Industrial Aerodynamics, 2011, 99(11):1151-1161.

[63] Nakayama M,Sasaki Y,Masuda K,et al. An efficient method for selection of vibration modes contributory to wind response on dome-like roofs[J]. Journal of Wind Engineering and Industrial Aerodynamics,1998,73(1):31-43.

［64］ Novak M,Kassem M. Free vibration of light roofs backed by cavities[J]. Journal of Engineering Mechanics,1990,116(3):549-564.

［65］ Kassem M,Novak M. Experiments with free vibration of light roofs backed by cavities[J]. Journal of Engineering Mechanics,1990,116(8):1750-1763.

［66］ Vickery B J,Georgiou P N. A simplified approach to the determination of the influence of internal pressure on the dynamics of large span roofs[J]. Journal of Wind Engineering and Industrial Aerodynamics,1991,38(2-3):357-369.

［67］ Sharma R N,Richards P J. The effect of roof flexibility on internal pressure fluctuations[J]. Journal of Wind Engineering and Industrial Aerodynamics,1997,72(1):175-186.

［68］ Pearce W,Sykes D M. Wind tunnel measurements of cavity pressure dynamics in a low-rise flexible roofed building[J]. Journal of Wind Engineering and Industrial Aerodynamics, 1999,82(1-3):27-48.

［69］ 布占宇,楼文娟,唐锦春,等. 大跨度柔性屋面建筑风振响应研究-突然开孔时的内压及屋面响应研究[J]. 浙江大学学报(工学版),2004,38(1):74-78.

［70］ 卢旦,楼文娟,孙炳楠,等. 突然开孔结构的风致内压及屋盖响应研究[J]. 振动工程学报, 2005,18(3):299-303.

［71］ 余世策,孙炳楠,楼文娟. 风致内压对大跨屋盖风振响应的影响[J]. 空气动力学学报,2005, 23(2):210-216.

［72］ Guha T K,Sharma R N,Richards P J. Internal pressure in a building with multiple dominant openings in a single wall:Comparison with the single opening situation[J]. Journal of Wind Engineering and Industrial Aerodynamics,2012,107:244-255.

［73］ Pan F,Cai C S,Zhang W. Wind-Induced Internal Pressures of Buildings with Multiple Openings[J]. Journal of Engineering Mechanics,2013,139(3):376-385.

［74］ American Society of Civil Engineers. ASCE/SEI 7-05 Minimum Design Loads for Buildings and Other Structures[S]. New York:ASCE,2005.

［75］ Saathoff P J,Liu H. Internal pressure of multi-room buildings[J]. Journal of Engineering Mechanics,1983,109(3):908-919.

［76］ Sharma R N. Internal pressure dynamics with internal partitioning[C]//Proceedings of the 11th International Conference on Wind Engineering,San Juan,2003:705-712.

［77］ Kopp G A,Oh J H,Inculet D R. Wind-Induced Internal Pressures in Houses[J]. Journal of Structural Engineering,2008,134(7):1129-1138.

［78］ Guha T K,Sharma R N,Richards P J. Dynamic wind Load on an internal partition wall inside a compartmentalized building with an external dominant opening[J]. Journal of Architectural Engineering,2013,19(2):89-100.

［79］ 余先锋,全涌,顾明. 开孔两空间结构的风致内压响应研究[J]. 空气动力学学报,2013, 31(4):151-155.

［80］ 余先锋,顾明,全涌,等. 考虑背景孔隙的单开孔两空间结构的风致内压响应研究[J]. 空气动力学学报,2012,30(4):238-243.

[81] 李寿科,李寿英,陈政清. 开合屋盖体育场风荷载特性试验研究[J]. 建筑结构学报,2010, 31(10):17-23.

[82] 李寿科,李寿英,陈政清. 体育场活动屋盖的开合对其风荷载影响的试验研究[C]//第十四 届全国结构风工程学术会议,北京,2009:496-502.

[83] 李寿科. 屋盖开孔的近地空间建筑的风效应及等效静力风荷载研究[D]. 长沙:湖南大 学,2013.

[84] 徐海巍,余世策,楼文娟. 迎风面多开孔结构的风洞试验研究[J]. 振动与冲击,2014, 33(15):82-86.

[85] 徐海巍,余世策,楼文娟. 开孔双空腔结构风致内压动力特性的研究[J]. 工程力学,2013, 30(12):154-159.

[86] Robertson A P. The wind-induced response of a full-scale portal framed building[J]. Journal of Wind Engineering and Industrial Aerodynamics. 1992,43(1-3):1677-1688.

[87] Fahrtash M,Liu H. Internal pressure of low-rise building-field measurements[J]. Journal of Wind Engineering and Industrial Aerodynamics,1990,36(2):1191-1200.

[88] Ginger J D,Mehta K C,Yeatts B B. Internal pressures in a low-rise full-scale building[J]. Journal of Wind Engineering and Industrial Aerodynamics,1997,72(1-3):163-174.

[89] Ginger J D,Letchford C W. Net pressures on a low-rise full-scale building[J]. Journal of Wind Engineering and Industrial Aerodynamics,1999,83(1-3):239-250.

[90] Kato N,Niihori Y,Kurita T,et al. Full-scale measurement of wind-induced internal pressure in a high-rise building[J]. Journal of Wind Engineering and Industrial Aerodynamics,1997, 71:619-630.

[91] 戴益民,李秋胜,李正农. 低矮房屋屋面风压特性的实测研究[J]. 土木工程学报,2008, 41(6):9-13.

[92] Guha T K,Sharma R N,Richards P J. Field studies of wind induced internal pressure in a warehouse with a dominant opening[J]. Wind and Structures,2013,16(1):117-136.

[93] 徐海巍,余世策,楼文娟. 开孔结构内压共振效应的风洞试验方法研究[J]. 土木工程学报, 2013,46(11):8-14.

[94] Bekele S A,Hangan H. A comparative investigation of the TTU pressure envelope,numerical versus laboratory and full scale results[J]. Wind and Structures,2002,5(2-4):337-346.

[95] 顾明,杨伟,黄鹏,等. TTU 标模风压数值模拟及实验对比[J]. 同济大学学报(自然科学 版),2006,34(12):1563-1567.

[96] 卢旦,楼文娟. 突然开孔时孔口气流动力特性参数的数值模拟[J]. 工程力学,2006,23(10): 55-60.

[97] Guha T K,Sharma R N,Richards P J. Analytical and CFD modeling of transient internal pressure response following a sudden opening in building/cylindrical cavities[C]//Proceedings of the 11th Americas Conference on Wind Engineering,San Juan,2009.

[98] 宋芳芳,欧进萍. 低矮建筑风致内压数值模拟与分析[J]. 建筑结构学报,2010,31(4): 69-77.

[99] 肖明葵,赵民,王涛. 双坡屋面低矮房屋风致内压的数值模拟[J]. 华侨大学学报(自然科学板),2012,33(3):310-315.

[100] National Research Council Canada. NBC 2005 NRCC User's Guide-NBC Structural Commentaries(Part 4 of Division B)[S]. Ottawa:NRCC,2005.

[101] Technical Committee CEN/TC250. Structural Eurocodes Eurocode 1:Actions on Structures-general Actions-part 1-4:Wind Actions[S]. London:British Standards Institution,2004.

[102] Building and Civil Engineering Sector Board. BS6399-2:1997,Loading for buildings-part 2:code of practice for wind loads[S]. London:British Standards Institution,1997.

[103] 顾明,余先锋,全涌. 建筑结构风致内压的研究进展[J]. 同济大学学报(自然科学版),2011,39(10):1434-1440.

[104] 楼文娟,卢旦,孙炳楠. 风致内压及其对屋盖结构的作用研究现状评述[J]. 建筑科学与工程学报,2005,22(1):76-82.

[105] Holmes J D,Ginger J D. Internal pressures-The dominant windward opening case-A review[J]. Journal of Wind Engineering and Industrial Aerodynamics,2012,100(1):70-76.

第2章 内压响应的机理与理论方程

为了更好地理解和评估建筑开孔后内压的脉动响应,有必要先了解风致内压的响应机理。本章主要对实际工程中可能出现的各种不同开孔形式下的内压传递方程进行推导,并分析其适用性以及影响内压响应特性的因素。对单一开孔建筑,提出适用性更为广泛的内外压传递方程的新形式。通过本章分析建立不同开孔结构风致内压响应的基本力学模型,同时还给出考虑实际建筑存在背景泄漏和结构柔性等情况下内压脉动响应的控制方程,为工程设计中进行内压评估奠定理论基础。

2.1 单一开孔结构内压传递方程的适用性

在恶劣的风环境下,建筑门窗很容易遭到破坏而形成开孔。瞬间涌入的外部气流会使结构内压急剧增加,这股脉冲力和外压的共同作用将加剧建筑维护结构的损伤和破坏[1,2]。关于单一开孔建筑的内部风效应,已有研究[3]表明,单一开孔建筑的风致内压脉动响应具有单自由度非线性振动的特点且在某个特定频率下将产生共振现象。虽然国外学者[3~7]已经提出了不同形式的内外压传递方程,但是每个方程都有一定的不足和缺陷,再加上影响开孔结构内压响应的因素极其复杂,所以至今仍未形成一个广泛适用的内压控制方程。现有的内外压传递方程的推导多数是基于非定常伯努利方程或者 Helmholtz 谐振器理论。本节将从动量定理的角度(纳维-斯托克斯方程),结合层流边界层理论推导内压传递方程的新形式,并且首次使用自行研制的扬声器激振装置进行不同开孔模型的激振试验以验证所提出方程的适用性。

2.1.1 内压传递方程的研究现状

建筑物开孔引起的内压作用早已引起了国内外研究人员的重视。Holmes[3]早在 1979 年就基于声学中的 Helmholtz 谐振器理论,提出了关于内外压系数的传递关系。首先根据 Helmholtz 共振模型,孔口气柱的运动方程为

$$\rho_a A l_e \ddot{X} + \frac{\rho_a A}{2k^2} X |\dot{X}| + \frac{\gamma P_a A^2}{V_o} X = A P_e \qquad (2.1)$$

联合应用流量守恒方程和绝热方程可得

$$X = \frac{V_0}{\gamma A P_a} P_i \tag{2.2}$$

式中，X 为孔口气柱的振荡位移，m。

将式(2.2)代入式(2.1)，且两边同时除以参考点风压 $q = 0.5\rho_a U_h^2$ 可以得到内外压系数的传递方程：

$$\frac{\rho_a l_e V_0}{\gamma A P_a} \ddot{C}_{pi} + \frac{\rho_a V_0^2 q}{2\gamma^2 k^2 A^2 P_a^2} \dot{C}_{pi} | \dot{C}_{pi} | + C_{pi} = C_{pe} \tag{2.3}$$

当令式(2.3)中的非线性阻尼项和外压系数项均为 0 时，可以得到 Helmholtz 共振频率为

$$f_{H(Holmes)} = \frac{1}{2\pi} \sqrt{\frac{\gamma A P_a}{\rho_a l_e V_0}} \tag{2.4}$$

随后，Liu 等[4]通过研究发现在孔口处气流存在收缩现象，并且由非定常等熵伯努利方程推出了一个类似的公式：

$$\frac{\rho_a l_e V_0}{\gamma c A P_a} \ddot{C}_{pi} + \frac{\rho_a V_0^2 q}{2\gamma^2 c^2 A^2 P_a^2} \dot{C}_{pi} | \dot{C}_{pi} | + C_{pi} = C_{pe} \tag{2.5}$$

与之相应的 Helmholtz 频率为

$$f_{H(Liu)} = \frac{1}{2\pi} \sqrt{\frac{\gamma c A P_a}{\rho_a l_e V_0}} \tag{2.6}$$

与式(2.3)的不同之处在于，式(2.6)的二阶导数项中引入了流动收缩系数 c。Liu 等[4]认为，$c = 0.6$，$l_e = 0.8\sqrt{A}$。

然而，Vickery 等[8]却认为在非稳定的外压作用下，孔口气流将不会产生收缩现象，因此方程惯性中不应该引入流动收缩系数 c。同时，他们建议对于阻尼项和惯性项，应该分别采用损失系数 C_L 和惯性系数 C_I 来描述。所以内压传递方程就变成如下形式：

$$\frac{\rho_a l_e V_0}{\gamma A P_a} \ddot{C}_{pi} + C_L \frac{\rho_a V_0^2 q}{2\gamma^2 A^2 P_a^2} \dot{C}_{pi} | \dot{C}_{pi} | + C_{pi} = C_{pe} \tag{2.7}$$

式中，C_L 相当于 Holmes 方程中的 $1/k^2$；$l_e = l_0 + C_I \sqrt{A}$，l_0 为孔口深度，m。

尽管由式(2.7)所得到的 Helmholtz 共振频率与式(2.4)有相同的形式，但是考虑到 l_e 的取值不同，两方程的计算结果可能也会有所差异。

上述三个方程几乎都于 20 世纪 80 年代提出，这些研究主要也是针对薄壁开孔的情况。关于内外压传递方程最新的研究主要集中在对深开孔所产生的额外阻尼的探讨。Sharma 等[7,9]通过 CFD 仿真模拟发现：对于薄壁圆洞(洞深/孔口有效直径＜1)，在开口处确实存在气流收缩的现象，因此 Liu 等[4]所提出的方程似乎更加符合实际情况。而对于深长洞(洞深/孔口有效直径≥1)，气流的收缩现象却并

不明显,这一点更加符合 Vickery 等[8]的观点。但是该研究结果表明,在孔口比较深的情况下,无论用 Liu 还是 Vickery 的方程,都难以使内压响应的理论解和试验结果相匹配。因此,Sharma 等[9]认为在原有的内压控制方程中还应该增加另外一项,即由剪应力产生的线性阻尼项。引入近壁面气流流速按线性分布的假定后,内压响应方程变为如下形式。

对于浅洞:

$$\frac{\rho_a l_e V_0}{\gamma c A P_a}\ddot{C}_{pi}+C_L\ \frac{\rho_a V_0^2 q}{2\gamma^2 A^2 P_a^2}\dot{C}_{pi}|\dot{C}_{pi}|+\frac{\Gamma l_e V_0\ \frac{\mu_{eff}}{\Delta r}}{\gamma c^2 A^2 P_a}\dot{C}_{pi}+C_{pi}=C_{pe} \tag{2.8}$$

式中,Γ 为开孔周长,m;μ_{eff} 为有效动力黏度;Δr 为从平均流速降低到零所经过的距离,m。$c=0.6$,$C_L=1.2$;对于开孔居中的结构,$l_e=l_0+1.39\sqrt{A/\pi}$。

对于深长洞:

$$\frac{\rho_a l_e V_0}{\gamma A P_a}\ddot{C}_{pi}+C_L\ \frac{\rho_a V_0^2 q}{2\gamma^2 A^2 P_a^2}\dot{C}_{pi}|\dot{C}_{pi}|+\frac{\Gamma l_e V_0\ \frac{\mu_{eff}}{\Delta r}}{\gamma A^2 P_a}\dot{C}_{pi}+C_{pi}=C_{pe} \tag{2.9}$$

式中,$C_L=1.5$;$l_e=l_0+1.73\sqrt{A/\pi}$。

Guha 等[10]对上述方程进行了修正,对浅开孔取消了线性阻尼项,得到下面修正后的方程。

对于浅洞:

$$\frac{\rho_a l_e V_0}{\gamma c A P_a}\ddot{C}_{pi}+C_L\ \frac{\rho_a V_0^2 q}{2\gamma^2 A^2 P_a^2}\dot{C}_{pi}|\dot{C}_{pi}|+C_{pi}=C_{pe} \tag{2.10}$$

对于深洞:

$$\frac{\rho_a l_e V_0}{\gamma c A P_a}\ddot{C}_{pi}+C_L\ \frac{\rho_a V_0^2 q}{2\gamma^2 A^2 P_a^2}\dot{C}_{pi}|\dot{C}_{pi}|+\frac{8\pi\Gamma l_e\ \frac{\mu_{eff}}{\Delta r}V_0}{\gamma c^2 A^2 P_a}\dot{C}_{pi}+C_{pi}=C_{pe} \tag{2.11}$$

式(2.11)与修正前方程的区别在于:线性阻尼项增加了经验系数 8π。当 $C_L=1/c^2$ 时,式(2.10)就变成了式(2.5)。

随着越来越多试验证实开孔结构内压瞬态响应存在快速衰减的现象,孔口近壁面摩擦所产生的能量损失也逐渐受到了学者的重视。Oh 等[11]也提出,对于深长开口应该考虑气流与洞壁间的摩擦作用。应用层流摩擦假定后,式(2.7)可以修正为

$$\frac{V_0 l_e \rho_a}{A P_a \gamma}\ddot{C}_{pi}+C_L\ \frac{\rho_a q V_0^2}{2\gamma^2 P_a^2 A^2}\dot{C}_{pi}|\dot{C}_{pi}|+\frac{8\pi l_0 \mu V_0}{\gamma P_a A^2}\dot{C}_{pi}+C_{pi}=C_{pe} \tag{2.12}$$

通过分析不难发现,以上公式各自都存在着一定的不足。Holmes、Liu 等和

Vickery 等提出的公式,对深长洞来说将会低估孔口的阻尼值。而 Sharma 等虽然提出了考虑摩擦后的修正式(2.11)。但是该公式却引入了新的未知参数 Δr,而且线性阻尼项中系数 8π 的得出也缺乏严格的理论证明,这些都给方程的实际应用增加了不便。至于式(2.12),在不同开口深宽比下,通过和式(2.3)比较相同外部条件下内压的自由衰减曲线(见图 2.1 和图 2.2)可以发现,只有当开门的深度达到开孔有效直径的 10 倍以上时,式(2.12)才会稍微体现出线性阻尼项的作用。而对于一般建筑开口(有效深宽比通常 $\leqslant$ 2),式(2.12)的线性阻尼项与非线性项相比很小几乎可以忽略,所以通常情况下它与式(2.3)是近似等效的。故式(2.12)的提出还是没能解决在实际流动中孔口存在额外阻尼的问题。基于各公式的不足,本节在考虑气流与洞壁流动摩擦的基础上,用动量定理推导了内压传递方程的新形式,并通过试验来验证所推导方程的适用性。

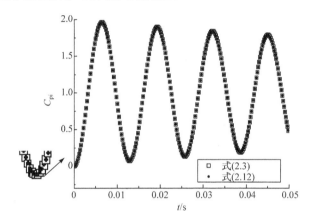

图 2.1　有效深宽比为 2 时式(2.3)和式(2.12)自由衰减比较

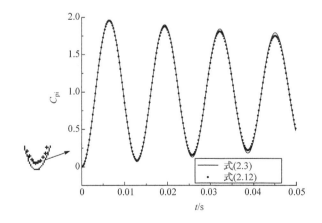

图 2.2　有效深宽比为 10 时式(2.3)和式(2.12)自由衰减比较

2.1.2　基于动量定理和层流边界层理论的内压传递方程

因为单一开孔的风致内压响应属于流体动力学问题,所以也应该满足纳维-斯托克斯方程。对于单一开孔的结构,规定空气流入方向为正,且仅考虑气体流动方向的速度,忽略其他两个方向的速度。建筑开孔后气体内外压传递可分为两个阶段:第一个阶段是外部气体涌入结构内部,此时结构内气压迅速增加;第二个阶段是当结构内气压超过外压时,气体通过开孔向外流动。分别对气体流入和流出阶段应用动量定理,可以综合得到

$$\frac{\partial \rho_a v}{\partial t} A l_e + C_L \frac{A \rho_a v |v|}{2} + \Gamma \int_0^{l_0} \tau \mathrm{d}x = -A(P_i - P_e) \tag{2.13}$$

式中,v 为平均速度,m/s;P_i、P_e 分别为内、外压强,Pa;τ 为摩擦应力,Pa。

对于一般的建筑开孔,通常开孔深宽比小于 2。因此,当外部气流流经孔口时,速度往往还没有充分发展,从而在孔口近壁面处形成很大的速度梯度。如果用完全发展的层流摩擦假定来计算气体与洞壁间的速度梯度,就会使得到的剪应力偏小。这也就是式(2.12)在深宽比相对较小(如深宽比小于 10 的情况)时,不能较好地反映孔口实际阻尼的原因。充分考虑到这一点,本节在推导过程中假定开孔内中间核心区气体速度均匀分布,近壁面处速度按二次抛物线分布。

为了得到剪应力,还必须知道孔口近壁面处边界层厚度。Gupta[12] 推导了流体流经管道入口段时层流边界层公式,并给出无量纲边界层厚度 δ^*($\delta^* = \delta/R$)与孔口无量纲距离 X^* $[X^* = X\mu/(R^2 u\rho)]$ 的关系式。因为考虑到 δ^* 通常约为 0.1 量级,所以计算中忽略 δ^* 三次方及以上高阶项的影响。对文献[12]中相关公式进行简化后得到

$$\frac{\mathrm{d}X^*}{\mathrm{d}\delta^*} = \frac{11.31\delta^* - 16.33 (\delta^*)^2}{796 (\delta^*)^2 - 516\delta^* + 144} \tag{2.14}$$

对式(2.14)进行积分,并用泰勒公式展开,忽略 δ^* 三次方及以上的高阶项,同时引入 $X^* = 0$,$\delta^* = 0$ 的边界条件后,可以得到圆管入口段层流边界层厚度近似计算公式为

$$\delta(x) = 5.0 \sqrt{\frac{\mu X}{\rho u}} \tag{2.15}$$

式(2.15)与平板层流边界层厚度计算公式相一致。由此可知,开孔处边界层厚度可以用均匀来流下平板层流边界层厚度来近似估算。上述式子中,R 为开孔半径,μ 为空气动力黏度,X 为空气流过孔口的距离,u 为孔口来流平均速度(并非孔口内流动平均速度 v)。对于每个很短的时间间隔(如 0.0002s),可以近似认为开孔处气流流动处于稳态。由文献[11]可知,在不考虑能量损失的情况下,对于稳

态流动流体,来流速度可以用内外压力差来估算,即 $u=\sqrt{\dfrac{2\,|\,P_i-P_e\,|}{\rho_a}}$。结合 $\tau=2\mu\dfrac{v}{\delta}$,式(2.13)变为

$$\frac{\partial \rho_a v}{\partial t}Al_e+C_L\,\frac{A\rho_a v\,|v\,|}{2}+\frac{4.76v\Gamma\,\sqrt{\mu\rho_a^{1/2}l_0}}{5}\,|\,P_i-P_e\,|^{1/4}=-A(P_i-P_e)$$

$$(2.16)$$

对式(2.14)两边同时除以参考风压 $q=\dfrac{1}{2}\rho_a U_h^2$,并结合连续性方程 $\rho_a vA=\dfrac{\mathrm{d}\rho_i}{\mathrm{d}t}V_0$ 和理想气体等熵绝热方程 $\dfrac{P_a}{\rho_a^\gamma}=\dfrac{P_i}{\rho_i^\gamma}=k$(常数),可得到内外压系数间的传递关系:

$$\frac{V_0 l_e\rho_a}{AP_a\gamma}\ddot{C}_{pi}+C_L\,\frac{\rho_a q V_0^2}{2\gamma^2 P_a^2 A^2}\dot{C}_{pi}\,|\,\dot{C}_{pi}\,|+\frac{0.95\Gamma\,\sqrt{\mu\,(\rho_a q)^{1/2}l_0}\,V_0}{\gamma P_a A^2}\,|\,C_{pi}-C_{pe}\,|^{1/4}\dot{C}_{pi}+C_{pi}=C_{pe}$$

$$(2.17)$$

上述推导过程中没有考虑孔口气流收缩的影响。若考虑孔口气流收缩情况,则可以得到更为通用的内外压系数传递方程:

$$\frac{V_0 l_e\rho_a}{cAP_a\gamma}\ddot{C}_{pi}+C_L\,\frac{\rho_a q V_0^2}{2\gamma^2 P_a^2 A^2}\dot{C}_{pi}\,|\,\dot{C}_{pi}\,|+\frac{0.95\Gamma V_0\,\sqrt{\mu\,(\rho_a q)^{1/2}l_0}}{\gamma P_a c^2 A^2}\,|\,C_{pi}-C_{pe}\,|^{1/4}\dot{C}_{pi}+C_{pi}=C_{pe}$$

$$(2.18)$$

同样,对于有效深宽比为 2 的开孔,求解相同参数条件下的自由衰减曲线来比较式(2.3)和式(2.18)的阻尼,结果如图 2.3 所示。可以看出,在相同外部条件下,

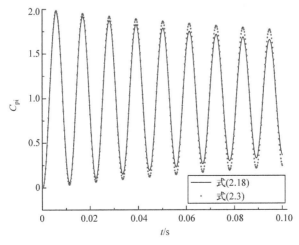

图 2.3 有效深宽比为 2 时式(2.3)和式(2.18)自由衰减比较

式(2.18)与式(2.3)相比明显加快了内压衰减速度,这一点充分体现了摩擦剪应力在孔口气体流动中起到的阻碍作用。式(2.18)关于孔口阻尼值估算的准确性主要取决于边界层厚度的估算精度。下面通过不同开孔工况下的扬声器激振试验来进一步说明式(2.3)和式(2.18)的适用性。

2.1.3　试验验证

本次试验主要对式(2.3)和本节所推导的式(2.18)的适用性进行比较。试验装置和开孔模型如图 2.4 所示。试验的外部激励是由口径为 350mm、功率为 550W 的扬声器通过激振产生的正弦外压。荷载形式和频率通过信号发生器来控制,荷载的大小则通过功率放大器来调整。压力测试采用 Scanivalve 公司的 ZOC33 电子压力扫描阀系统,该系统量程为 ±2500Pa,精度能达到 ±0.1% F.S,采样频率可达 625Hz。试验中采用两个 ZOC33 模块分别对内外压进行同步压力测试,试验测压点布置如图 2.5 所示,外表面共布置 8 个测点,每边 4 个。在刚性容器内部也布置 8 个测点,与外部测点同步测压。试验时使模型开孔尽量靠近激振装置,以保证外部测压点全部落在扬声器的声场范围之内,因此可以认为各测压

(a) 扬声器

(b) 模型和采集设备

图 2.4　开孔模型内压测试试验装置

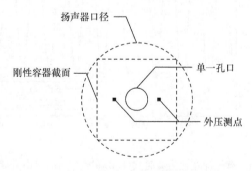

图 2.5　外部压力测点布置

点的压力变化完全一致。压力完全相同的 8 个测压孔,通过同样的管路连接到扫描阀模块中第$(i-1)\times8+1(i=1,2,\cdots,8)$号传感器上,将各测点采集的数据序列按采集顺序集合为一个序列,相当于将采样频率提高到 5000 Hz,这样就能够采集到高频的完整正弦波信号。该试验装置的优点在于,可以产生幅值和频率可调的外压来激发模型内压的 Helmholtz 共振,并能采集到完整的高频内压振荡信号。具体试验工况参见表 2.1。

表 2.1　试验工况及参数取值

试验工况	D/mm	l_0/mm	f_H/Hz	c		C_L
				式(2.3)	式(2.18)	
1	20	9.5	80	0.71	0.75	1.8
2	20	19.5	66	0.71	0.8	2.2
3	40	9.5	126	0.60	0.7	3.0
4	40	40	91	0.63	0.4	2.3
5	60	30	138	0.58	0.6	2.8
6	70	7	183	0.60	0.65	2.8

注:D 为开孔的直径。

为了测得内压衰减段曲线,在试验时先用正弦外压对模型进行激励,当内压振动达到稳定后,突然撤掉外压,通过内外同步测压来获得内压衰减曲线。然后根据实测外压数据,用龙格-库塔方法分别求解两个方程,并与测得的内压进行比较。计算中用到的参数取值为:$V_0=0.0065\text{m}^3$,$\gamma=1.4$,$P_a=101300\text{Pa}$,$q=50\text{Pa}$,$\rho_a=1.225\text{kg/m}^3$,$\mu=18\times10^{-6}\text{Pa}\cdot\text{s}$。表中的 Helmholtz 共振频率是根据试验内压结果的功率谱分析直接得出,参数 c、C_L 的取值(见表 2.1)是为了使相应的方程与试验结果有最佳的符合度。各个工况下的不同方程拟合结果与试验结果如图 2.6所示。

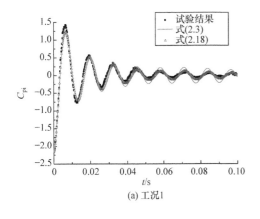

(a) 工况1

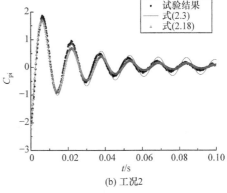

(b) 工况2

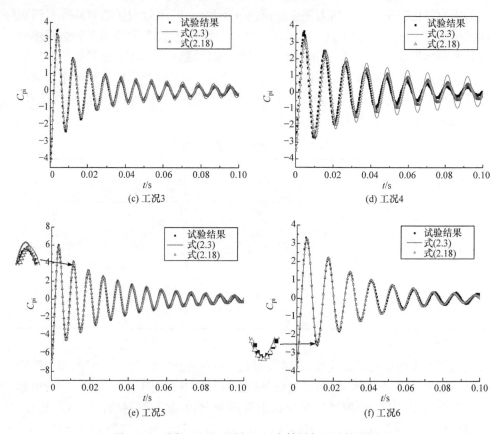

图 2.6　不同工况下不同方程拟合结果与试验结果对比

　　由图 2.6(a)和(b)可知,对于直径为 20mm 的小开孔,无论是浅洞(工况 1)还是深洞(工况 2),式(2.3)拟合的结果都表现出内压幅值偏大、阻尼不足的现象。而由本节式(2.18)求得的内压衰减曲线,对浅洞来说,与试验结果符合得较好,但是对深洞来说,却比试验值衰减得稍快一些。这可能是因为此时孔口截面的速度分布正好介于本节假定形状和完全发展的抛物线形状之间,所以由速度梯度产生的剪应力值也将处于这两者之间,从而使得本节方程预测的阻尼结果稍微偏大。

　　图 2.6(c)表明,当开孔面积增大一倍后,对于浅洞工况 3,只要取适当的 c 值,式(2.3)和式(2.18)在 0.04s 之前都与试验结果符合得相当好。然而,随着时间的增长,式(2.3)求得的曲线衰减速度会减慢,这就导致内压的幅值逐渐大于试验结果。而此时式(2.18)的拟合结果却依然能与试验曲线符合得较好。同样对于深洞工况 4,图 2.6(d)也说明:本节方程有较好的适用性;而式(2.3)为了获得较大的阻尼值,只能通过取较小的 c 值来实现,但是即使 c 取到最佳值 0.63,也仅有前两个周期能与试验结果相符。通过对这两个工况的分析可知,在一定的开孔面积下,无

论是深洞还是浅洞,内外压系数传递方程中线性阻尼项都是不可或缺的。

通过图 2.6(c)、(e)、(f)比较说明,对于浅开孔,随着开孔面积的增加,式(2.18)与式(2.3)的拟合结果将趋于一致。虽然从图 2.6(e)局部放大上来看,式(2.3)拟合结果仍稍微偏大,但是该差别会随着开孔面积的增加而减少,这一点由图 2.6(f)就可以证明。由此可知,对于大面积薄壁开孔,两方程都具有较好的精度。这主要是因为当薄壁开孔面积很大时,式(2.18)的线性阻尼项的作用将减弱。

通过不同工况之间的比较,还可以得到一些关于内压响应阻尼特点的有用结论。比较图 2.6(a)、(b)可以发现,在相同开孔面积下,随着开孔深度的增加,内压幅值衰减明显加快,表明阻尼随之增大,这一点由方程的线性项也可以说明。而图 2.6(a)、(c)的对比则说明,当开孔面积减小时,开口处的阻尼值会急剧增加,内压幅值迅速减小。其实这并不难理解,考虑一种极端情况:假如开孔面积趋于 0,结构就趋于封闭,内压也就基本不变化,这就相当于阻尼趋向无穷大的情况。

尽管本节推导了单一开孔内外压系数传递方程的新形式,但是方程中仍然存在一些未知的系数,如流动收缩系数 c、损失系数 C_L、惯性系数 C_I 等。只有确定了这些系数,该方程才能更好地应用到实际工程中。另外,需要说明的是,本节是以单一开孔的刚性结构为研究对象推导了内外压系数传递方程,考虑到柔性结构在内压作用下会使结构内部容积发生变化,从而降低 Helmholtz 频率,增加内压阻尼[13],因此应该采用等效体积 V_e 来代替原结构的内部容积 V_0,其中,等效体积 $V_e = V_0(1 + K_a/K_b)$(K_a 和 K_b 分别为空气和建筑的体积模量)。另外,当结构存在多开孔时会削弱内压的峰值响应[14],因此有必要对多开孔结构内压的响应特点进行深入研究。

本章接下来重点讨论的对象是以薄壁大开孔为主,为了方便与其他文献结果进行比较,研究将以 Holmes 和 Vickery 等所建议的经典内压传递方程为基础展开。

2.2　迎风面多开孔结构内压响应特性

通常工程中,一般认为迎风面存在单一开孔的情况是关键的设计工况。但实际情况下,除了单一开孔建筑,生活中由于建筑使用功能和艺术造型的需要,同一墙面可能会存在多个开孔,如厂房的排窗和仓库的大门等。与单一开孔情况不同的是,多开孔情况下的孔口存在多个气柱的同时振动,因此内压响应是一个多自由度的非线性振动体系。而国内外关于这种情况下内压动力特性的研究比较有限。Oh 等[11]提到对同一墙面多开孔的结构内压控制方程可以由单一开孔工况非线性方程扩充得到。Guha 等[15]最近从频域和传递函数的角度对多开孔内外压传递方程进行了推导,并由风洞试验考察了迎风面居中开设两个相邻开孔在不同开孔面积比下内压脉动响应的差异。那么在恶劣的风环境下这些多开孔的存在会对内压响应造成怎么样的影响,与单一开孔相比,多开孔时内压响应的动力特性又会有哪些变化,哪种开孔情况下对结构的受力更为不利,这些都是工程设计中关心的问题,也是本节将要讨论的重点。本节从时域角度出发结合矩阵特征值的方法对迎风墙面多开孔情况下内压共振频率进行推导,并由内压控制方程的线性化得到系统等效阻尼比的预测公式。通过不同内部容积下迎风墙面单、双开孔模型的风洞试验探索内部容积变化所造成的影响,同时以典型的迎风墙面双开孔情况为例分析多开孔风致内压动力响应与单开孔的区别。

2.2.1　迎风面多开孔结构内压预测理论

基于非定常的伯努利方程,无背景泄漏的单一开孔风致内压响应可以表达为单自由度的非线性的振动模型[8]:

$$\rho_a L_e \ddot{X} + \frac{1}{2}\rho_a C_L X|\dot{X}| = P_e - P_i \tag{2.19}$$

当迎风面存在多个破坏开孔时,其计算模型如图 2.7 所示。对每个开孔分别应用式(2.19)可以得到任意多个开孔情况下的内压响应方程:

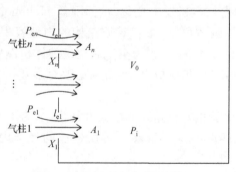

图 2.7　迎风面多开孔计算模型

$$\begin{cases} \rho_a L_{e1} \ddot{X}_1 + \dfrac{1}{2}\rho_a C_{L1}\dot{X}_1|X_1| = P_{e1} - P_i \\[2mm] \rho_a L_{e2} \ddot{X}_2 + \dfrac{1}{2}\rho_a C_{L2}\dot{X}_2|X_2| = P_{e2} - P_i \\[2mm] \qquad\qquad\vdots \\[2mm] \rho_a L_{en} \ddot{X}_n + \dfrac{1}{2}\rho_a C_{Ln}X_n|X_n| = P_{en} - P_i \end{cases} \tag{2.20}$$

式中,l_{en} 为第 n 个开孔的孔口气柱有效长度,m;P_{en} 为第 n 个开孔对应的外压,Pa;X_n 为第 n 个孔口气柱振荡位移,m;C_{Ln} 为第 n 个开孔的损失系数。

引入连续性假定和等熵绝热方程得到

$$\frac{\gamma P_a}{V_0}(A_1 X_1 + A_2 X_2 + \cdots + A_n X_n) = P_i \tag{2.21}$$

将式(2.21)代入式(2.20)并表示为矩阵形式得到

$$[M][\ddot{X}] + [C][\dot{X}|\dot{X}|] + [K][X] = [P_c] \tag{2.22}$$

其中，

$$[M] = \text{diag}[\rho_a L_{e1}, \rho_a L_{e2}, \cdots, \rho_a L_{en}] \tag{2.23}$$

非线性的阻尼矩阵为

$$[C] = \text{diag}\left[\frac{1}{2}C_{L1}\rho_a, \frac{1}{2}C_{L2}\rho_a, \cdots, \frac{1}{2}C_{Ln}\rho_a\right] \tag{2.24}$$

刚度矩阵为

$$[K] = \frac{\gamma P_0}{V_0}\begin{bmatrix} A_1 & A_2 & \cdots & A_n \\ A_1 & A_2 & \cdots & A_n \\ \vdots & \vdots & & \vdots \\ A_1 & A_2 & \cdots & A_n \end{bmatrix} \tag{2.25}$$

忽略式(2.22)中的阻尼项和外荷载项,并求解该方程组矩阵特征根得到同一墙面任意多个开孔情况下内压的 Helmholtz 共振频率为

$$\omega_H^2 = \omega_1^2 + \omega_2^2 + \cdots + \omega_n^2 \tag{2.26}$$

式中,$\omega_n^2 = \frac{\gamma P_0 A_n}{\rho_a V_0 l_{en}}$ 表示单一开孔面积为 A_n 时模型的 Helmholtz 共振频率。也就是说,多开孔结构内压共振频率的平方可以表示为各开孔单独敞开时内压共振频率的平方和。

为了研究孔口气柱振荡的阻尼特性,对式(2.22)进行线性化。根据概率平均线性化方法[16],假定非线性变量 $\dot{X}$ 按照正态分布,通过利用误差统计值的极小条件将方程线性化。具体的线性化推导可以参见 3.2.3 节。该方法使非线性阻尼项可以近似用线性阻尼来代替,结果如下:

$$\frac{1}{2}C_{Ln}\rho_a \dot{X}|\dot{X}| = \sqrt{\frac{2}{\pi}}C_{Ln}\rho_a \sigma_{Xn}\dot{X} \tag{2.27}$$

式中,σ_{Xn} 为 $\dot{X}_n$ 的均方根。由此式(2.22)变为

$$[M][\ddot{X}] + [C_{eq}][\dot{X}] + [K][X] = [P_c] \tag{2.28}$$

其中,

$$[C_{eq}] = \text{diag}\left[\sqrt{\frac{2}{\pi}}C_{L1}\rho_a \sigma_{X1}, \sqrt{\frac{2}{\pi}}C_{L2}\rho_a \sigma_{X2}, \cdots, \sqrt{\frac{2}{\pi}}C_{Ln}\rho_a \sigma_{Xn}\right] \tag{2.29}$$

对于经典阻尼体系,其等效阻尼比可以表示为

$$\xi_{eq} = \frac{C_e}{2\omega_H M_e} \tag{2.30}$$

其中，$M_e = \boldsymbol{\phi}^T M \boldsymbol{\phi}$，$C_e = \boldsymbol{\phi}^T C_{eq} \boldsymbol{\phi}$，$\boldsymbol{\phi}$ 为模态。

对于最简单的迎风面双开孔情况，由式（2.26）和式（2.30）可得其相应的内压共振频率和等效阻尼比分别为

$$\omega_H^2 = \omega_1^2 + \omega_2^2 \tag{2.31}$$

$$\xi_{eq} = \frac{\sqrt{\dfrac{2}{\pi}} \rho_a (C_{L1}\sigma_{X1}l_{e2}^2 + C_{L2}\sigma_{X2}l_{e1}^2)}{2\omega_H [\rho_a l_{e1} l_{e2} (l_{e1} + l_{e2})]} \tag{2.32}$$

为了与单一开孔下内压响应的阻尼特性进行比较，对式（2.19）同样采用概率平均线性化方法后，可得单一开孔时的内压等效阻尼比 ξ_s 为

$$\xi_s = \sqrt{\frac{1}{2\pi\omega_H} \frac{C_L V_0 \sigma_{Pi}}{\gamma l_e A_0 P_a}} \tag{2.33}$$

式中，σ_{Pi} 为 $\dot{P}_i$ 的均方根。

2.2.2　迎风面多开孔结构风洞试验研究

为考察上述理论方法的有效性并研究多开孔和单一开孔对内压脉动响应的影响，分别对迎风面居中开设 $10\text{cm} \times 10\text{cm}$ 的单一开孔模型和迎风面开设 2 个 $5\text{cm} \times 10\text{cm}$ 的双开孔模型进行风洞试验，模型尺寸为 $36.4\text{cm} \times 54.8\text{cm} \times 16\text{cm}$，采用有机玻璃制成，两种迎风面开孔示意图如图 2.8 所示。与 Guha 等[15] 采用靠近中心的对称开孔方式不同的是，本节采用的开孔是偏心形式。另外，为了反映内部容积变化的影响，每种开孔分别在 V_0、$1.5V_0$、$2V_0$、$3V_0$、$4V_0$、$4.5V_0$（V_0 为模型的容积）这 6 种容积下进行试验。模型的不同内部容积是通过对风洞转盘底下尺寸为 $55\text{cm} \times 36\text{cm} \times 55\text{cm}$ 的大体积空腔的调节来实现的，模型测点布置如图 2.9 所示。

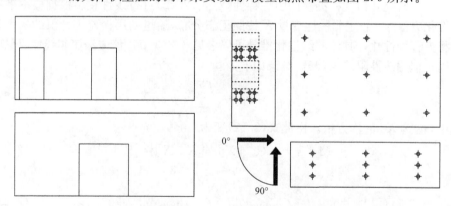

图 2.8　迎风面开孔示意图　　　　图 2.9　风洞试验模型测点布置

本次试验在浙江大学 ZD-1 风洞实验室进行，试验风场为 1∶250 缩尺比下《荷载规范》B 类地貌[17]。风洞中模拟的风剖面和湍流强度与规范[17,18] 的比较如

图 2.10 所示,对应原型 100m 高度处的归一化的脉动风速谱与 Kaimal 谱的比较如图 2.11 所示。试验参考点取在模型屋面即 16cm 高度处,参考点风速为 12.8m/s。压力时程采用 ZOC33 扫描阀采集,采样频率为 625Hz,每个测试通道均采集 32s。试验中对双开孔模型在 $-90°\sim90°$ 的风向角内进行测试,每次间隔为 15°,共测试 13 个风向角。风向角定义可参见图 2.9。图 2.10 和图 2.11 中,H_g 为梯度风高度,U_{10} 代表 10m 高度处风速,σ_u 为来流的脉动风速均方根。试验风压值均通过以下公式转换为风压系数:

$$C_{pi} = \frac{P_i - P_\infty}{0.5\rho_a U_h^2} \tag{2.34}$$

式中,P_∞ 表示试验测试段的静压,Pa。外压系数也可以通过式(2.34)类似转换得到。

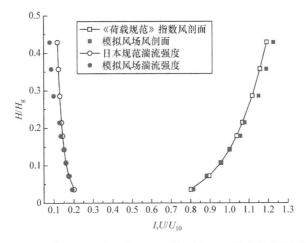

图 2.10　模拟的平均风速和湍流强度剖面与《荷载规范》比较

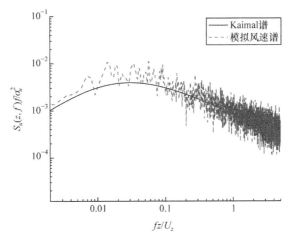

图 2.11　模拟的脉动风速谱与理论 Kaimal 谱比较

为了验证内压控制方程组(2.20)的精度,图 2.12 对 V_0 容积下双开孔模型内压功率谱试验结果和理论拟合结果进行了对比。理论拟合时方程的参数取值为:$C_{I1}=1.3, C_{I2}=1.7, C_{L1}=C_{L2}=5$。采用龙格-库塔数值分析方法求解控制方程得到理论的内压响应时程从而求得其功率谱,相应的结果绘于图 2.12 中。由图可知,当取适当的参数值后,多开孔式(2.20)能够准确描述内压的脉动响应。图 2.12 还说明,尽管迎风面开孔数量增加,但是内压依然表现为单一共振的响应特点。表 2.2 给出了内压共振频率的理论预测值和试验结果的对比,可以发现两者符合得很好,误差均在 5 ％以下。这就说明内压共振频率的预测式(2.26)是准确可靠的。

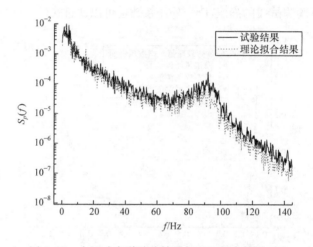

图 2.12　内压功率谱试验结果与理论拟合结果对比

表 2.2　内压共振频率理论值与试验对比

内部容积	理论值/Hz	试验值/Hz	绝对误差/％
V_0	92.1	92	0.1
$1.5V_0$	76.3	77	1.0
$2V_0$	66.6	68	2.1
$3V_0$	54.7	57	4.1
$4V_0$	47.6	49	3.0
$4.5V_0$	44.7	44	1.5

图 2.13 和图 2.14 分别给出了不同内部容积下,迎风面双开孔模型内压系数的均值、均方根随风向角的变化规律。由图 2.13 可以看出,容积变化对模型内的压力均值影响不大,最大正压力在−15°风向角附近取得,而最大吸力出现在−90°风向角处。这是开孔的非对称分布造成的。因为在± 90°风向角下,开孔山墙处

在侧风向,山墙上风所产的吸力沿着来流方向递减,但−90°风向角时两个开孔更加靠近来流风向,故外压在孔口处产生的吸力也更强。由文献[15]可知,当各开孔面积相同时,平均内压系数等于各开孔处平均外压系数的平均值。故相比 90°风向角,−90°风向角时内压吸力更为不利。图 2.14 则表明,内压脉动最为剧烈的仍然为−15°风向角,除此之外,在−60°风向角时内压脉动均方根也较大。而所有容积中内压脉动响应最强烈的是内部容积为 $2V_0$ 的工况,这可能是受外部风荷载激励能量的大小以及气柱振荡阻尼的综合影响造成的。从表 2.2 可知,内部容积增加导致内压共振频率降低,而风谱的能量主要集中在低频段,因而共振频率降低使其所对应的外部风荷载激振能量增强,在合适阻尼比下就可能造成强烈的共振效应。

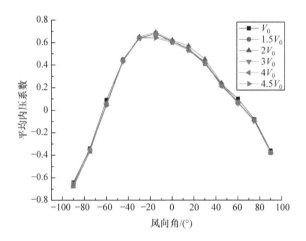

图 2.13　迎风面双开孔模型内压系数平均值随风向角的变化规律

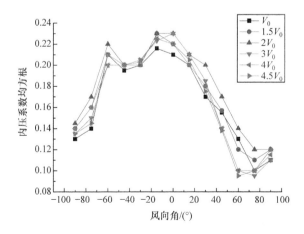

图 2.14　迎风面双开孔模型内压系数均方根值随风向角的变化规律

表 2.3 给出了单、双洞情况下,不同内部容积模型在 0°风向角下内压等效阻尼

比值和共振频率,可以发现,随着容积增大,系统内部的阻尼也逐渐增加。而图 2.15 中 V_0 容积下模型阻尼比随风向角的变化则说明,在不同风向角下系统的阻尼也不尽相同,且在模型开孔垂直于来流风向附近(−40°~20°风向角下)取得较大值,而在此范围之外阻尼比随着风向角的增大而迅速减弱。这就从侧面反映出斜风向下内压的 Helmholtz 共振效应可能会大于迎风时,这一点可由 0°和 60°风向角下 V_0 容积双开孔模型内压功率谱(图 2.16 和图 2.17)证明,图中外压取的是两个孔口的平均外压时程。对比图 2.16 和图 2.17 可以发现,60°风向角下内压的共振响应明显超过 0°风向角。

表 2.3　0°风向角下单、双开孔模型共振频率与阻尼比

内部容积	阻尼比		频率/Hz	
	单开孔	双开孔	单开孔	双开孔
V_0	0.02	0.08	85.5	92
$1.5V_0$	0.03	0.09	75.0	77
$2V_0$	0.04	0.11	64.7	68
$3V_0$	0.07	0.13	53.0	57
$4V_0$	0.12	0.14	44.8	49
$4.5V_0$	0.15	0.16	42.0	44

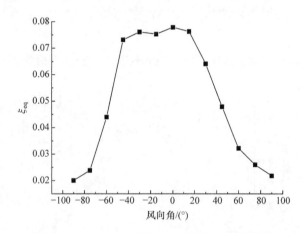

图 2.15　V_0 容积下迎风面双开孔模型等效阻尼比

2.2.3　单、双开孔内压动力特性比较

为了反映迎风面多开孔对内压响应特性的影响,将开孔面积相同的迎风面单、双开孔模型的共振频率和阻尼比等内压动力特性参数的试验识别结果列于表 2.3 中。可以看出,单开孔时内压共振频率普遍小于双开孔的情况,也就是说,随着开

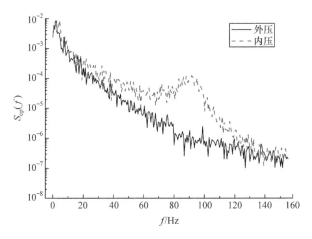

图 2.16　0°风向角下 V_0 容积双开孔模型内压功率谱
外压取的是两个孔口的平均外压时程

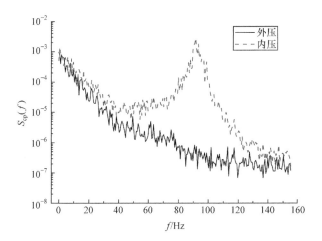

图 2.17　60°风向角下 V_0 容积双开孔模型内压功率谱
外压取的是两个孔口的平均外压时程

孔数增加,内压共振频率所对应的外部激励能量会随之减弱。同样对阻尼比而言,单开孔的情况也要小于双开孔。

图 2.18 和图 2.19 给出了两种不同开孔方式下内压系数均值和均方根。图 2.18 表明单开孔内压均值在 0°~60°风向角时更大,而在 -45°~-15°风向角下小于双开孔,这可能是由双开孔模型的开孔位置偏心造成的。而双开孔内压的脉动均方根值(见图 2.19)除了在 -75°~-45°时大于单开孔,其余风向角下均小于单开孔,这可能是 -75°~-45°风向角下双开孔更加靠近来流的分离区,外压脉动相对较大导致的。

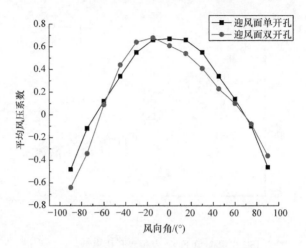

图 2.18　单、双开孔模型内压系数平均值

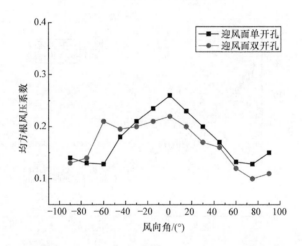

图 2.19　单、双开孔模型内压系数均方根值

为更好地评估两种开孔情况下 Helmholtz 共振响应对内压脉动的放大作用，图 2.20 给出了 V_0 容积模型在不同风向角下内外压脉动均方根之比。其中，外压的脉动均方根取的是开孔位置附近测点外压的面积加权平均值。由图 2.20 可知，在 60°以外的其他风向角下，双开孔的内外压脉动均方根之比均小于单开孔的情况，这是因为与双开孔相比，单开孔系统具有更低的阻尼比，且共振频率下拥有更高的激振能量。60°风向角下的双开孔模型和 75°风向角下的单开孔模型分别具有最大的内外压均方根之比，表明此时共振效应最为明显，这一点通过图 2.16 和图 2.17 的比较也可以说明。Sharma 等[19]认为这可能是因为斜风向下的剪切流涡脱频率和内压共振频率接近，产生了更强的共振效应。

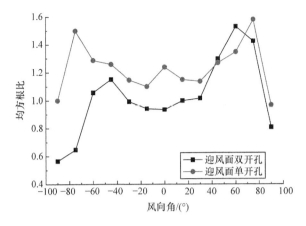

图 2.20 单、双开孔模型内外压均方根之比

2.3 开孔双空腔结构风致内压响应特性

在现实生活中大部分建筑物的内部存在较多的分区和分隔。当各个分隔互相连通时就形成了连通的多空腔体系,如建筑内互相连通的多房间或者楼板有开孔的多层房屋。最简单的多空腔形式是建筑内部分为两个空间的双空腔。与单空腔开孔结构相比,双空腔结构内压响应有以下不同:①开孔从 1 个变为 2 个,这就意味着内压响应从单一气柱振荡变成了双气柱振动,响应的自由度增加了;②对于内部空腔(隔墙开孔外墙不存在开孔的空腔),其孔口气柱振动的激励来自于外部空腔(外墙和隔墙同时存在开孔的空腔)的内压响应,由此可见两个开孔处的气柱振动存在着耦合效应;③对于外部空腔,隔墙开孔的存在导致其内压响应存在着背景泄漏。由此可见,开孔双空腔结构的内压响应要比单空腔的情况复杂许多。

国内外有关开孔双空腔结构的内压响应研究并不多见。Saathoff 等[20]通过理论推导和数值模拟分析了突然开孔情况下多空腔模型的内压衰减特性,指出开孔面积的减少会增加内压的共振响应。Sharma [21]则由风洞试验研究了双空腔结构刚性模型的内压响应,但是在方程线性化中采用了准定常假设,导致阻尼预测有所偏差。余先锋等[22,23]考察了单开孔双空腔以及带背景泄漏的双空腔模型的内压响应特点,结果表明,背景孔隙的存在使两个空腔内压的脉动响应均受到抑制。对于双空腔结构,内压响应的大小与系统的阻尼和共振频率等动力特性参数紧密相关。因此,了解多空腔结构内压的动力特性及其相应的影响因素有助于合理地进行该类结构的抗风设计。本节首先通过理论推导获得开孔双空腔结构内压响应的理论方程,进而得到内压响应的共振频率和等效阻尼比等参数的计算公式。随后对开孔双空腔模型在不同的空腔开孔面积比和内部容积比下进行风洞试验,以研究这两个因素对开孔双空腔结构内压动力响应的影响。

2.3.1　开孔双腔结构风致内压响应理论

图 2.21 给出了外墙开孔且内部分隔为两个空间的开孔双空腔结构的简化计算模型。图中，A_1 和 A_2 分别为空腔 1 和 2 的开孔面积，m^2；V_1 和 V_2 分别为空腔 1 和 2 的内部容积，m^3；P_e、P_{i1} 和 P_{i2} 分别为外墙孔口的外压、空腔 1 和空腔 2 的内压，Pa；X_1 和 X_2 为空腔 1 和空腔 2 在孔口处气柱的振荡位移，m；l_{e1}、l_{e2} 分别为孔口气柱的有效长度，m，可以按照 $l_{ei}=l_{0i}+C_{Ii}\sqrt{A}\,(i=1,2)$ 来计算，C_{I1}、C_{I2} 分别为两孔口气柱的惯性系数。根据文献[8]，由非定常伯努利方程可得空腔 1 内外压传递关系为

$$\rho_a l_{e1}\ddot{X}_1+\frac{1}{2}C_{L1}\rho_a \dot{X}_1\,|\dot{X}_1|=P_e-P_{i1} \tag{2.35}$$

对于空腔 2，同样有

$$\rho_a l_{e2}\ddot{X}_2+\frac{1}{2}C_{L2}\rho_a \dot{X}_2\,|\dot{X}_2|=P_{i1}-P_{i2} \tag{2.36}$$

式中，C_{L1} 和 C_{L2} 分别为孔口 1 和孔口 2 的损失系数。

在不考虑背景泄漏的情况下引入连续性方程和理想气体等熵绝热方程可得

$$P_{i1}=\frac{(A_1 X_1-A_2 X_2)\gamma P_a}{V_1} \tag{2.37}$$

$$P_{i2}=\frac{A_2 X_2 \gamma P_a}{V_2} \tag{2.38}$$

联立式(2.35)~式(2.38)并对结果两边同除以参考风压 $q=\dfrac{1}{2}\rho U_h^2$，可得到开孔双空腔模型内外压系数的传递关系为

$$\frac{\rho_a l_{e1} V_1}{P_a \gamma A_1}\ddot{C}_{pi1}+\frac{\rho_a l_{e1} V_2}{P_a \gamma A_1}\ddot{C}_{pi2}+\frac{1}{2}\frac{C_{L1}\rho_a q V_1^2}{P_a^2 \gamma^2 A_1^2}\left[\dot{C}_{pi1}+\frac{V_2}{V_1}\dot{C}_{pi2}\right]\left|\dot{C}_{pi1}+\frac{V_2}{V_1}\dot{C}_{pi2}\right|+C_{pi1}=C_{pe} \tag{2.39}$$

$$\frac{\rho_a l_{e2} V_2}{P_a \gamma A_2}\ddot{C}_{pi2}+\frac{1}{2}\frac{C_{L2}\rho_a q V_2^2}{P_a^2 \gamma^2 A_2^2}\dot{C}_{pi2}\,|\dot{C}_{pi2}|+C_{pi2}=C_{pi1} \tag{2.40}$$

式中，C_{pe}、C_{pi1} 和 C_{pi2} 为外墙孔口处的外压系数、空腔 1 和空腔 2 的内压系数。

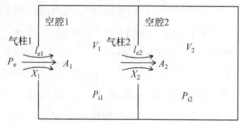

图 2.21　开孔双空腔内压响应模型

忽略阻尼项和外荷载项,联立式(2.39)和式(2.40)并求解特征值可以得到双空腔模型的 2 个共振频率,其中一阶频率为

$$\omega_1 = 2\pi f_1 = 2\pi \sqrt{\frac{F_1 - \sqrt{F_1^2 - 4F_2}}{2}} \tag{2.41}$$

二阶频率为

$$\omega_2 = 2\pi f_2 = 2\pi \sqrt{\frac{F_1 + \sqrt{F_1^2 - 4F_2}}{2}} \tag{2.42}$$

式中,$F_1 = f_{11}^2 + f_{12}^2 + f_{22}^2$,$F_2 = f_{11}^2 f_{22}^2$,$f_{11} = \dfrac{1}{2\pi}\sqrt{\dfrac{\gamma P_a A_1}{\rho_a l_{e1} V_1}}$,$f_{22} = \dfrac{1}{2\pi}\sqrt{\dfrac{\gamma P_a A_2}{\rho_a l_{e2} V_2}}$,$f_{12} = \dfrac{1}{2\pi}\sqrt{\dfrac{\gamma P_a A_2}{\rho_a l_{e2} V_1}}$。$f_{11}$ 和 f_{22} 可以理解为空腔 1 和空腔 2 为单开孔单空腔时内压的 Helmholtz 共振频率。

假设内压服从正态分布,根据概率线性化方法[16],服从正态分布的非线性变量 $\dot{X}$ 满足:

$$\dot{X}|\dot{X}| = \sqrt{\frac{8}{\pi}}\sigma_X \dot{X} \tag{2.43}$$

故线性化后的控制式(2.35)、式(2.36)可以写成如下矩阵的形式:

$$\begin{bmatrix} M_1 & 0 \\ 0 & M_2 \end{bmatrix}\begin{bmatrix} \ddot{X}_1 \\ \ddot{X}_2 \end{bmatrix} + \begin{bmatrix} C_1 & 0 \\ 0 & C_2 \end{bmatrix}\begin{bmatrix} \dot{X}_1 \\ \dot{X}_2 \end{bmatrix} + \begin{bmatrix} \dfrac{A_1^2 \gamma P_a}{V_1} & -\dfrac{A_1 A_2 \gamma P_a}{V_1} \\ -\dfrac{A_2 A_1 \gamma P_a}{V_1} & \dfrac{A_2^2 \gamma P_a}{V_1} + \dfrac{A_2^2 \gamma P_a}{V_2} \end{bmatrix}\begin{bmatrix} X_1 \\ X_2 \end{bmatrix} = \begin{bmatrix} A_1 P_a \\ 0 \end{bmatrix} \tag{2.44}$$

其中,

$$M_1 = \rho_a l_{e1} A_1, \quad M_2 = \rho_a l_{e2} A_2$$

$$C_1 = \sqrt{\frac{2}{\pi}}\frac{C_{L1} V_1 q \rho_a}{\gamma P_a}\sigma_{Cpi1 + \frac{V_2}{V_1}Cpi2}, \quad C_2 = \sqrt{\frac{2}{\pi}}\frac{C_{L2} V_2 q \rho_a}{\gamma P_a}\sigma_{Cpi2}$$

故第 i 阶模态下幅值比 a_i 为

$$a_i = \frac{X_{1i}}{X_{2i}} = \frac{A_2 P_a \gamma}{A_1 P_a \gamma - l_{e1}\rho_a V_1 \omega_i^2} \tag{2.45}$$

由文献[24]可知,对于双自由度振动体系,系统的等效阻尼比可根据能量耗散定理求得

$$\xi_{eqi} = \frac{W_i}{4\pi T_i} = \frac{(C_1 a_i^2 + C_2)}{2(M_1 a_i^2 + M_2)\omega_i} \tag{2.46}$$

由以上推导可知,双腔内压振动是非线性双自由度的耦合振动体系,难以得到

各阶模态阻尼比的解析解，但可以通过试验获得的内压系数来识别系统阻尼比。下面将进一步通过模型的风洞试验对双空腔内压理论公式的有效性和共振频率以及阻尼比等动力特性参数进行考察，以更形象地展示该类结构内压的响应特点。

2.3.2　开孔双腔结构的风洞试验研究

试验所模拟的建筑原型尺寸为 $27.4m(L) \times 18.2m(W) \times 8m(H)$，风洞试验模型采用有机玻璃制作，缩尺比为 $1:50$。模型照片如图 2.22 所示，其中，靠近开孔山墙的为空腔 1(前腔)，靠近封闭山墙的为空腔 2(后腔)，参见图 2.23。外山墙有 5 种开孔尺寸：$0.3m(W) \times 0.1m(H)$、$0.2m(W) \times 0.1m(H)$、$0.1m(W) \times 0.1m(H)$、$0.05m(W) \times 0.1m(H)$、$0.05m(W) \times 0.05m(H)$，中间横隔板开孔尺寸为 $0.1m(W) \times 0.1m(H)$。空腔 1 和空腔 2 的容积比有 $1:2$、$1:1$ 和 $2:1$ 三种情况。试验中参考点取在风洞中 0.16m 即原型 8m 高度处，参考点的风速约为 9.8m/s，假定风速比为 $1:1.41$，得到原型参考点风速为 13.8m/s。为了保持原型和模型间内压响应的相似性，可以证明开孔双空腔结构在内压试验时模型的内部容积也应该按照风速比的平方进行调整，具体有关证明可以参见第 4 章。故为了准确模拟原型内压的动力特性，本次试验中将模型内部容积调整为 $2V_0(V_0$ 为模型体积)，通过在转盘底下增加大容器来实现模型内部容积的放大，试验调节装置如图 2.23 所示。容器的中部设有可沿着建筑长度方向移动的横隔板来调整前后两空腔间的内部容积比。横隔板和模型壁面接触处均贴有泡沫胶，以保证各空腔不存在背景泄漏。本次分别对全封闭工况(外墙不存在开孔的情况)，以及 3 种不同空腔容积比下的 5 种不同开孔面积比共计 16 种工况进行试验。全封闭工况主要是用于测量孔口的外压情况以用于内压的理论估算，其模型的测点布置如图 2.24 所示。其中，西山墙为外压测点，其余均为内压测点。考虑到结构的对称性，所有测点均为对称布置，图 2.24 仅给出了屋面、南纵墙和西山墙的测点布置。西山墙开孔工况下开孔位置相应的外压测点被取消，其余位置内压测点与全封闭工况相同。

图 2.22　开孔双空腔结构试验模型

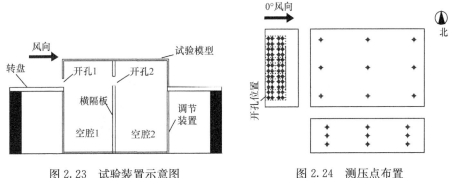

图 2.23　试验装置示意图　　　　　图 2.24　测压点布置

本次试验在浙江大学 ZD-1 风洞实验室进行,试验模拟了平坦 B 类地貌下的风场平均风剖面和湍流度剖面与《荷载规范》的对比如图 2.25 所示。风洞试验中 0.4m 高度处归一化脉动风速谱与理论的 Kaimal 谱对比如图 2.26 所示。由图 2.25 和图 2.26 可知,所模拟的风场符合《荷载规范》要求。试验采样频率设定为 625Hz。试验 0°风向角如图 2.24 所示。本节仅对 0°风向角下的试验结果进行分析。

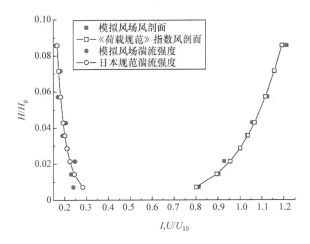

图 2.25　平均风速和湍流强度剖面与《荷载规范》对比

同样,对于式(2.39)和式(2.40),参数 C_I、C_L 的取值依旧比较模糊。以往的经验取值多数是基于试验结果拟合获得的,且不同学者的观点不一。已有的文献[8,25]通过大量风洞试验总结得到 C_I 取值为 0.8~1.5。相比惯性系数,损失系数 C_L 的取值差异就更大,Vickery 等[8]从自由流线理论推得 $C_L=2.68$,而 Ginger 等[26]和 Xu 等[27]在最近对不同开孔尺寸和内部容积模型的研究中指出 C_L 可以取 6.25~234。以上各参数的取值均基于单开孔单空腔结构的内压研究中得到的一些经验值。而对于双空腔结构,并没有太多的试验经验值可以参考。通过对本次

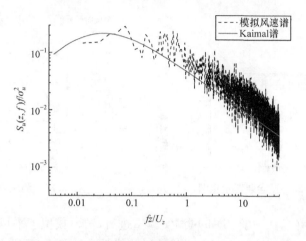

图 2.26　归一化的脉动风速谱与理论 Kaimal 谱对比

试验结果的拟合得到各参数的最佳取值为 $C_{l1}=C_{l2}=0.89$，$C_{L1}=50$，$C_{L2}=1000$。根据试验测得的孔口处平均外压，结合式(2.39)、式(2.40)采用龙格-库塔方法对建筑原型进行求解可以得到原型空腔 1 和 2 内压的理论解。在 $A_1/A_2=3:1$、$V_1/V_2=2:1$ 的工况下，原型理论解和模型试验结果的归一化功率谱对比如图 2.27 所示。图中横坐标频率是以参考点进行归一化。

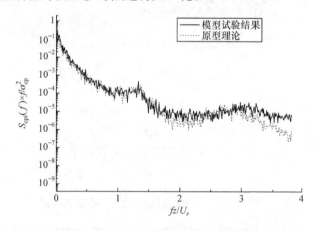

图 2.27　空腔 1 试验内压功率谱与原型理论解对比

　　从图 2.27 可以看出，对试验模型内部容积按风速比平方进行调整后，试验结果能准确反映原型内压的动力特性，功率谱尾部的差异主要来自试验中高频背景噪声的影响。图 2.28 给出了试验得到的两空腔内压响应的功率谱。可以发现，两个空腔的内压均在频率约 80Hz 和 180Hz 处出现了能量的明显增加，即产生了内压双共振响应。但对于不同空腔，各阶共振频率下的响应幅值却并不相同，空腔 1

在低阶共振频率处(80Hz)的共振效应要小于空腔 2,这就导致空腔 2 的内压脉动均方根会稍大于空腔 1。因为对空腔 1 而言,其背面存在连通开孔相当于存在较大的背景泄漏,所以也将造成更多的能量损失。相比之下,空腔 2 则类似于单一开孔结构,故内压脉动响应也更为剧烈。这一点与 Sharma 等[19]得到的结论是一致的。由于高频区对应的风荷载谱的能量较小,因此二阶共振响应对脉动内压均方根的贡献并不显著。

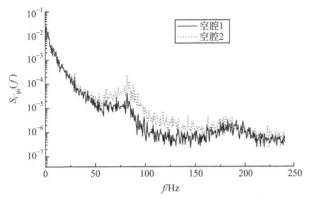

图 2.28　空腔 1 和空腔 2 试验内压功率谱

图 2.29 和图 2.30 分别给出了不同空腔容积比和开孔面积比下内外压脉动均方根的比值,其中,外压均方根值取为全封闭工况下拟开孔位置的外压系数时程面积加权平均值的均方根。可以看出,两空腔内外压的均方根值之比基本为 0.8~1.2。当 $A_1/A_2 < 1$ 时,绝大部分内外压脉动均方根系数之比小于 1,说明阻尼较大而内压衰减较快。而随着开孔面积比进一步增加,内外压均方根的比值随之增大,共振效应对内压脉动幅值的放大作用也越来越明显。当 $V_1/V_2 = 2$ 时,内压的脉动响应比其他两个容积比有所增强。

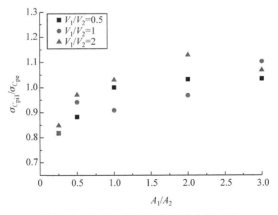

图 2.29　空腔 1 内压与外压均方根之比

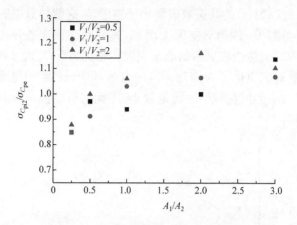

图 2.30　空腔 2 内压与外压均方根之比

为了研究空腔开孔面积比和容积比对内压共振频率的影响,表 2.4 给出了不同容积比和开孔面积比下内压各阶共振频率(f_1、f_2)以及各自与中间未加横隔板时单空腔的 Helmholtz 频率 f_H 之比。表中各频率值可以通过内压系数的试验结果直接识别得到。

表 2.4　试验共振频率

工况	A_1/A_2	V_1/V_2	f_1	f_2	f_1/f_H	f_2/f_H
1	3	0.5	66	198	0.80	2.39
2	2	0.5	64	193	0.84	2.54
3	1	0.5	60	188	0.91	2.85
4	0.5	0.5	51	180	0.89	3.16
5	0.25	0.5	44	165	0.92	3.44
6	3	1	75	185	0.90	2.23
7	2	1	71	180	0.93	2.37
8	1	1	61	176	0.92	2.67
9	0.5	1	54	167	0.95	2.93
10	0.25	1	45	162	0.94	3.38
11	3	2	80	180	0.96	2.17
12	2	2	75	175	0.99	2.30
13	1	2	65	163	0.98	2.47
14	0.5	2	56	160	0.98	2.81
15	0.25	2	46	153	0.96	3.19

从表 2.4 可以看出,随着空腔 1 和空腔 2 开孔面积比 A_1/A_2 的增加,两个共

振频率均呈现增长趋势。而当空腔 1 和空腔 2 容积比 V_1/V_2 增加时,一阶频率会随之增加而二阶频率却逐渐减低,表明 V_1/V_2 的增加会使低阶和高阶共振频率相互靠近。另外,由表中 f_1/f_H、f_2/f_H 的值可知,双空腔的共振频率分布在单一空腔的共振频率两侧,即 $f_1<f_H$ 且 $f_2>f_H$。说明空腔分隔使单腔内压的共振频率分解成一个高频和一个低频。这对某些风敏感结构的风振响应可能会有不利的影响。而随着空腔容积比增大,各阶频率比均向 1 靠近,意味着系统一阶频率和二阶频率分别趋向于单空腔时的 Helmholtz 频率。因为 V_1/V_2 趋向无穷大时,空腔 2 消失,此时系统变为单空腔结构。

图 2.31 和图 2.32 分别给出了双腔振动模型内压的各阶等效阻尼比。可以看出,开孔面积比的增加会降低系统阻尼,容易使空腔内部压力产生激烈的共振响

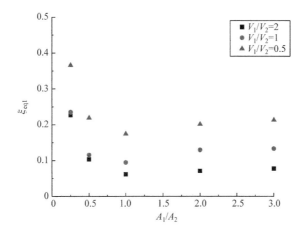

图 2.31　一阶模态等效阻尼比

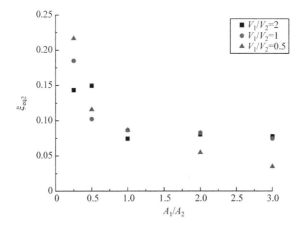

图 2.32　二阶模态等效阻尼比

应。当面积比小于 1 时，系统各阶阻尼比较大，不容易产生共振现象，内压脉动响应要小于外压，这一点由图 2.29 和图 2.30 也可说明。因此在工程应用上，对于类似的双层幕墙结构，减小外幕墙通风口的开孔面积有助于降低内部风压的峰值响应。

综合以上分析可知，空腔 1 和空腔 2 开孔面积比的增加会降低双空腔振动系统的一阶阻尼比并提高一阶共振频率，而外部风荷载的能量往往集中在低频区。所以实际上开孔面积比增加的同时也降低了共振频率所对应的外部风荷载激励的能量。由此可以推知，开孔面积比增大，内压脉动响应并不一定增加。

2.4　存在背景泄漏的内压响应

在实际工程中，建筑内部空气通过门窗缝隙或者通风孔道与外部的大气相连通。这就意味着建筑存在一定的背景泄漏。对于全封闭的建筑，泄漏孔隙的存在是导致建筑内压产生的主要原因。由于外压通过较小的孔隙后，大部分脉动成分将会被过滤，因此导致全封闭情况下内压响应的脉动值和峰值将远低于外部风压。然而当建筑存在主导开孔时，内压脉动响应将会明显增强甚至超过外压，那么此时背景泄漏孔处的流动将会变得更加复杂。研究认为当背景泄漏比较小时，可以忽略其对内压响应的影响，但随着背景孔隙率的增大，该泄漏效应对内压响应的影响将越来越显著。

关于背景泄漏情况下开孔建筑内压响应的相关研究已经得到了国内外不少研究人员的关注。Vickery 等[8]曾对存在均匀背景泄漏的开孔模型进行了风洞试验。研究发现，当建筑存在背景泄漏时将会增大内压振荡的阻尼从而导致内压响应的峰值得到削弱。但他们发现，当背景开孔面积之和小于主导开孔面积的 10% 时，忽略背景泄漏的影响可以得到相对保守的内压结果。Fahrtash 等[28]、Kwok 等[29]认为，现场实测中并未发现显著内压共振的原因之一是实际建筑中存在较大的空气泄漏。Oh[30]将均匀分布的背景开孔等效成相同面积的一个背景开孔并考虑气体的惯性效应后对内压响应进行了预测，结果表明，等效成单开孔泄漏的方法将会比实际均匀分布的情况高估内压脉动响应的均方根。Sabareesh 等[31]通过对均匀背景泄漏模型和面积等效的单一背景开孔泄漏模型进行对比风洞试验后发现了与 Oh[30]类似的结论。这是因为相对于均匀分布的孔隙，面积相同的背景单开孔情况下需要考虑孔口处气柱的惯性作用对内压脉动的放大效应。这也解释了 Oh 采用单开孔的等效预测方法会高估内压脉动均方根的原因。段旻等[32]对低矮建筑进行突然开孔后的内压瞬态测试，发现当背景孔隙率大于 0.2% 时，内压响应的突然骤增现象将会消失。由此可见，开孔建筑存在背景泄漏时对内压响应的特性有重要影响，这就导致相应的预测方法也会有所差异。本节将介绍单开孔单一空腔和单开孔双空腔模型存在背景泄漏情况下的内压控制方程。

2.4.1　背景泄漏的单开孔内压响应理论

Yu 等[33,34]在引入一定假定的基础上推导了建筑同时存在主导开孔和背景泄漏情况下的内压控制方程,并通过试验验证了理论方法的有效性。Guha 等[35,36]对该方法进行了深入的研究并做了进一步的简化以更加符合工程设计应用。

当主导开孔远大于背景泄漏时,引入以下假定:①不考虑背景孔隙处气体的惯性效应;②鉴于背风面各部分风压大小相近且风压脉动较小,所以忽略背风面的风压脉动并采用背风墙面的平均风压来代替泄漏位置处的平均外压。对于刚性开孔建筑,应用非定常伯努利方程可以得到

$$\rho_a L_e \ddot{X}_W + \frac{1}{2} \rho_a C_L \dot{X}_W |\dot{X}_W| = P_e - P_i \tag{2.47}$$

式中,X_W 为迎风面主导开孔孔口处的气柱振荡位移,m。其余符号含义同前面。

对于背景泄漏开孔,孔隙内泄漏气体的运动方程为

$$\rho_a L_e \ddot{X}_L + \frac{1}{2} \rho_a C'_L \dot{X}_L |\dot{X}_L| = P_i - P_{eL} \tag{2.48}$$

式中,X_L 为背风面孔隙处的气柱振荡位移,m;P_{eL} 为泄漏孔处的平均外压,Pa;C'_L 为孔隙处气体振荡的损失系数,对于墙体较厚而开孔尺寸较小的深长孔情况,该参数还包含了类似管道的沿程摩擦损失。

C'_L 可以近似通过背景泄漏孔的稳态流量系数 k' 来计算[37],即 $C'_L = 1/k'^2$。当需要考虑管道的摩擦效应时,Miguel 等[38]建议采用以下经验公式计算损失系数 C'_L:

$$C'_L = \frac{1}{k'^2} + \frac{4l_{eL}}{\sqrt{K}} \left(\frac{\mu}{\rho_a \overline{U}_L \sqrt{K}} + 0.0436 \right) \tag{2.49}$$

式中,l_{eL} 为背景孔隙深度;$\overline{U}_L$ 为孔隙处平均风速;K 为建筑围护结构的渗透率。

Harris[39]发现背景孔隙处的气体在共振频率附近处有很大阻尼,从而导致内压的共振响应受到抑制。由此可见,忽略孔隙气柱惯性效应的假定具有一定的合理性。因此,式(2.48)可以简化为

$$\frac{1}{2} \rho_a C'_L \dot{X}_L |\dot{X}_L| = P_i - P_{eL} \tag{2.50}$$

根据连续性方程可知

$$\rho_i (A_W U_W - A_L U_L) = \frac{dV_0 \rho_i}{dt} \tag{2.51}$$

式中,ρ_i 为建筑内部空气密度;A_W 和 A_L 分别为主导开孔面积和背景泄漏孔的面积;U_W 和 U_L 分别为主导开孔和背景泄漏孔处的风速。

对于绝热空气,引入等熵绝热方程。因此,综合式(2.47)、式(2.50)、式(2.51)以及等熵绝热方程可以得到存在背景泄漏时的单开孔内压控制方程:

$$\frac{\rho_a l_e V_0}{\gamma P_a A_W}\ddot{C}_{pi}+\frac{\rho_a l_e A_L U_h}{2A_W q\sqrt{(C_{pi}-\overline{C}_{peL})C_L'}}\dot{C}_{pi}+\frac{C_L\rho_a\, qV_0^2}{2\,(\gamma P_a A_W)^2}\left[\dot{C}_{pi}+\frac{A_L U_h\gamma P_a}{qV_0}\sqrt{\frac{C_{pi}-\overline{C}_{peL}}{C_L'}}\right]$$

$$\cdot\left|\dot{C}_{pi}+\frac{A_L U_h\gamma P_a}{qV_0}\sqrt{\frac{C_{pi}-\overline{C}_{peL}}{C_L'}}\right|+C_{pi}=C_{pe} \tag{2.52}$$

考虑到主导开孔口可能存在气流的收缩现象,Guha 等[35]在式(2.52)的 A_W 项前面均引入收缩系数 c。由式(2.52)与无泄漏情况下的 Holmes 方程的比较可知,背景泄漏的存在使内压控制方程增加了一项线性阻尼项,相当于增加了内压响应系统的阻尼。而该阻尼的大小与背风面和迎风面的开孔面积比直接相关。这也就解释了为什么建筑有泄漏存在时内压脉动响应要小于气密性较好的建筑。另外,由式(2.52)还可以推导出内压的共振频率,其与经典的 Helmholtz 共振频率[见式(2.4)]相同。假定内压响应服从高斯分布,采用概率线性化方法可以得到线性化后的内压控制方程,即

$$\frac{\rho_a l_e V_0}{\gamma P_a A_W}\ddot{C}_{pi}+\frac{A_L l_e}{A_W\overline{U}_L\sqrt{|\overline{C}_{pi}-\overline{C}_{peL}|C_L'}}\dot{C}_{pi}+c_{j1}\left[\frac{V_0}{\gamma P_a A_W}\dot{C}_{pi}+\frac{A_L}{\rho_a A_W\overline{U}_L\sqrt{|\overline{C}_{pi}-\overline{C}_{peL}|C_L'}}C_{pi}\right]$$

$$+C_{pi}=C_{pe} \tag{2.53}$$

式中,c_{j1} 为等效的线性阻尼系数,可以根据式(2.54)计算:

$$c_{j1}=\sqrt{8\pi}\frac{C_L V_0\rho_a qf_H}{\gamma P_a A_W}\widetilde{C}_{pi}\left[1+\left(\frac{\gamma P_a A_L}{2\pi f_H V_0\rho_a\overline{U}_L\sqrt{|\overline{C}_{pi}-\overline{C}_{peL}|C_L'}}C_{pi}\right)^2\right]^{0.5} \tag{2.54}$$

当内压共振响应较为显著时,同样可以采用白噪声假定来估算内压的脉动响应。根据这一思路结合线性化方程,Guha 等[35]在忽略了一些微小高阶量的条件下,得到了存在背景泄漏时内外压脉动均方根之比的简化式,其具体形式可以参见式(1.34)。值得注意的是,以上方法是基于将不同的背景泄漏孔等效为一个单一背景开孔推导而来的,即对背景开孔仅采用了一个损失系数 C_L' 来进行描述,因此该方法又可以称为单系数方程(single discharge equation,SDE)。与此不同的是,Oh 等[11]对不同的背景泄漏孔单独列出了气体运动方程。根据 Oh 等提出的方法,当考虑孔口近壁面摩擦损失时,可以得到如下内压响应方程组:

$$\begin{cases}\rho_a l_{eL1}\ddot{X}_1+\dfrac{1}{2}\rho_a C_{L1}' X_1\,|\,\dot{X}_1\,|+\dfrac{32l_0\mu}{d^2}\dot{X}_1=P_{eL1}-P_i\\[2mm]\rho_a l_{eL2}\ddot{X}_2+\dfrac{1}{2}\rho_a C_{L2}' X_2\,|\,\dot{X}_2\,|+\dfrac{32l_0\mu}{d^2}\dot{X}_2=P_{eL2}-P_i\\[2mm]\quad\quad\quad\vdots\\[2mm]\rho_a l_{eLn}\ddot{X}_n+\dfrac{1}{2}\rho_a C_{Ln}' X_n\,|\,\dot{X}_n\,|+\dfrac{32l_0\mu}{d^2}\dot{X}_n=P_{eLn}-P_i\end{cases} \tag{2.55}$$

式中，C'_{Ln} 为第 n 个孔隙处的损失系数；l_{eLn} 为第 n 个孔隙的有效深度，m；P_{eLn} 为第 n 个孔隙处的外压，Pa。

由于该式对每个孔隙均考虑了损失系数，因此又可以简称为多系数方程 (multiple discharge equation, MDE)。MDE 法虽然更为精细地考虑了各个背景孔隙响应的差异性，但在实际的应用上显然不如 SDE 法方便。文献[35]通过风洞试验比较了两种方法的适用性，结果发现，对于存在多重泄漏孔隙的建筑（如孔隙率大于 10%），两种方法预测得到的内压脉动响应结果十分接近。此外，该研究还表明，随着开孔面积比 A_L/A_w 的增加，内压的脉动响应均方根迅速减小。相比模型均匀泄漏的情况，相同面积的背景单一开孔泄漏产生的内压脉动响应更大。由于均匀孔隙处风荷载具有准静态的响应特点，所以当迎风面存在主导开孔时，风致内压的响应大小基本与背景孔隙的位置无关。

2.4.2　背景泄漏的开孔双腔内压响应理论

当内部连通的两空腔建筑的外墙同时存在主导开孔和背景泄漏时，同样可以采用 2.4.1 节的假定，即不考虑孔隙的惯性效应且认为背景孔隙处的平均风压等于背风墙面的平均风压。因此，可以得到背景孔隙处的空气运动方程：

$$\frac{1}{2}\rho_a C'_L \dot{X}_L |\dot{X}_L| = P_{i2} - P_{eL} \tag{2.56}$$

式中，P_{i2} 为第二个空腔的内压，Pa。

而外墙开孔后，两个空腔的内压响应可以参见式（2.35）和式（2.36）。类似地，再综合质量守恒方程和等熵绝热方程可以得出背景泄漏的开孔双空腔结构的内压响应控制方程：

$$\frac{\rho_a l_{e1} V_1}{P_a \gamma A_1}\ddot{C}_{pi1} + \frac{\rho_a l_{e1} V_2}{P_a \gamma A_1}\ddot{C}_{pi2} + \frac{1}{2}\frac{C_{L1}\rho_a q V_1^2}{P_a^2 \gamma^2 A_1^2}\left[\dot{C}_{pi1} + \frac{A_L U_h \gamma P_a}{q V_0}\sqrt{\frac{C_{pi2}-\overline{C}_{peL}}{C'_L}} + \frac{V_2}{V_1}\dot{C}_{pi2}\right]$$
$$\cdot \left|\dot{C}_{pi1} + \frac{A_L U_h \gamma P_a}{q V_0}\sqrt{\frac{C_{pi2}-\overline{C}_{peL}}{C'_L}} + \frac{V_2}{V_1}\dot{C}_{pi2}\right| + \frac{\rho_a l_{e1} A_L U_h}{2 A_1 q\sqrt{(C_{pi2}-\overline{C}_{peL})C'_L}}\dot{C}_{pi2} + C_{pi1} = C_{pe} \tag{2.57}$$

$$\frac{\rho_a l_{e2} V_2}{P_a \gamma A_2}\ddot{C}_{pi2} + \frac{1}{2}\frac{C_{L2}\rho_a q V_2^2}{P_a^2 \gamma^2 A_2^2}\left[\dot{C}_{pi2} + \frac{A_L U_h \gamma P_a}{q V_0}\sqrt{\frac{C_{pi2}-\overline{C}_{peL}}{C'_L}}\right]$$
$$\cdot \left|\dot{C}_{pi2} + + \frac{A_L U_h \gamma P_a}{q V_0}\sqrt{\frac{C_{pi2}-\overline{C}_{peL}}{C'_L}}\right| + \frac{\rho_a l_{e2} A_L U_h}{2 A_2 q\sqrt{(C_{pi2}-\overline{C}_{peL})C'_L}}\dot{C}_{pi2} + C_{pi2} = C_{pi1} \tag{2.58}$$

由式（2.57）和式（2.58）可知，对于开孔两空腔结构，背景孔隙的出现不仅导致内压控制方程的非线性阻尼项增大，还造成额外的线性阻尼项的产生。当背景孔

隙 $A_L = 0$ 时,上述两个方程将退化为式(2.39)和式(2.40)。

　　由 2.3 节的分析可知,对于无泄漏的开孔双空腔结构,内空腔(见 2.3 节空腔 2)的内压脉动响应要大于外空腔(空腔 1)。而余先锋等[40]采用正弦外压强迫激振法对式(2.57)和式(2.58)进行数值求解后发现,存在背景泄漏后内空腔内压脉动响应反而会略小于外空腔。这就说明由背景泄漏所增加的系统阻尼对内空腔内压振动的抑制作用更为明显。而不同外墙主导开孔面积(A_1)和背景泄漏面积(A_L)比下的内压增益函数的比较表明,随着 A_1/A_L 的增大,内压增益函数的幅值迅速降低,且内空腔比外空腔受到的影响更大。

2.5　柔性开孔结构的内压响应

　　除了某些因有特殊功能而需要设计成特别刚性的结构(如重要的核电设施),大部分建筑通常具有柔性的围护结构,如轻钢工业厂房的屋面、体育场的膜结构屋面等。因此在强风或者台风的作用下,这些柔性结构会产生明显的风致振动响应。长此以往,就可能会引起结构或者连接构件的疲劳损伤,从而在某次强风来袭时造成结构的整体严重破坏,如屋盖被整体掀翻。当柔性建筑存在开孔时,其风振响应的大小不仅与外部风荷载紧密相关,还受结构内部风压的影响。Vickery[5]最先研究了柔性开孔建筑的风致内压响应特性,他假定建筑结构的响应呈准静态特性,即变形与作用力成正比,因此建议对原有的内压控制方程采用有效内部容积 $V_e = V_0(1 + K_a/K_b)$(K_a 和 K_b 分别为空气和建筑的体积模量)来代替模型的原有容积 V_0,以此反映结构变形而导致的容积增大。该研究还发现,结构的柔性变形将会造成内压响应的阻尼增加而共振频率降低。尽管如此,所激发的内压共振频率依然较高并处于来流风谱尾部能量较弱的区域。Vickery 等[41]分析了开孔与柔性屋盖间的相互耦合作用,探讨了开孔面积与屋盖面积比对内压传递函数和屋盖风振响应的影响。Sharma[42]提出了考虑结构柔度后的内压与屋盖耦合振动的响应方程组。余世策等[43]也分别对名义封闭以及存在主导开孔情况下柔性屋盖结构的内压响应进行了推导,并分析了屋盖和内压组成的耦合振动系统的阻尼和幅频特性。研究表明,当结构的墙面开孔尺寸较小时,屋盖的幅频函数与封闭的情况类似,而随着开孔面积的增加,将出现双峰共振的现象,且开孔-屋盖振动系统的两阶模态频率随着开孔面积的增加而增加。Sharma[44]对柔性结构在准静态和动力变形下的内压响应特性进行研究后发现,两种结构变形情况下所产生的内压和屋盖净风压响应存在明显区别,因此说明柔性屋盖存在动力响应的情况下,应该考虑其与内压的耦合作用而不能用准静态模型进行内压响应的评估。研究中还发现,内压损失系数和屋盖的阻尼比对响应结果的预测有重要影响。本节将分别对有无背景泄漏情况下的开孔柔性屋盖结构内压的准静态和动力响应模型进行介绍。

2.5.1　柔性开孔结构内压控制方程

当柔性的屋盖结构在迎风墙面存在主导开孔时,孔口气柱振荡的运动形式可以由非定常伯努利方程得到[见式(2.19)]。而此时根据气体的连续性方程可得

$$\rho_i A\dot{X} = V\frac{\mathrm{d}\rho_i}{\mathrm{d}t} + \rho_i\frac{\mathrm{d}V}{\mathrm{d}t} \tag{2.59}$$

式中,V 为柔性结构变形后的内部容积。

由式(2.59)可知,当结构存在柔性时需要同时考虑压缩和扩张产生的空气密度改变和结构变形导致的容积改变的影响。根据式(2.19)、式(2.59)以及气体的等熵绝热方程,可以得出

$$\frac{\rho_a l_e V_0(1+\upsilon)}{\gamma c A_0 P_a}\left(\ddot{C}_{pi} - \frac{1}{1+\upsilon}\dot{\upsilon}\dot{C}_{pi} - \frac{\gamma P_a}{q}\ddot{\upsilon}\right) + \frac{C_L\rho_a V_0^2 q}{2\gamma^2 A^2 P_a^2}\left(\dot{C}_{pi} + \frac{\gamma P_a}{q}\dot{\upsilon}\right)\left|\dot{C}_{pi} + \frac{\gamma P_a}{q}\dot{\upsilon}\right| + C_{pi} = C_{pe} \tag{2.60}$$

式中,c 为考虑孔口气流收缩影响的参数;υ 为无量纲的容积改变率,$\upsilon = V/V_0 - 1$(V_0 代表变形前结构的原容积)。

Sharma[45]研究认为,由于对一般典型的开孔柔性建筑来说,其围护结构所产生的变形差要远小于其内部容积 V_0,因此建议 υ 取为 0 可以符合大部分柔性结构的情况。相应地,式(2.60)可以进一步化简为

$$\frac{\rho_a l_e V_0}{\gamma c A_0 P_a}\left(\ddot{C}_{pi} - \dot{\upsilon}\dot{C}_{pi} - \frac{\gamma P_a}{q}\ddot{\upsilon}\right) + \frac{C_L\rho_a V_0^2 q}{2\gamma^2 c^2 A^2 P_a^2}\left(\dot{C}_{pi} + \frac{\gamma P_a}{q}\dot{\upsilon}\right)\left|\dot{C}_{pi} + \frac{\gamma P_a}{q}\dot{\upsilon}\right| + C_{pi} = C_{pe} \tag{2.61}$$

式(2.61)即为一般柔性开孔建筑的内压响应方程的表达形式。对于刚性结构,当不考虑 υ 的作用时,式(2.61)可以退化为式(2.5)。

由于在不同荷载作用下建筑的围护结构响应形式可能表现出准静态或者共振的特点,因此造成结构内部容积的变化形式也有所不同,需要分别进行考察。下面就以柔性屋盖结构为例,分别对结构在准静态和动力响应下的内压响应特性进行考察。

当屋盖的自振频率远超过内压的共振频率时(如墙面开孔很小的情况下),屋盖结构的响应与开孔位置处的气柱振荡并不会产生耦合效应。此时,屋盖对内压作用的响应可以认为是一种准静态的过程。因此,结构内部容积的变化率及其相应的导数可以表示为

$$\upsilon = \frac{P_i - P_{re}}{K_b} \tag{2.62}$$

$$\dot{\upsilon} = \frac{\dot{P}_i - \dot{P}_{re}}{K_b} \tag{2.63}$$

$$\ddot{\upsilon} = \frac{\ddot{P}_\mathrm{i} - \ddot{P}_\mathrm{re}}{K_\mathrm{b}} \tag{2.64}$$

式中，P_re 为屋盖所受到的外压，Pa。

由于空气的体积模量 $K_\mathrm{a} = \gamma P_\mathrm{a}$，定义参数 $b = K_\mathrm{a}/K_\mathrm{b}$，同时将式(2.63)和式(2.64)代入式(2.60)并忽略一些微小高阶项后便可以得到

$$\frac{\rho_\mathrm{a} l_\mathrm{e} V_0 (1+b)}{\gamma c A_0 P_\mathrm{a}} \left(\ddot{C}_\mathrm{pi} - \frac{b}{1+b} \ddot{C}_\mathrm{pre} \right) + \frac{C_\mathrm{L} \rho_\mathrm{a} V_0^2 q (1+b)^2}{2 \gamma^2 c^2 A^2 P_\mathrm{a}^2} \left(\dot{C}_\mathrm{pi} - \frac{b}{1+b} \dot{C}_\mathrm{pre} \right) \left| \dot{C}_\mathrm{pi} - \frac{b}{1+b} \dot{C}_\mathrm{pre} \right|$$
$$+ C_\mathrm{pi} = C_\mathrm{pe} \tag{2.65}$$

根据式(2.65)可以获得无阻尼内压共振频率为

$$f_\mathrm{Hr} = \frac{1}{2\pi} \sqrt{\frac{\gamma c A_0 P_\mathrm{a}}{\rho_\mathrm{a} l_\mathrm{e} V_0 (1+b)}} \tag{2.66}$$

研究表明，对大跨屋盖结构参数 b 可以取 0.2~5。与刚性开孔模型的共振频率式(2.6)相比，式(2.66)的分母增加了 $1+b$ 的放大因子。表明柔性开孔将会导致建筑内部容积放大，这与 Vickery 等[5]的结论是一致的。不同的是，之前研究[5,46]没有考虑屋盖外压的共同影响。由式(2.65)可知，柔性开孔的内压响应不仅与结构的刚度有关，还与作用在屋盖外表面的风压特性紧密相关，外压的脉动特性将通过屋盖的振动作用间接传递给内压。

当屋盖的结构接近开孔形成的内压 Helmholtz 共振频率时，需要考虑内压系统和屋盖振动系统两者响应的耦合效应，计算模型可以参见图 1.6。屋盖被等效为一个竖向振动的单自由度体系。由于通常低矮建筑的墙面比屋盖具有更高的刚度，因此，此类建筑在风荷载作用下内部容积的改变可以用屋盖的竖向位移来表征。这是一种近似的简化方法，与实际屋盖复杂的振动响应有一定的不同。假设屋盖的质量和振动频率为 M_r 和 ω_r，那么屋盖的位移(X_r)方程可以表示为

$$M_\mathrm{r} \ddot{X}_\mathrm{r} + 2 \xi_\mathrm{r} \omega_\mathrm{r} M_\mathrm{r} \dot{X}_\mathrm{r} + M_\mathrm{r} \omega_\mathrm{r}^2 X_\mathrm{r} = (P_\mathrm{re} - P_\mathrm{i}) A_\mathrm{r} \tag{2.67}$$

式中，A_r 为屋盖的面积，m²；ξ_r 为屋盖振动的阻尼。

由于建筑的内部容积变化可以表示为屋盖的竖向位移，因此容积改变率 υ 可以近似表示为

$$\upsilon = \frac{\Delta V}{V_0} = \frac{X_\mathrm{r}}{H} \tag{2.68}$$

式中，H 为屋盖的高度，对有高差的屋盖可以取为屋盖的平均高度。

将式(2.68)代入式(2.67)，可得到关于 υ 的二阶微分方程：

$$M_\mathrm{r} \ddot{\upsilon} + 2 \xi_\mathrm{r} \omega_\mathrm{r} M_\mathrm{r} \dot{\upsilon} + M_\mathrm{r} \omega_\mathrm{r}^2 \upsilon = \frac{(P_\mathrm{re} - P_\mathrm{i}) A_\mathrm{r}^2}{V_0} \tag{2.69}$$

由式(2.69)和式(2.60)就可以形成一个封闭的方程组，能够求解出内压的脉动响应以及无阻尼的共振频率。由上面的推导过程不难发现，该耦合微分方程组的计

算精度主要取决于内部容积改变率的计算假定[式(2.68)]。这一假定对于一般的建筑平面沿高度不变的典型结构(如厂房等)是可以满足的,但对于其他复杂体型的结构仍需深入探索。从本质上来看,余世策等[43]提出二自由度解耦方法[见式(1.39)]在计算屋盖容积改变时也是引入了上述假定,因此与式(2.69)和式(2.60)所形成的方程组实际上是一致的。在方程的实际应用还涉及屋盖的振动频率和模态的选择。根据 Nakayama 等[47]研究,大跨屋盖存在一个对风振响应起主导作用的"X"模态。余世策等[43]认为这一模态对内压的变化最为敏感,因此理论上只要考虑这一模态就能得到较好的预测精度。对于正方形屋盖,文献[43]取屋盖的一阶模态作为"X"模态。

为了方便设计应用和内压频响特性研究,Sharma[44]提出了一套线性化的耦合方程组。假设屋盖和孔口位置处的气柱响应位移分别为 X_r 和 X_i,则模型的内部容积变化可以表示为

$$\Delta V = A_r X_r - cA X_i \tag{2.70}$$

然后应用等熵绝热方程,可以得到内压系数为

$$P_i = \frac{\gamma P_a}{V_0}(cA X_i - A_r X_r) \tag{2.71}$$

对孔口气柱和屋盖分别列运动方程,可以得到内压和屋盖响应体系的控制方程组为

$$\ddot{X}_i + 2\xi_i \omega_H \dot{X}_i + \omega_H^2 X_i = \frac{P_{re}}{\rho_a l_e} + \omega_H^2 \frac{A_r}{cA} X_r \tag{2.72}$$

$$\ddot{X}_r + 2\xi_r \omega_r \dot{X}_r + (\omega_r^2 + \omega_{rH}^2)X_r = -\frac{P_{re}A_r}{M_r} + \omega_{rH}^2 \frac{cA}{A_r} X_i \tag{2.73}$$

式中,ω_H 和 ω_r 分别为内压共振和屋盖自振圆频率,rad/s;ω_{rH} 为屋盖气动刚度所对应的圆频率,rad/s;ξ_i 和 ξ_r 分别为内压等效阻尼比和屋盖的阻尼比。

$$\omega_{rH} = \sqrt{\frac{\gamma A_r^2 P_a}{M_r V_0}} \tag{2.74}$$

$$\xi_i = \frac{C_L c \rho_a U_h^2 V_0 \bar{C}_{pe} I_u}{\sqrt{2\pi} A \gamma l_e P_a} \tag{2.75}$$

式中,I_u 为湍流强度,该系数仍采用了概率线性化方法得出,具体可参见 2.3 节。相比准静态内压模型[式(2.65)],动力内压模型[式(2.69)和式(2.60)]可以得到两个共振响应峰。对于屋盖刚度较大的开孔建筑,动力内压模型预测的结果接近静态模型,因为此时得到的二阶共振频率较高,几乎可以忽略。而当屋盖的刚度比较小时,动力模型预测得到的内压响应会高于准静态模型,这是因为此时内压二阶共振响应的贡献已经不可忽略。由式(2.73)还可以发现,建筑开孔后内压响应的存在,将给屋盖振动提供额外的气承刚度,该刚度的大小与屋盖的面积、质量以及

建筑的内部容积有关。建筑容积越小,屋盖所受的气承刚度越大。尽管风致内压响应也受到屋盖振动的影响,但从式(2.72)来看,该影响似乎仅对内压的激振力有贡献,而内压的等效阻尼比和气承刚度等动力特性参数似乎并未受到屋盖振动的影响。

2.5.2 考虑背景孔隙的柔性开孔结构内压响应

正如 2.5.1 节所述,绝大部分建筑由于各种孔、缝的泄漏均会与周边环境存在气流的交换,而绝对刚性的建筑也比较少见。由此可见,绝大部分的建筑均是同时存在一定的柔性和背景泄漏。因此,为了反映这种真实的情况,有必要建立同时考虑结构柔性和背景泄漏的开孔结构内压响应的评估方法。前面几节已经分别介绍了单独考虑背景泄漏和结构柔性的建筑内压响应问题,但是同时考虑两种效应联合作用的内压研究目前仍比较少见。Guha 等[48]对该问题进行了一些理论的探讨,但是该方法没有考虑屋盖外压的作用。因此,本节将以前面几节内容为基础,介绍开孔建筑同时存在屋盖柔性和背景孔隙情况下的内压控制方程推导。

这里以单一主导开孔建筑为研究对象,对背景孔隙仍集合成单一开孔并采用准静态响应的假定,近似地认为内部容积的改变可以通过屋盖的位移来表示。对各个开孔的流入和流出气体应用质量守恒方程,得到

$$\frac{\rho_i(cA_\mathrm{W}U_\mathrm{W}-A_\mathrm{L}U_\mathrm{L})}{V_0}=\upsilon_1\frac{\mathrm{d}\rho_i}{\mathrm{d}t}+\rho_i\frac{\mathrm{d}\upsilon_1}{\mathrm{d}t} \tag{2.76}$$

式中,A_W 和 A_L 分别为主导开孔和泄漏孔的面积;U_W 和 U_L 为主导开孔和背景泄漏孔处的风速,也可以表示为迎风面主导开孔和孔隙背景开孔的气柱振动位移 X_W 和 X_L 的一阶导数;υ_1 为结构变形后的容积 V 和变形前原始容积 V_0 的比值,又可以表示为 $1+\upsilon$。

综合式(2.47)、式(2.50)以及式(2.76),可以推出考虑背景泄漏和结构柔度共同影响下的内压响应控制方程:

$$\frac{\rho_a l_e V_0}{\gamma P_a A_\mathrm{W}}\ddot{C}_\mathrm{pi}+\frac{\rho_a l_e V_0}{\gamma P_a A_\mathrm{W}}\dot{\upsilon}_1\dot{C}_\mathrm{pi}+\frac{l_e A_\mathrm{L}}{A_\mathrm{W}U_\mathrm{h}\sqrt{(C_\mathrm{pi}-\bar{C}_\mathrm{peL})C_\mathrm{L}'}}\dot{C}_\mathrm{pi}+\frac{\rho_a l_e V_0}{q A_\mathrm{W}}\ddot{\upsilon}_1$$

$$+\frac{C_\mathrm{L}\rho_a\,q V_0^2}{2\,(\gamma P_a A_\mathrm{w})^2}\left\{\dot{C}_\mathrm{pi}+\frac{2A_\mathrm{L}\gamma P_a}{\rho_a U_\mathrm{h}V_0}\sqrt{\frac{C_\mathrm{pi}-\bar{C}_\mathrm{peL}}{C_\mathrm{L}'}}+\frac{\gamma P_a}{q}\dot{\upsilon}_1\right\}$$

$$\cdot\left|\dot{C}_\mathrm{pi}+\frac{2A_\mathrm{L}\gamma P_a}{\rho_a U_\mathrm{h}V_0}\sqrt{\frac{C_\mathrm{pi}-\bar{C}_\mathrm{peL}}{C_\mathrm{L}'}}+\frac{\gamma P_a}{q}\dot{\upsilon}_1\right|+C_\mathrm{pi}=C_\mathrm{pe} \tag{2.77}$$

从式(2.77)可以发现,由于考虑了结构柔性变形和背景泄漏的作用,内压控制方程出现了关于 υ_1 的一阶和二阶导数的交叉项(等式左边的第 2 项和第 4 项),而且相比仅考虑背景泄漏的情况[式(2.52)],式(2.77)的非线性阻尼项也有所增加,

出现了反映屋盖外压效应的作用项。这些新增项的出现反映出开孔建筑的内压脉动响应在两种因素同时作用下会进一步的衰减,而且内压的共振响应也将得到更进一步的抑制。这也就解释了一些内压的现场实测试验中难以发现明显内压共振响应的原因。对于刚性开孔建筑,当不考虑容积改变的影响参数 υ_1 时(令有关 υ_1 项均为 0),式(2.77)可退化为仅考虑背景泄漏时的内压控制式(2.52)。

同样,根据柔性屋盖结构的响应特点不同,内压控制方程又可以分为准静态和动力内压控制方程。当屋盖结构的固有频率超过来流脉动风谱的含能区频率时,可以认为结构共振响应不会发生,因而将屋盖的响应当成是准静态的响应过程。据此可以得到

$$\upsilon_1 = \frac{P_i - P_{re}}{K_b} + 1 \tag{2.78}$$

$$\dot{\upsilon}_1 = \frac{\dot{P}_i - \dot{P}_{re}}{K_b} \tag{2.79}$$

$$\ddot{\upsilon}_1 = \frac{\ddot{P}_i - \ddot{P}_{re}}{K_b} \tag{2.80}$$

将式(2.78)~式(2.80)代入式(2.77)并引入体积模量比 b,可以得到存在背景泄漏且结构响应服从准静态过程的柔性结构内压响应控制方程:

$$
\frac{\rho_a l_e V_0 (1+b)}{c \gamma P_a A_W} \left[\ddot{C}_{pi} - \frac{b}{1+b} \ddot{C}_{pre} \right] + \frac{l_e A_L}{c A_W U_h \sqrt{(C_{pi} - \overline{C}_{peL}) C'_L}} \dot{C}_{pi}
$$
$$
+ \frac{C_L \rho_a q V_0^2 (1+b)^2}{2 (\gamma P_a c A_W)^2} \left[\dot{C}_{pi} - \frac{b}{1+b} \dot{C}_{pre} + \frac{2 A_L \gamma P_a}{\rho_a U_h V_0 (1+b)} \sqrt{\frac{C_{pi} - \overline{C}_{peL}}{C'_L}} \right]
$$
$$
\cdot \left| \dot{C}_{pi} - \frac{b}{1+b} \dot{C}_{pre} + \frac{2 A_L \gamma P_a}{\rho_a U_h V_0 (1+b)} \sqrt{\frac{C_{pi} - \overline{C}_{peL}}{C'_L}} \right| + C_{pi} = C_{pe} \tag{2.81}
$$

由式(2.81)也可以得到与式(2.66)相同的无阻尼内压共振频率。

考虑到屋盖动力响应下的柔性变形和屋盖位移存在线性的假定关系,容积比 υ_1 可以表示为

$$\upsilon_1 = 1 + \frac{X_r}{H} \tag{2.82}$$

$$\dot{\upsilon}_1 = \frac{\dot{X}_r}{H} \tag{2.83}$$

$$\ddot{\upsilon}_1 = \frac{\ddot{X}_r}{H} \tag{2.84}$$

式中,X_r、$\dot{X}_r$ 和 $\ddot{X}_r$ 分别为屋盖的位移、速度和加速度响应;H 的定义同 2.5.1 节。

根据简化的弹簧质量单元模型,屋盖的振动方程可以表达为式(2.67)的形式。

将式(2.82)～式(2.84)代入屋盖运动方程后可得

$$M_r \ddot{v}_1 + 2\xi_r \omega_r M_r \dot{v}_1 + M_r \omega_r^2 (v_1 - 1) = \frac{(P_{re} - P_i) A_r^2}{V_0} \tag{2.85}$$

式(2.85)与式(2.77)联立就可以同时求解屋盖振动响应和内压的脉动响应。由此构成的方程组称为同时考虑结构柔性和背景泄漏的内压响应动力方程组。对该方程组同样可以采用类似文献[44]的方法进行进一步的线性化,此处不再赘述。

2.6　本章小结

本章首先通过对迎风面单一开孔、多开孔和开孔双空腔结构内压传递方程进行理论推导,揭示了不同开孔情况下内压的响应机理。然后采用扬声器激振试验和风洞试验探讨了方程的适用性以及内压的脉动响应、共振频率和等效阻尼比等重要参数的变化规律,使读者能够更加形象和生动地了解不同开孔情况下建筑风致内压的响应特点和取值规律。本章对单一开孔结构仅结合扬声器激振试验介绍了其内压方程的适用性,而有关单一开孔结构内压脉动特性及影响因素的风洞试验研究将在第 5 章单独进行讲述。本章得到的主要结论如下。

1) 单一开孔结构

(1) 虽然 Oh 等提出的方程也考虑了近壁面摩擦效应,但是在开口深宽比小于 10 时,其预测结果仍等同于 Holmes 方程。这就说明应用完全发展的层流摩擦假定将会过大估计孔口边界层厚度,从而使得到的剪应力偏小。本章经推导发现,可以用均匀来流下的平板层流边界层厚度来近似估算孔口处近壁面边界层的厚度,它不仅具有较好的预测精度,而且也避免了 Sharma 方程中未知参数 Δr 的取值问题。

(2) 通过试验对比表明,开孔面积较小时,Holmes 方程由于低估阻尼值而使所预测的内压幅值偏高,并且该误差会随着开孔深宽比的增长而迅速增加。而本章方程对小开孔的预测结果与试验结果符合得较好,但对小而深的开孔情况有可能会高估阻尼值。当开孔面积较大时,无论对于浅洞还是深洞,本章方程都能较好地反映实际的内压衰减幅值和阻尼。而 Holmes 方程仅在大面积薄壁开孔情况下才有较好的适用性。

2) 多开孔结构

(1) 风洞试验的拟合结果表明,所推导的多开孔内压控制方程有较好的精度。

(2) 随着内部容积增加,多开孔模型风致内压响应的共振频率降低而阻尼比增加,容积变化对内压均值影响不大。模型在垂直来流附近风向角中内压阻尼比较大,而在斜风向下较小,故斜风向下内压共振响应更为剧烈。

(3) 与迎风墙面单一开孔相比,多开孔会导致内压共振频率和阻尼比同时增加。除个别风向角外,双开孔模型的内外压脉动均方根之比小于单开孔的情况。迎风面单、双开孔最大内外压脉动均方根之比分别出现在 75° 和 60° 斜风向。

3) 开孔双空腔结构

(1) 双空腔内压响应的理论解和模型的风洞试验结果比较显示,为保持模型和原型间内压动力特性的相似性,开孔双空腔结构模型在进行内压风洞试验时也应该按照原型和模型风速比的平方对内部容积进行调整。

(2) 空腔 1 的内压脉动响应要小于空腔 2。

(3) 空腔 1 和空腔 2 开孔面积比的增加会造成双空腔系统共振频率升高,等效阻尼比降低。当开孔面积比小于 1 时,内压脉动响应小于外压。

(4) 双空腔时内压的两个共振频率分布在单一空腔共振频率的两侧。空腔 1 和空腔 2 容积比增加会造成开孔双空腔系统的一阶频率升高,二阶频率降低。同时也使两个共振频率更加接近单空腔时的 Helmholtz 频率。

4) 考虑背景泄漏的内压控制方程

(1) 当建筑同时存在主导开孔和背景泄漏时,内压的共振响应将受一定的抑制作用。背景孔隙的存在相当于在内压的控制方程中增加了额外的阻尼项。在考虑背景泄漏情况的内压控制方程推导中均引入了孔隙处惯性效应可以忽略以及孔隙外压等于背风墙面平均外压这两个基本假定。

(2) 背景存在单一开孔泄漏将比相同面积的均匀背景泄漏产生更大的内压脉动响应。当不考虑背景开孔的惯性效应时,单系数方程 SDE 法与多系数方程 MDE 法对内压的预测结果比较接近。

(3) 当存在背景泄漏时,开孔双空腔结构的内空腔内压响应可能会低于外部空腔,而随着主导开孔和背景泄漏面积比的增加,内压阻尼将增大且内空腔比外空腔受到更为明显的抑制作用。

5) 考虑结构柔性影响下的内压响应方程

(1) 当考虑结构柔性影响时,内压响应随着结构响应特性的不同可以分别表示为准静态控制方程和动力控制方程。当结构自振频率较高且远超过内压共振频率时,可以采用准静态的方程来进行计算。而当两者比较接近时,需要考虑结构振动和内压响应的耦合效应。动力方程可以得到双峰共振的内压响应,且随着结构刚度的增大,动力方程的预测结果将接近准静态方程。

(2) 在内压动力方程推导中采用了容积变化与屋盖位移成正比的近似假定。考虑模型的柔性实际上相当于增加了其内部容积,从而导致内压的共振频率有所降低。柔性屋盖结构开孔后,内压的产生将会增加屋盖结构的气承刚度。

(3) 同时考虑开孔结构的背景泄漏和柔性时,内压响应的阻尼将进一步增加,从而会更有效地抑制内压的共振响应。

参 考 文 献

[1] 卢旦,楼文娟,唐锦春. 开孔结构风致内压研究[J]. 浙江大学学报(工学版),2005,39(9): 1388-1392.

[2] Sharma R N,Richards P J. Net pressure on the roof of a low-rise building with wall openings[J]. Journal of Wind Engineering and Industrial Aerodynamics,2005,93(4):267-291.

[3] Holmes J D. Mean and fluctuating pressures induced by wind[C]//Proceedings of the 5th International Conference on Wind Engineering,Fort Collins,1979:435-450.

[4] Liu H,Saathoff P J. Building internal pressure:Sudden change[J]. Journal of the Engineering Mechanics Division,1981,107(2):309-321.

[5] Vickery B. J. Gust factors for internal pressures in low-rise buildings[J]. Journal of Wind Engineering and Industrial Aerodynamics,1986,23(1-3):259-271.

[6] Stathopoulos T,Luchian H D. Transient wind-induced internal pressures[J]. Journal of Engineering Mechanics,1989,115(7):1501-1514.

[7] Sharma R N,Richards P J. Computational modeling of the transient response of building internal pressure to a sudden opening[J]. Journal of Wind Engineering and Industrial Aerodynamics,1997,72(1):149-161.

[8] Vickery B J ,Bloxham C. Internal pressure dynamics with a dominant opening[J]. Journal of Wind Engineering and Industrial Aerodynamics,1992,41(1-3):193-204.

[9] Sharma R N, Richards P J. Computational modeling in the prediction of building internal pressure gain function[J]. Journal of Wind Engineering and Industrial Aerodynamics,1997, 67-68:815-825.

[10] Guha T K,Sharma R N,Richards P J. Analytical and CFD modeling of transient internal pressure response following a sudden opening in building/cylindrical cavities[C]//Proceedings of the 11th Americas Conference on Wind Engineering,San Juan,2009:22-26.

[11] Oh H J ,Kopp G A,Inculet D R. The UWO contribution to the NIST aerodynamic database for wind load on low buildings:Part 3. Internal pressure[J]. Journal of Wind Engineering and Industrial Aerodynamics,2007,95(8):755-779.

[12] Gupta R C. Laminar flow in the entrance of a tube[J]. Applied Scientific Research,1977, 33(1):1-10.

[13] Sharma R N. Internal and net envelope pressures in a building having quasi-static flexibility and a dominant opening[J]. Journal of Wind Engineering and Industrial Aerodynamics, 2008,96(6-7):1074-1083.

[14] 余世策,楼文娟,孙炳楠,等. 背景孔隙对开孔结构风致内压响应的影响[J]. 土木工程学报, 2006,39(6):6-11.

[15] Guha T K,Sharma R N,Richards P J. Internal pressure in a building with multiple dominant openings in a single wall:Comparison with the single opening situation[J] Journal of Wind Engineering and Industrial Aerodynamics,2012,107-108:244-255.

[16] Inculet D R,Davenpot A G. Pressure-equalized rainscreens:A study in the frequency domain[J].

Journal of Wind Engineering and Industrial Aerodynamics,1994,53(1-2):63-87.

［17］中华人民共和国建设部. GB 50009—2002 建筑结构荷载规范［S］. 北京:中国建筑工业出版社,2002.

［18］Architecture Institute of Japan. AIJ 2004 Recommendations for loads on buildings［S］. Tokyo:Architecture Institute of Japan,2004.

［19］Sharma R N,Richards P J. The influence of Helmholtz resonance on internal pressures in a low-rise building［J］. Journal of Wind Engineering and Industrial Aerodynamics, 2003, 91(6):807-828.

［20］Saathoff P J,Liu H. Internal Pressure of Multi-Room Buildings［J］. Journal of Engineering Mechanics,1983,109(3):908-919.

［21］Sharma R N. Internal Pressure Dynamics with Internal Partitioning［C］//Proceedings of the 11th International Conference on Wind Engineering,San Juan,2003:705-712.

［22］余先锋,全涌,顾明. 开孔两空间结构的风致内压响应研究［J］. 空气动力学学报,2013, 31(4):151-155.

［23］余先锋,顾明,全涌,等. 考虑背景孔隙的单开孔两空间结构的风致内压响应研究［J］. 空气动力学学报,2012,30(4):238-243.

［24］余世策,楼文娟,孙炳楠. 紊流风场中开孔结构的孔口阻尼特性研究［J］. 振动工程学报, 2004,17(4):467-472.

［25］Xu H W,Yu S C,Lou W J. Estimation method of loss coefficient for wind-induced internal pressure fluctuations［J］. Journal of Engineering Mechanics ,2016,142(7):1-10.

［26］Ginger J D,Holmes J D,Kim P Y. Variation of internal pressure with varying sizes of dominant openings and volumes ［J］. Journal of Structure Engineering, 2010, 136 (10): 1319-1326.

［27］Xu H W,Yu S C,Lou W J. The inertial coefficient for fluctuating flow through a dominant opening in a building［J］. Wind and Structures,2014,18(1):57-67.

［28］Fahrtash M,Liu H. Internal pressure of low-rise building-field measurements［J］. Journal of Wind Engineering and Industrial Aerodynamics,1990,36(2):1191-1200.

［29］Kwok K C S,Hitchcock P A. Characterisation of and wind-induced pressures in a compartmentalised building during a typhoon［J］. Journal of Wind and Engineering,2009,6(2): 30-41.

［30］Oh J H. Wind induced internal pressure in low-rise buildings. Master's Thesis［D］. Ontario: University of Western Ontario,2004:51-52.

［31］Sabareesh G R,Tamura Y,Matsui M,et al. Numerical evaluation of fluctuating internal pressures for various opening configurations in buildings［C］//Proceedings of the 5th International Symposiumon Computational Wind Engineering,Chapel Hill,2010.

［32］段旻,谢壮宁,石碧青. 低矮房屋瞬态内压的风洞试验研究［J］. 土木工程学报,2012,45(7): 10-16.

［33］Yu S C,Lou W J,Sun B N. Wind-induced internal pressure response for structure with single windward opening and background leakage[J]. Journal of Zhejiang University Science A, 2008,9(3):313-321.

[34] 余世策,楼文娟,孙炳楠,等. 背景孔隙对开孔结构风致内压响应的影响[J]. 土木工程学报, 2006,39(6):6-11.

[35] Guha T K,Sharma R N,Richards P J. Internal pressure dynamics of a leaky building with a dominant opening[J]. Journal of Wind Engineering and Industrial Aerodynamics, 2011, 99(11):1151-1161.

[36] Guha T K,Sharma R N,Richards P J. The effect of background leakage on wind induced internal pressure fluctuations in a low rise building with a dominant opening[C]//Proceedings of the 11th Americas Conference on Wind Engineering,San Juan,2009.

[37] White F M. Fluid Mechanics[M]. 4th ed. NewYork:McGraw-Hill,1999.

[38] Miguel A F,Silva A M. Analysis of wind-induced internal pressure in enclosures[J]. Energy and Buildings,2000,32(1):101-107.

[39] Harris R I. The propagation of internal pressures in buildings[J]. Journal of Wind Engineering and Industrial Aerodynamics,1990,34(2):169-184.

[40] 余先锋,顾明,全涌,等. 考虑背景孔隙的单开孔两空间结构的风致内压响应研究[J]. 空气动力学学报,2012,30(4):238-243.

[41] Vickery B J,Georgiou P N. A simplified approach to the determination of the influence of internal pressure on the dynamics of large span roofs[J]. Journal of Wind Engineering and Industrial Aerodynamics,1991,38(2-3):357-369.

[42] Sharma R N. The influence of internal pressure on wind loading under tropical cyclone conditions[D]. New Zealand:The University of Auckland,1996.

[43] 余世策,孙炳楠,楼文娟. 风致内压对大跨屋盖风振响应的影响[J]. 空气动力学学报,2005, 23(2):210-216.

[44] Sharma R N. Internal and net roof pressures for a dynamically flexible building with a dominant wall opening[J]. Wind and Structures,2013,16(1):93-115.

[45] Sharma R N. Internal and net envelope pressures in a building having quasi-static flexibility and a dominant opening[J]. Journal of Wind Engineering Industry Aerodynamics,2008, 96(6-7):1074-1083.

[46] Novak M,Kassem M,Effect of leakage and acoustical damping on free vibration of light roofs backed by cavities[J]. Journal of Wind Engineering and Industrial Aerodynamics, 1990,36(1):289-300.

[47] Nakayama M,Sasaki Y,Masuda K,et al. An efficient method for selection of vibration modes contributory to wind response on dome-like roofs[J]. Journal of Wind Engineering and Industrial Aerodynamics,1998,73(1):31-43.

[48] Guha T K,Sharma R N,Richards P J. On the internal pressure dynamics of a leaky and flexible low rise building with a dominant opening[C]//Proceedings of the 13th International Conference on Wind Engineering,Amsterdam,2011.

第3章 孔口特征参数的识别研究

3.1 孔口特征参数的定义

Vickery[1]在推导单一开孔内外压传递方程时引入了两个孔口特征参数:孔口惯性系数 C_I 和孔口损失系数 C_L,以此来分别表征孔口气柱的有效长度和气柱振荡所产生的能量损失。随后,这一概念被广泛引入内压传递方程的推导和计算中。Sharma 等[2,3]、徐海巍等[4]、Guha 等[5]、Oh 等[6]在方程的阻尼项和惯性项中也分别采用了这两个参数。Holmes[7]提出的方程中虽然没有出现孔口损失系数,但是可以认为 $1/k^2$(k 为孔口流量系数)相当于 C_L。尽管有关单一开孔建筑内压响应理论方程的研究已经进行了许多年,但是由于复杂的影响因素和有限的试验数据,关于方程中待定的孔口特征参数的取值一直没有定论,这极大地限制了理论方程在实际工程设计中的应用。基于不同控制方程和不同试验条件所得到的参数取值也大不相同,表 3.1 列出了不同研究关于孔口特征参数 C_I 和 C_L 的取值。

表 3.1 孔口特征参数取值汇总

文献来源	C_I	C_L	取值条件
Holmes [7]	0.89	2.8	恒定流
	0.89	45	高湍流
Liu 等[8]	0.89	1.3	模型风洞试验
Vickery 等[9]	1.05~1.35	2.04	孔径<20mm
	1.55	0.92~1.56	孔径=25mm
Stathopoulos 等[10]	0.86	2.8	方孔
	0.89	2.8	圆孔
Sharma 等[2,3]	0.98	1.5	开孔深宽比>1
	0.66~0.78	1.2	开孔深宽比<1
Ginger 等 [11,12]	0.89	8.2~45	TTU 实测
	0.89	6.25~100	模型风洞试验
Chaplin 等[13]	0.89	0.75~2.2	正弦外压作用
Oh 等[6]	0.89	2.5	模型风洞试验
Yu 等[14]	1.3	7.5	模型风洞试验
Xu 等[15,16]	0.8	8~234	模型风洞试验

　　由表 3.1 可以看出,惯性系数 C_I 的取值变化范围较小,主要集中在 0.89 附近,损失系数 C_L 的取值差异性则十分明显,且受试验条件和模型参数变化的影响较大。根据已有的研究可知,损失系数主要通过控制系统阻尼来影响内压响应。要研究损失系数对内压计算结果的影响究竟有多大,有必要先来了解内压响应对损失系数的敏感性。以下通过一组数值算例来具体说明,表 3.2 给出了计算模型的具体尺寸。

表 3.2　计算模型

模型	A_0/m^2	V_0/m^3
1	1	200
2	2	200
3	4	200
4	8	200
5	8	400
6	8	800
7	8	1600

　　首先采用谐波叠加法[17]模拟来流脉动风速时程。具体的风场特性参数如下:风速剖面按照指数率 $U=31.3(Z/10)^{0.12}$ 确定,湍流强度剖面取 $I=0.08(Z/300)^{-0.17}$,脉动风谱采用理论的 Kaimal 谱。模拟得到的脉动风速时程如图 3.1 所示。图 3.2 给出了模拟风速谱与理论 Kaimal 谱的对比,可以看出,两者符合得较好,说明所模拟的脉动风速符合要求。

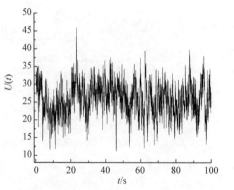

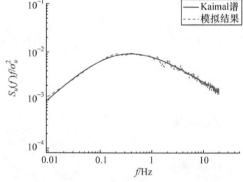

图 3.1　模拟得到的脉动风速时程　　　图 3.2　模拟脉动风谱和理论 Kaimal 谱对比

　　数值计算过程中用到的相关参数取值如下:$\rho_a=1.22kg/m^3$, $P_a=101300Pa$, $\gamma=1.4$, $q=600Pa$, $C_I=0.8$, $l_e=C_I\sqrt{A}$。对表 3.1 中的每一组模型,采用龙格-库

塔法分别计算 $C_L=1,5,10,50$ 和 100 时的内压响应情况。

图 3.3 给出了模型 1 在不同 C_L 下的内压响应谱。可以看出,损失系数主要控制内压响应谱的共振峰值。随着 C_L 的增大,内压共振响应明显减弱,意味着阻尼迅速增大。结合表 3.1 可以看出,若在高湍流强度情况下(如 $C_L=45$)仍采用低湍流强度的损失系数(如 $C_L=2.8$),则可能会高估内压的共振效应。

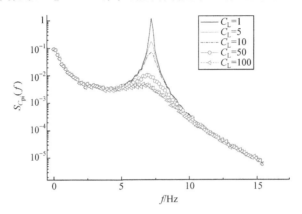

图 3.3　模型 1 在不同 C_L 下的内压响应谱

图 3.4 和图 3.5 绘制了不同开孔面积和不同内部容积模型的内外压脉动响应均方根之比随损失系数的变化趋势。可以看出,内压脉动响应随着 C_L 的增大而迅速降低,最大差别接近 1 倍(如模型 4 在 $C_L=1$ 和 100 时),与此同时,其对 C_L 的敏感性也在逐渐减低。例如,相比较小的 C_L 值,当损失系数从 50 增加到 100 时,内压的衰减却并不明显。综合比较图 3.4 和图 3.5 可以看出,当建筑存在较小的开孔(如模型 1)或者较大的内部容积(如模型 7)时,其内压响应对 C_L 的敏感性要小于其他情况。因为具有该类特征的建筑本身就会在孔口形成较大的振荡阻尼。

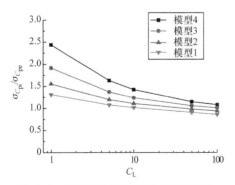 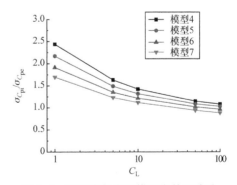

图 3.4　不同开孔面积模型内外压脉动　　　图 3.5　不同内部容积模型内外压脉动
　　均方根之比随损失系数的变化趋势　　　　　　均方根之比随损失系数的变化趋势

综上分析可知,内压响应的计算结果受方程待定参数的取值影响较大。因此,有必要对两个孔口参数的取值影响因素进行深入考察,以确定其内在的取值规律。然而,目前国内外有关孔口特征参数取值的专门研究却并不多见,现有的参数识别方法也比较单一,即主要基于对风洞试验结果的拟合。该方法往往需要大量的拟合工作,容易产生误差且也不利于参数的系统研究。为了深入地了解参数的变化规律和影响因素,徐海巍等[18,19]基于不同模型的扬声器激振试验和风洞试验结果提出了两个孔口特征参数的有效识别方法,系统地研究了孔口特征参数的影响因素,并给出了参数的建议取值范围。本章将对该研究内容进行详细介绍,以使读者对内压控制方程中待定参数的取值规律有基本的认识。

3.2　基于扬声器激振试验的参数识别

3.2.1　正弦荷载激振下参数识别

Vickery 等[9]基于非定常伯努利方程提出了单一开孔结构双参数内外压系数传递方程,具有如下形式:

$$\frac{\rho_a l_e V_0}{\gamma A P_a}\ddot{C}_{pi}+C_L\,\frac{\rho_a V_0^2 q}{2\gamma^2 A^2 P_a^2}\dot{C}_{pi}\,|\,\dot{C}_{pi}|+C_{pi}=C_{pe} \tag{3.1}$$

由式(3.1)可以得到 Helmholtz 的共振频率为

$$f_H=\frac{1}{2\pi}\sqrt{\frac{\gamma P_a A}{\rho_a L_e V_0}} \tag{3.2}$$

Vickery 等[9]认为对恒定流下的锐缘薄壁开孔取 $C_I=0.89$,而 C_L 的取值为 0.9~2.0。由于内压动力响应具有非线性的特点,为了求得参数 C_I 和 C_L 的解析解,首先要对方程的非线性阻尼项进行线性化。目前常用的线性化方法主要有两种:能量平均法和概率平均法。两者的区别在于,能量平均法适用于外荷载为简谐荷载且相应的内压也为简谐响应的情况,而概率平均法适用于外压为随机荷载的情况。Chaplin 等[13]曾经采用能量平均法推导出正弦外压激励下内压方程中两个待定参数的表达式。其基本思想是将非线性量以正弦变化的变量代替,利用阻尼在一个周期内消耗的总能量相等的原理将非线性阻尼进行线性化。假设非线性变量 X 按照正弦变化:

$$X=X_0\sin(2\pi f t) \tag{3.3}$$

则有 $\dot{X}=2\pi f X_0\cos(2\pi f t)$,其中,$X_0$ 为变量幅值。令 $|\dot{X}|\dot{X}=\eta\dot{X}$,根据一个周期内耗能相等得到

$$\int_0^T |\,\dot{X}\,|\,\dot{X}^2\mathrm{d}t=\int_0^T \eta\dot{X}^2\mathrm{d}t \tag{3.4}$$

由式(3.3)结合 $\sigma_X = \sqrt{2}\,\pi f X_0$ 可以得到 $\eta = \dfrac{8\sqrt{2}}{3\pi}\sigma_X$。因此,正弦外部荷载作用下式(3.1)线性化后变为

$$\frac{\rho_a l_e V_0}{\gamma A P_a}\ddot{C}_{pi} + C_L\,\frac{\rho_a V_0^2 q}{2\gamma^2 A^2 P_a^2}\frac{8\sqrt{2}}{3\pi}\sigma_{\dot{C}_{pi}}\dot{C}_{pi} + C_{pi} = C_{pe}\sin(2\pi ft) \tag{3.5}$$

根据结构动力学理论可得内压响应系数应该满足:

$$C_{pi} = H(f)C_{pe}\sin(2\pi ft + \phi(f)) \tag{3.6}$$

式中,f 为简谐外压的激振频率,内外压的幅值比 $H(f)$ 和相位差 $\phi(f)$ 可分别表示为

$$H(f) = \frac{1}{\sqrt{(1-(f/f_H)^2)^2 + (2\xi_{eq}f/f_H)^2}} \tag{3.7}$$

$$\phi(f) = \arctan\frac{2\xi_{eq}f/f_H}{1-(f/f_H)^2} \tag{3.8}$$

联立式(3.2)、式(3.7)和式(3.8)可以得到

$$\xi_{eq} = \frac{8\pi H(f)qC_{pe}C_L\rho_a V_0^2 f_H f}{3(\gamma P_a A)^2} \tag{3.9}$$

而综合式(3.7)~式(3.9)可以得到

$$C_I = \frac{1}{\sqrt{A}}\left[\frac{\gamma P_a A\left(1-\dfrac{\cos(\phi(f))}{H(f)}\right)}{4\pi^2 f^2\rho_a V_0} - L_0\right] \tag{3.10}$$

$$C_L = \frac{3(\gamma P_a A)^2\sin(\phi(f))}{16\pi q f^2 V_0^2\rho_a C_{pe}H(f)^2} \tag{3.11}$$

在参数识别时,需要确定幅值比 $H(f)$ 和相位差 $\phi(f)$ 的取值。假设外压为 $p_e = P_e\sin(2\pi ft + \theta_e)$,则内压响应为 $p_i = P_i\sin(2\pi ft + \theta_i)$,$P_e$ 和 P_i 分别为外压和内压的幅值,Pa。通过对实测的内外压时程进行拟合就可以得出 $\phi(f) = \theta_e - \theta_i$,$H(f) = P_e/P_i$。

3.2.2 外部荷载特性对特征参数的影响

内压方程中待定特征参数的取值主要受结构本身和外部荷载特性的影响,本节将重点讨论外部荷载的影响。为了分别研究外荷载的幅值和频率对孔口特征参数的影响,采用正弦外压对模型进行激振。自行研制的扬声器激振试验装置的基本构造如图 3.6 所示。试验中的正弦外压是由口径为 350mm、功率为 550W 的扬声器激振产生的,荷载的频率可以通过人工输入然后由信号发生器来控制扬声器输出,荷载幅值的大小则通过改变音响功放的输出功率来调节。压力采集系统选

用 Scanivalve 电子压力扫描阀系统,采样频率最高为 625Hz。试验中采用 2 个 ZOC33 模块分别对内、外压进行同步压力测试。在刚性容器的孔口两侧共布置 8 个测点,左右各 4 个,测点布置参见图 2.5。所有测点均在扬声器声场范围内,故压力变化均匀。每个测点的采样时间间隔为 0.0002s。将采集的数据序列按采集顺序集合为一个序列,这样就相当于将采样频率提高到 5000Hz。本次试验所采用的外压激振频率为 50～160Hz,因此该试验装置能确保采集到完整的高频正弦波信号。试验的刚性模型采用钢板焊接而成,测试中可以忽略内压作用下模型变形的影响。具体模型参数如下:模型容积 $V_0 = 0.0065m^3$;圆形开孔尺寸为 $\phi 40mm \times 9.5mm$(40mm 为开孔直径,9.5mm 为深度);开孔位置位于平面中心,试验分析得到的 Helmholtz 共振频率 $f_H = 126Hz$,参考压力 $q = 50Pa$。试验中通过控制其他变量相同的条件下来研究单一变量改变对参数 C_I 和 C_L 的影响。由于外压幅值的改变是通过控制输出功率来实现的,试验中难以严格满足外压幅值相等的条件,因此取外压幅值相近的情况来分析频率的影响,具体对比工况见表 3.3。

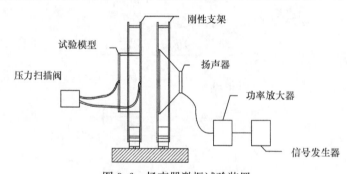

图 3.6　扬声器激振试验装置

表 3.3　相同外压幅值下对比工况

对比工况	外压幅值/Pa	频率/Hz
1	30	60
2	28	70
3	25	80
4	20	90
5	25.3	100
6	21.3	110
7	22.6	120
8	21.2	130
9	22	140
10	21.6	150
11	20.8	160

　　试验获得正弦内外压的时程数据后，先由式(3.10)、式(3.11)求解系数 C_I、C_L，然后代入式(3.1)，用龙格-库塔方法求解控制方程并将得到的理论解与实测内压时程进行比较来验证所识别到的参数精度。图 3.7 给出了 $f=120\text{Hz}$、$P_e=30\text{Pa}$ 的正弦外压作用下内压响应的理论解和试验值的比较。可以看出，两者的内压时程符合得很好，说明基于式(3.10)和式(3.11)求得的特征参数具有良好的精度。于是应用式(3.10)和式(3.11)识别出不同压力幅值和不同频率条件下内压特征参数 C_I、C_L 以及 $\phi(f)$ 和 $H(f)$ 的变化曲线，如图 3.8~图 3.13 所示。为了统一起见，图 3.8、图 3.9、图 3.12 和图 3.13 中横坐标的外压幅值均采用输出功率值代替。另外需要说明的是，对于输出功率值相同但频率值不同的外压，其所产生的实际外压幅值并不相同。

　　由图 3.8 和图 3.9 可以看出，外压幅值改变基本不影响惯性系数 C_I 的取值。损失系数 C_L 随着外压幅值的增加而减少。在共振频率附近(如 $f=110\sim130\text{Hz}$)时，幅值对 C_L 的影响减小，曲线相对平缓；而当频率远离 Helmholtz 频率时，该影响将会加剧。

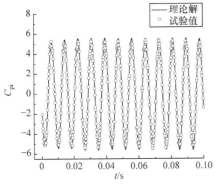

图 3.7　内压响应数值解和试验值对比

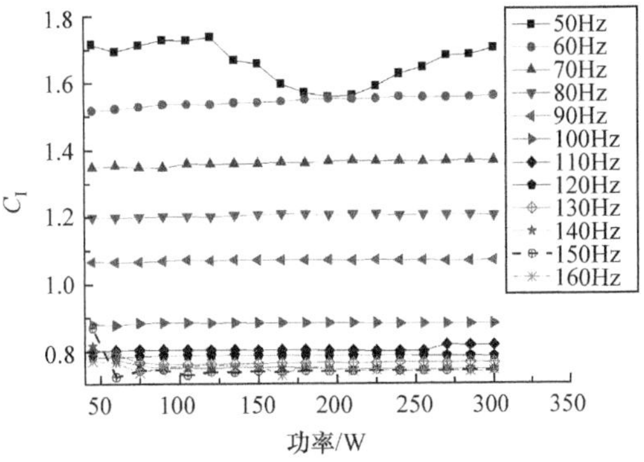

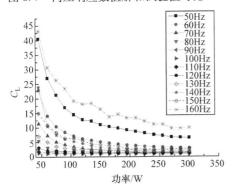

图 3.9　C_L 随外压幅值变化曲线

图 3.8　C_I 随外压幅值变化曲线

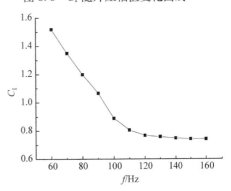

图 3.10　C_I 随外压频率变化曲线

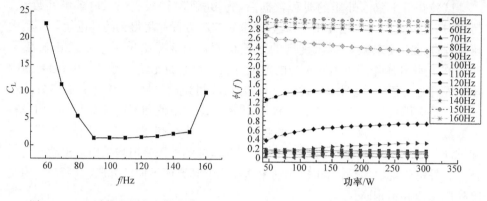

图 3.11　C_L 随外压频率变化曲线　　　　　图 3.12　$\phi(f)$ 随外压幅值变化曲线

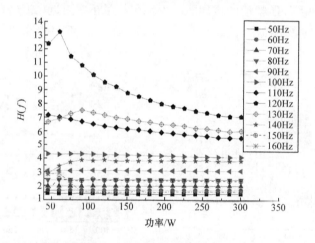

图 3.13　$H(f)$ 随外压幅值变化曲线

　　图 3.10 和图 3.11 反映了外压激振频率对特征参数取值的影响。从图 3.10 可以看出，在保持外压幅值相近的条件下，C_I 的取值会随着外压频率的增加而减小，并且逐渐趋于一个稳定值（对本试验模型约为 0.74）。这可能是因为当外压频率较低时，孔口气柱可以带动较多周围气体随之一起振动，这就增加了气柱质量从而使得 C_I 取值偏大。而当外荷载频率增加时，气柱振动加快导致周围气体来不及随之振动，使得振动气体质量减少，C_I 降低。取 $C_I=0.74$ 代入式（3.2），可以得到 $f_H=126\mathrm{Hz}$，恰好等于 Helmholtz 共振频率。这似乎表明 Helmholtz 频率所对应的 C_I 值位于图 3.10 曲线的水平段。从图 3.11 可以看出，外压频率对 C_L 的影响似乎不具有明显的规律性。在低频和高频外压作用下，C_L 变化较为剧烈，而在 Helmholtz 频率附近时变化相对平缓。

　　从图 3.12 和图 3.13 可以看出，在固定频率下，外压幅值对相位差 $\phi(f)$ 的影响比较有限,而对幅值比 $H(f)$ 的影响正好与 C_L 相反。即在 Helmholtz 频率附近,$H(f)$ 变化较大,曲线呈迅速衰减趋势;而在其他频率下,外压幅值的大小对 $H(f)$ 的影响不大。从总的变化趋势来看,当外压幅值足够大时,外压幅值改变对参数取值的影响就可以近似忽略。

对上述试验结果分析可以得到如下结论:内压传递方程中待定参数 C_I 和 C_L 的取值并不是一成不变的,将随着外压幅值和频率的变化而变化。因此,如果仅用某一固定的经验取值来代替所有荷载工况下的参数取值,就可能会导致方程预测结果的偏差。由于正弦荷载属于比较理想的荷载,与实际情况下复杂的随机荷载有较大区别,因此,深入探讨随机荷载作用下特征参数的取值规律具有更加重要的工程应用价值。下面将以上述正弦荷载作用下得到的各个参数的变化规律为基础,推导随机荷载作用下内压方程中特征参数的一般识别方法。

3.2.3 随机荷载激振下参数识别

实际工程中,外荷载往往是随机的,且很难用简单的表达式来描述,要得到特征参数的解析解比较困难。现有的关于特征参数的识别方法基本上是采用内压控制式(3.1)对试验结果进行拟合得到,但是该方法通常需要进行大量的拟合工作且效率低,不便于实际应用和参数的取值研究。因此,本节提出一种更为简化实用的参数识别方法。

首先需要对方程进行线性化,假定随机荷载服从正态分布。本节试验采用的是白噪声,经验证其产生的内外压荷载均服从正态分布(见图 3.14)。因此,可以采用概率平均线性化方法[20]。该方法是假定非线性变量 X 按照正态分布,利用误差统计值的极小条件将原方程的非线性阻尼转换为等效的线性阻尼,从而将方程进行线性化,具体推导如下。

偏差统计值 Q 可以表示为

$$Q = \int_{-\infty}^{\infty} [\,|\,\dot{X}\,|\,\dot{X} - \eta \dot{X}]^2 f(\dot{X}) \mathrm{d}\dot{X} \tag{3.12}$$

根据极小值原理有

$$\frac{\mathrm{d}Q}{\mathrm{d}\eta} = -2 \int_{-\infty}^{\infty} [\,|\,\dot{X}\,|\,\dot{X} - \eta \dot{X}] \dot{X} f(\dot{X}) \mathrm{d}\dot{X} = 0 \tag{3.13}$$

求解式(3.13)得

$$\eta = \frac{\int_{-\infty}^{\infty} |\,\dot{X}\,|\,\dot{X}^2 f(\dot{X}) \mathrm{d}\dot{X}}{\sigma_{\dot{x}}^2} = \sqrt{\frac{8}{\pi}} \sigma_{\dot{x}} \tag{3.14}$$

线性化后的内压传递方程式(3.1)可以改写为如下简化形式:

$$\ddot{C}_{\mathrm{pi}} + c_{\mathrm{eq}} \dot{C}_{\mathrm{pi}} + \omega_H^2 C_{\mathrm{pi}} = \omega_H^2 C_{\mathrm{pe}} \tag{3.15}$$

式中，$\omega_H^2 = \dfrac{\gamma A P_a}{\rho_a l_e V_0}$；$c_{eq} = C_L \dfrac{V_0 q}{2 l_e \gamma A P_a} \sqrt{\dfrac{8}{\pi}} \sigma_{C_{pi}}$。

根据式(3.15)可以得到内外压的幅值比谱为

$$H(f) = \left[\left(\frac{\omega_H^2 - \omega^2}{\omega_H^2} \right)^2 + \left(\frac{\omega c_{eq}}{\omega_H^2} \right)^2 \right]^{-1/2} \tag{3.16}$$

由于随机荷载可以分解为多种频率成分的简谐外压，那么内压也可以看成是各频率简谐荷载叠加作用的结果，所以方程参数取值将会受到各频率成分的综合影响。然而通过对内外压幅值比进行谱分析(见图 3.15)可以发现，随机荷载作用下 Helmholtz 频率附近的内压响应最为剧烈，且最大幅值比主要由共振频率下的 C_L 控制。由 3.2.2 节的影响因素研究可知，在共振频率附近，C_L 取值有较好的稳定性(见图 3.11)。综合以上因素，同时考虑到这些频率成分中 Helmholtz 共振频率的作用最为显著。因此可以认为该频率成分对特征参数 C_L 的取值起到控制作用。

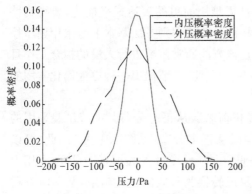

图 3.14　内外压概率密度曲线

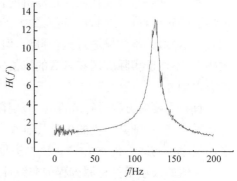

图 3.15　内外压幅值比谱

在上述假定下，取 $f = f_H$，由式(3.2)和式(3.16)可以分别反算出特征参数 C_I 和 C_L，其解析解为

$$C_I = \frac{1}{\sqrt{A}} \left(\frac{\gamma P_a A}{4\pi^2 f_H^2 \rho_a V_0} - L_0 \right) \tag{3.17}$$

$$C_L = \frac{(\gamma P_a A)^2}{\sqrt{8\pi} q \sigma_{C_{pi}} f_H V_0^2 \rho_a H(f_H)} \tag{3.18}$$

当振动系统的阻尼比较小且共振响应较为明显时，内压功率谱可以表示为背景分量和白噪声窄带分量之和，即

$$\sigma_{C_{pi}}^2 = \int_0^\infty S_{C_{pe}}(f) \, df + \frac{f_H \pi}{4\xi_{eq}} S_{C_{pe}}(f_H) \tag{3.19}$$

那么在内压共振分量起到主导作用的情况下,内压系数变化率的脉动均方根可以近似表示为

$$\sigma_{C_{pi}}^2 \approx (2\pi f_H)^2 \frac{f_H \pi}{4\xi_{eq}} S_{C_{pe}}(f_H) \tag{3.20}$$

式中,$S_{C_{pe}}(f_H)$ 为外压系数谱在 f_H 频率下的值。

将式(3.20)代入式(3.18)可得到进一步简化的孔口损失系数识别方程:

$$C_L = \frac{(\gamma p_a A)^2}{2\sqrt{8\pi} q \pi f_H^2 \sqrt{\dfrac{S_{C_{pe}}(f_H) H(f_H) \pi f_H}{2} V_0^2 \rho_a H(f_H)}} \tag{3.21}$$

由式(3.21)可知,损失系数不仅跟外压激振能量有关,而且与共振频率以及共振频率下的幅值比紧密相关。为了验证所提出的参数识别方法的有效性,下面分别对四种不同开孔面积和开孔深宽比的模型进行随机荷载下的激振试验。试验模型的内部容积为 0.0065m^3,具体开孔情况可参见表3.4。首先由试验得到内压功率谱和幅值比谱来估算 Helmholtz 共振频率及该频率下的幅值比。然后通过参数识别式(3.17)和式(3.21)来估算孔口特征参数并将识别出来的参数代入内压非线性传递方程求解内压时程。最终将内压的理论解与试验值进行比较来验证式(3.17)和式(3.21)的适用性。各个试验工况的特征参数识别结果均列于表3.4。

表 3.4 试验工况的特征参数识别结果

工况	开孔形状	开孔尺寸/mm	开孔深度/mm	共振频率/Hz	$H(f_H)$	C_I(识别)	C_L(识别)
1	圆孔	$\phi 20$	9.5	80	4.86	0.72	2.49
2	圆孔	$\phi 40$	9.5	126	13.12	0.73	5.69
3	圆孔	$\phi 40$	20	108	16.72	0.71	6.93
4	矩形孔	43×29	9.5	129	11.79	0.69	6.11

由表3.4可知,随着孔口形状、面积和深度的改变,惯性系数 C_I 的变化十分有限。对比表中工况1和工况2可以发现,C_L 随着开孔面积增大而增加。而工况2和工况3的对比则说明,孔口深度增加也将导致孔口能量损失增加。至于开孔形状,通过工况2和工况4的比较可以说明,开孔形状对孔口损失系数的取值影响并不显著。

图3.16和图3.17分别给出了工况1和工况2下内压时程的理论解和试验值的比较结果。可以看出,由式(3.17)和式(3.21)所识别得到的孔口特征参数能够较好地预测实际的内压响应过程。这就说明本节提出的参数识别方法具有较高的精度。

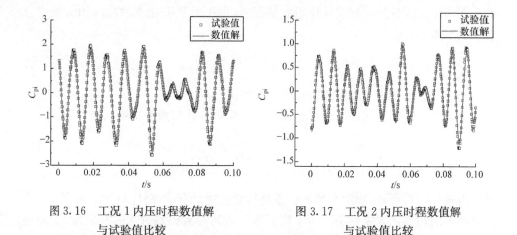

图 3.16　工况 1 内压时程数值解　　　　图 3.17　工况 2 内压时程数值解
　　　　　与试验值比较　　　　　　　　　　　　　与试验值比较

　　综上所述,我们可以总结出随机荷载作用下,基于双参数方程的孔口特征参数的一般识别步骤:

　　(1) 首先对模型施加随机荷载并通过幅值比谱来确定结构 Helmholtz 频率 f_H 和 $H(f_H)$,并由此确定 $S_{C_{pe}}(f_H)$。

　　(2) 由式(3.17)计算孔口的惯性系数 C_I,并由式(3.21)计算损失系数 C_L。

　　(3) 将求得的两个特征参数代入内压传递方程进行求解并与试验结果进行比较,以检验所取的外压幅值是否满足要求。

　　由于本试验中的随机荷载由白噪声产生,与实际风谱仍有一定的差别,所以有必要进一步对本节提出的方法在实际风荷载作用下的识别效果进行深入研究。为了能够给出方程待定参数的合理取值,对于不同开孔情况和内部容积等条件下参数取值的变化规律也仍需要通过大量的试验结果来进行探讨。因此,3.3 节将重点介绍不同模型风洞试验的特征参数识别结果。

3.3　基于风洞试验的参数识别

3.3.1　风洞试验工况

　　为了进一步考察实际风场下孔口特征参数 C_I 和 C_L 的影响因子及取值规律,对几何尺寸为 $54.8cm(W) \times 36.4cm(L) \times 16cm(H)$ 的有机玻璃模型开展风洞试验。模型墙面居中位置设有 5 种开孔尺寸,分别为 A1[$30cm(W) \times 10cm(H)$]、A2[$20cm(W) \times 10cm(H)$]、A3[$10cm(W) \times 10cm(H)$]、A4[$5cm(W) \times 10cm$ (H)]、A5[$5cm(W) \times 5cm(H)$]。每个开孔分别在 V_0(V_0 为模型的内部容积)、$1.5V_0$、$2V_0$、$3V_0$、$4V_0$、$4.5V_0$ 这 6 种不同的内部容积下进行测试,试验模型和风向

角定义如图 3.18 所示。本次试验在浙江大学 ZD-1 风洞实验室进行。试验风场为我国《荷载规范》[21]中的 B 类地貌,风场模拟结果与规范[21,22]对应值的比较如图 3.19 和图 3.20 所示。试验中风压参考点高度取为 0.16m,试验湍流积分尺度约为 0.6m,试验数据采样频率设定为 625Hz,每个风向角下的采样时间为 32s。对测得的内压进行低通滤波处理,截止频率为 300Hz。考虑到模型材料柔性可能会对内部容积产生影响,从而影响真实惯性系数 C_I 的识别结果,试验中还对钢材和 ABS 工程塑料制作的模型进行了测试。

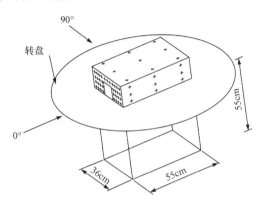

图 3.18　有机玻璃模型示意图

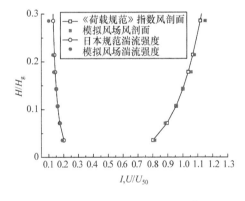

图 3.19　模拟风场与规范比较

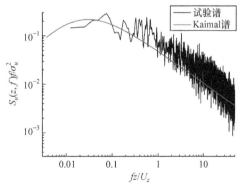

图 3.20　归一化脉动风速谱比较

3.3.2　惯性系数的风洞试验研究

根据式(3.17)可知,惯性系数可以由内压的共振频率推导出。然而,不同的内压控制方程形式会导致内压共振频率的计算方法有所不同,例如,Liu[23]等提出的频率方程中包含收缩系数 c[见式(3.23)],而 Vickery 和 Holmes 的方程则没有[见式(3.22)]。因此,为了比较不同学者间惯性系数的取值差异,讨论基础必须要统一。本节讨论惯性系数的前提均是基于式(3.22)，故式(3.23)中的 C_I/c 就等效于式(3.22)中的 C_I。为了使结果具有可比性，根据式(3.23)识别得到的 C_I 值要除以 c，下面给出的惯性系数值均是处理后的结果。

$$f_H = \frac{1}{2\pi}\sqrt{\frac{\gamma A P_a}{\rho_a V_0 (l_0 + C_I \sqrt{A})}} \tag{3.22}$$

$$f_H = \frac{1}{2\pi}\sqrt{\frac{c\gamma A P_a}{\rho_a V_0 (l_0 + C_I \sqrt{A})}} \tag{3.23}$$

当引入无量纲参数后，Holmes 方程[7]可以表达为如下无量纲形式：

$$\frac{C_I}{S^* \Phi_5^2}\frac{d^2 C_{pi}}{dt^{*2}} + \frac{C_L}{4S^* \Phi_5}\frac{dC_{pi}}{dt^*}\left|\frac{dC_{pi}}{dt^*}\right| + C_{pi} = C_{pe} \tag{3.24}$$

式中，$S^* = \Phi_1 \Phi_2^2$，$\Phi_1 = A^{3/2}/V_0$，$\Phi_2 = \alpha_s/U_h$，$\Phi_5 = \lambda/\sqrt{A}$，$t^* = tU_h/\lambda$。其中，$\lambda$ 为湍流积分尺度；U_h 和 α_s 分别为参考高度的风速和声速；$\overline{U}$ 和 σ_U 分别为平均风速和脉动风速。无量纲化后得到内压传递方程仅与参数 C_I、C_L、S^* 和 Φ_5 有关。

当考虑模型的柔性时，Vickery[9]认为其内部容积应该用有效容积 $V_e = V_0 \times (1 + K_a/K_b)$ 来代替，K_a 和 K_b 分别为空气和建筑的体积模量，其中，K_b 是指单位压力变化所引起的建筑体积变化率。Holmes[24]指出典型低矮建筑的 K_a/K_b 取值为 0.2～5。对于刚性模型，由式(3.22)识别得到的惯性系数即可认为是真实值。而对于其他柔性材料模型，直接由该公式计算得到的 C_I 值实际上是名义值，因为它包含了材料柔性变形对内部容积的放大作用，所以要把该部分的影响消除后才能得到真实值。与损失系数不同的是，孔口惯性系数取值变化较小且相对稳定。以往的研究也表明，对不同的开孔情况可能存在着一个标准的惯性系数值。本节通过不同材料模型的风洞试验结果分析惯性系数的影响因素，得到一个惯性系数的合理取值并结合有限元方法验证该值的有效性。

1. 刚性模型

为了排除材料变形可能带来的影响以得到真实的惯性系数值，采用约 1cm 厚钢板焊接成 $25cm(W) \times 25cm(L) \times 10cm(H)$ 的刚性模型。为了探索开孔尺寸、开孔形状和来流风速对惯性系数的影响，在模型迎风面中心位置共设计了 10 种不同开孔情况，并分别在模型顶部参考风速为 12.8m/s 和 7.5m/s 两种情况下进行风洞试验，具体试验工况如表 3.5 所示。对该刚性模型识别得到的惯性系数可以认为是真实可靠的。当取 $C_I = 0.8$ 时，将根据式(3.22)得到的理论计算结果和试验识别到的内压 Helmholtz 频率列于表 3.5。由表 3.5 可知，两种方法得到的共振频率误差很小,均在 5% 以内,说明 0.8 可以作为 C_I 的标准值。而通过表中不同风速和开孔形状下的共振频率结果比较发现,这两个因素对惯性系数取值的影响不大。

表 3.5 理论预测和试验测得的 Helmholtz 频率

工况	风速 /(m/s)	长度(直径) /mm	宽度 /mm	深度 /mm	f_H 理论值 /Hz	f_H 试验值 /Hz	误差 /%
1	12.8	35.3	35.3	3.9	136.6	136.9	0.2
2	7.5	35.3	35.3	3.9	136.6	136.8	0.1
3	12.8	43.3	28.8	3.9	136.6	136.9	0.2
4	7.5	43.3	28.8	3.9	136.6	136.6	0.0
5	12.8	50	24.9	3.9	136.5	135.9	0.4
6	7.5	50	24.9	3.9	136.5	136.8	0.2
7	12.8	ϕ29.8	—	3.3	117.2	118	0.7
8	7.5	ϕ29.8	—	3.3	117.2	117.1	0.1
9	12.8	ϕ39.9	—	4.4	135.6	135.6	0.0
10	7.5	ϕ39.9	—	4.4	135.6	136	0.3
11	12.8	ϕ49.8	—	5.5	151.5	150	1.0
12	7.5	ϕ49.8	—	5.5	151.5	149.5	1.3
13	12.8	ϕ69.8	—	6.8	180.8	179.7	0.6
14	7.5	ϕ69.8	—	6.8	180.8	180.2	0.3
15	12.8	ϕ40	—	9.5	126.3	131.6	4.2
16	7.5	ϕ40	—	9.5	126.3	132	4.5
17	12.8	ϕ39.8	—	19.5	112.0	116	3.6
18	7.5	ϕ39.8	—	19.5	112.0	114.9	2.6
19	12.8	ϕ40	—	40	94.0	93.5	0.5
20	7.5	ϕ40	—	40	94.0	95.8	1.9

2. 有机玻璃模型

由于刚性模型制作加工不便,目前风洞试验中通常采用有机玻璃模型来代替。通过对 A1～A5 开孔分别在 6 种不同内部容积下的试验结果识别,可以得到不同参数 S^* 和 Φ_5 下惯性系数的变化规律,如图 3.21 所示,可以看出,试验直接识别到的惯性系数基本为 $1.0\sim1.3$，与 Sharma 等[2] 的建议值（除以 c 后）比较接近。对于同一 Φ_5，C_I 随 S^* 的增加变化不大。当开孔面积增加而 Φ_5 降低时，对于中心开孔 A2～A5，惯性系数取值差别不大，主要集中在 $1.0\sim1.1$；然而对于最大开孔 A1，由于其开孔宽度基本接近迎风山墙的宽度，开孔率达到 55%，所以孔口气柱振荡时受到山墙约束较小，从而导致激振能量增加，使得惯性系数与其他工况相比偏大。考虑到开孔工况 A1 并不满足典型迎风面单一小开孔模型的特性且与以往文献的试验对象也不具可比性，因此参数研究中不进行讨论。因为有机玻璃模型识别到的惯性系数实际上可能包含了材料柔性对内部容积的放大作用即 $1+K_a/K_b$ 的影响，所以与刚性模型相比，有机玻璃模型得到的 C_I 结果整体要偏大。

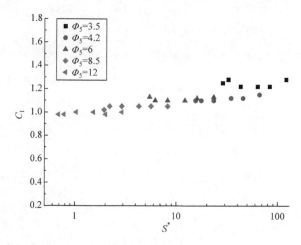

图 3.21　不同 Φ_5 下惯性系数 C_I 随 S^* 变化曲线

　　为了探索湍流强度、开孔位置和来流风向角的影响，对内部容积为 V_0 的模型做进一步的考察。试验中参考点的湍流强度分别为 16% 和 20%。不同开孔位置的对比试验工况如图 3.22 所示，其中，可以看出 1 号和 2 号的开孔面积相同且等于 A4 的开孔面积，而 3 号和 4 号的开孔面积等于 A5 的开孔面积。两组试验识别到的 C_I 值分别列于表 3.6 和表 3.7 中，可以看出来流湍流强度和开孔位置对惯性系数的影响并不显著。图 3.23 中不同风向角下惯性系数的识别结果则表明风向角对 C_I 的取值影响并不显著。

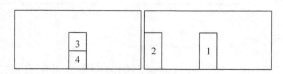

图 3.22　迎风墙面开孔位置示意图

表 3.6　不同湍流强度下孔口惯性系数

开孔尺寸	低湍流	高湍流
A1	1.3	1.25
A2	1.1	1.12
A3	1.1	1.04
A4	1.05	1.01
A5	1.02	0.98

表 3.7　不同开孔位置下孔口惯性系数

开孔位置	1	2	3	4
C_l	1.05	1.1	1.08	1.02

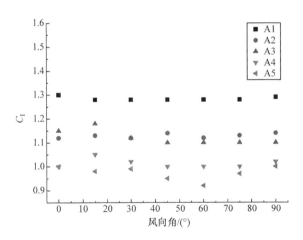

图 3.23　惯性系数随风向角变化规律

3. ABS 工程塑料模型

考虑到模型的制作材料可能对惯性系数的识别结果影响较大,本节还对内部容积为 0.566m³、迎风面开孔单一开孔尺寸分别为 0.083m² 和 0.025m² 的 ABS (acrylonitrile butadiene styrene)工程塑料模型进行风洞试验。识别到的惯性系数分别为 1.5 和 1.4,均超过了刚性模型和有机玻璃模型识别结果的最大值。从这三种材料试验结果的比较来看,模型材料越柔,得到的名义惯性系数(由公式直接识别未考虑材料变形的系数)越大。

4. 模型安装方式的影响

影响参数 C_l 取值的因素可分为模型本身的物理因素和外部荷载的激励因素。

其中,模型自身因素主要包含模型的制作材料、安装方法、模型的内部容积以及开孔形状和位置等,而外部激励主要指来流的动力特性,如湍流强度、风速和风向角等。前面已经对大部分因素的影响进行了阐述,下面对模型安装方式的影响进行分析。

在实际的试验过程中发现,当对模型底部与风洞转盘进行简单弱连接时,测到的惯性系数要大于刚性强连接时的情况,表 3.8 给出的两种安装方法下 C_I 的识别结果也证实了这一结论。这可能是因为模型安装刚度较大时有助于限制内外压共同作用下的模型变形,使得识别到的名义惯性系数减少而更加趋近于真实值。

表 3.8　不同安装方法下的惯性系数

安装方法	A/m^2	V_0/m^3	C_I
简单胶带粘结	0.0038	0.0065	1.4
胶带＋角钢	0.0038	0.0065	1.1

5. 惯性系数参考值的验证

由前述分析可知,消除材料变形的影响后,名义惯性系数将会趋近真实值。也就是说,如果惯性系数存在唯一的标准值且本节所给出的建议参考值是合理的,那么无论何种材料的模型,其真实的 C_I 应该接近刚性模型试验结果,即 $C_I = 0.8$。为了获得柔性模型惯性系数的真实值,必须要先确定放大因子 K_a/K_b 的大小。由文献[9]可知 $K_a = \gamma P_a$,而模型体积模量 K_b 很难在试验中直接测得,因此本节借助有限元软件 ANSYS 来模拟单位压力变化所引起的模型内部容积改变,从而得到 $K_b = V_0/\Delta V_0$。为了准确反映材料特性和实际的工作状态,将有限元模型的墙面和屋面中心点的位移与试验模型进行校核。具体校核方法是:对模型屋盖和墙面的中心点施加一定大小的中心力测得该点的位移,再通过调整有限元模型使其在相同外力作用下相同位置处位移接近模型实际值。根据模拟得到的 K_b 值,柔性模型的真实惯性系数 $C_{I(real)}$ 则可以通过名义惯性系数 $C_{I(nominal)}$ 除以 $1 + K_a/K_b$ 来获得。对于 ABS 工程塑料和有机玻璃模型,K_a/K_b 的数值模拟结果分别为 0.8 和0.3,相应的 C_I 名义值和真实值如图 3.24 所示。

图 3.24 表明大部分真实值均接近本节所给出的建议值 0.8,仅在个别工况下模拟得到的真实值稍偏大。这可能由两方面的原因造成:一方面是试验模型与有限元模型本身之间的差别,试验组装的模型刚度和整体性均相对较差;另一方面是模型和地面约束模拟的误差导致安装刚度的差别,在这两方面原因的综合影响下可能最终导致与标准值有所偏差的惯性系数值。总的来看,模拟结果证明了用

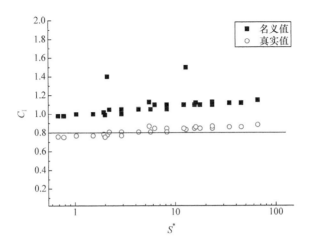

图 3.24　柔性模型惯性系数名义值和真实值

0.8 作为惯性系数参考值是合理的。图 3.24 还说明柔性模型内压试验过程中材料变形所产生的内部容积变化不容忽视。

3.3.3　损失系数的风洞试验研究

相对于惯性系数,孔口损失系数的取值变化范围更大,影响因素更为复杂。国内外有关高湍流风场下参数 C_L 的取值研究比较少,可供参考的经验值也十分有限。为了具体了解损失系数 C_L 的影响因子和变化规律,本节通过对一系列模型进行风洞试验,研究了模型开孔尺寸、内部容积和外部风场特性等条件改变对该参数取值的影响,并基于大量的识别结果提出 C_L 的经验预测公式,为实现内压响应的理论预测奠定基础。

1. 损失系数识别结果

3.2 节中已经推导了随机荷载下孔口损失系数的识别方法[见式(3.18)]并通过扬声器随机激振的方式验证了该方法的有效性,根据 3.3.1 节中不同开孔有机玻璃模型的风洞试验结果进一步验证风荷载作用下该方法在 C_L 识别上的有效性。考虑到大开孔 A1 不满足典型单一小开孔的情况,此处仅对 0° 风向角下 A2～A5 这 4 种开孔尺寸在 6 种内部容积下的试验结果进行参数识别。下面以 V_0 容积下的 4 个开孔为例来检验 C_L 识别式(3.18)的可靠性。

由 3.2.3 节的推导可知,内压控制方程在线性化过程中假定了 $\dot{C}_{pi}$ 服从高斯分布,首先来验证这一假定的合理性。图 3.25 给出了开孔尺寸下 $\dot{C}_{pi}$ 的概率密度分布曲线,可以看出,$\dot{C}_{pi}$ 均服从高斯分布,所以上述理论假定是成立的。

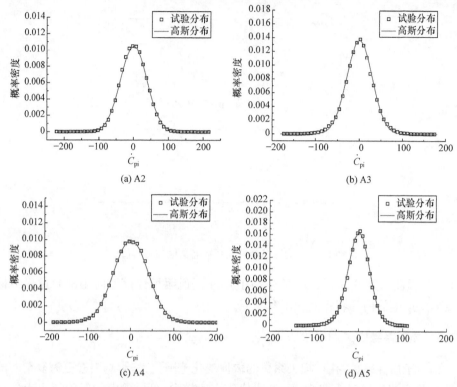

图 3.25　不同开孔尺寸下 $\dot{C}_{pi}$ 的概率密度分布

　　为了验证式(3.18)的准确性,将识别到的参数代入内压方程求解出理论的内压功率谱,并与试验得到的内压功率谱进行比较,如图 3.26 所示。可以看出,理论计算谱和试验结果符合的较好。这就说明随机荷载激励下得到的式(3.18)也适用于风荷载情况下的孔口损失系数的识别,且具有良好的精度。由图 3.26(a)和(b)可以看出,小开孔 A4 和 A5 功率谱的理论值和试验值在尾部存在一定差异,这可能是因为高频压力信号较弱而背景噪声的影响较大。

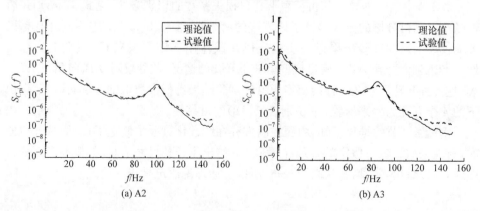

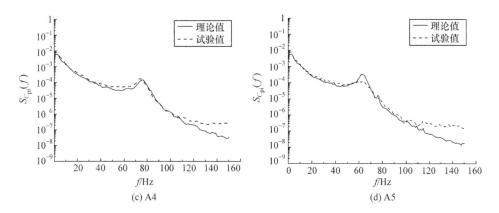

图 3.26　不同开孔尺寸下内压功率谱理论值与试验值比较

比较第 2 章 Holmes 方程和 Vickery 方程可知,损失系数 C_L 和流量系数 k 存在以下关系:$C_L = 1/k^2$。因此本节有关 C_L 的研究成果也可以应用到 Holmes 方程中。

图 3.27 给出了各工况下损失系数 C_L 的识别结果。可以看出,对内压传递方程无量纲化后,参数 C_L 随着 S^* 增加呈现两阶段变化特点,即先减少然后趋于平稳。C_L 的取值为 8~234,故相应的 k 值为 0.07~0.35,接近 Ginger 等[12] 得到的结果 0.1~0.4。图 3.28 为根据 Ginger 等[12] 的试验结果绘制出的 C_L 随 S^* 的变化趋势,可以看出,变化规律与本节的试验结果十分类似。总的来看,高湍流下损失系数取值均大于理想自由流理论得到的结果即 $C_L = 2.8$。

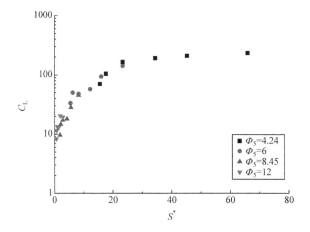

图 3.27　C_L 值的风洞试验识别结果

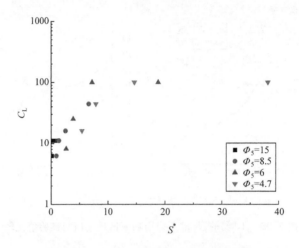

图 3.28　Ginger 试验的 C_L 值识别结果

2. 损失系数的影响因素

为了更好地理解孔口损失系数的内在取值规律,有必要先对其影响因素进行研究。本节以 V_0 容积下的有机玻璃模型为对象,着重对风场湍流强度、来流风速和开孔位置的影响进行探讨。首先来考察湍流强度的影响,对 A2～A5 开孔分别在参考点湍流强度为 16％和 20％情况下的风洞试验结果进行识别,得到的 C_L 结果如图 3.29 所示。可以看出,高湍流强度下损失系数值明显增大,这就意味着模型在湍流强度较高的情况下孔口能量损失更大,内压共振响应容易受到抑制。这一点可以由图 3.30 中不同湍流强度下开孔 A3 的内压功率谱比较来说明。从图 3.30 可以发现,随着来流湍流强度的增加,内压的共振峰值得到了明显的削弱。

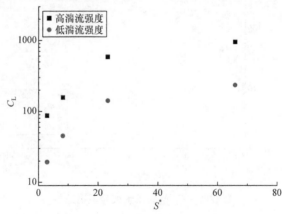

图 3.29　不同湍流强度下的 C_L 值

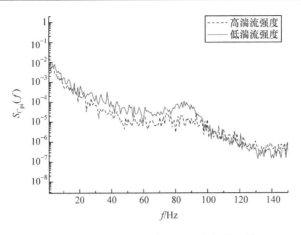

图 3.30　不同湍流强度下 A3 功率谱比较

再来分析风速对损失系数的影响,分别在参考点风速为 12.8m/s 和 7.3m/s 的情况下对 A1 和 A3 开孔进行试验,将得到的孔口损失系数 C_L 结果列于表 3.9。可以看出,当风速降低时,C_L 迅速增加,可见来流风速对 C_L 取值的影响十分显著。进一步分析可以发现,表 3.9 中风速的平方与损失系数比近似呈倒数关系,似乎表明损失系数与风速的平方成反比。鉴于目前数据有限,这一结论仍有待更多的后续研究来进行验证。

表 3.9　不同风速下 C_L 值

开孔面积/m^2	容积/m^3	湍流强度/%	风速/(m/s)	C_L
0.01	V_0	20	12.8	500
0.01	V_0	20	7.3	1500

最后考察开孔位置对损失系数的影响。对图 3.22 中所示的不同开孔位置分别进行试验,将识别到的 C_L 结果列于表 3.10。可以看出,对于不同开孔位置,损失系数也存在着一定差异,这可能是因为开孔位置改变的同时外部荷载激励也发生了相应的变化。例如,开孔 2 处于靠近侧墙的位置,由于受到侧墙位置处气流分离的影响,可能造成该局部区域的湍流增加,进而导致损失系数比靠近中间位置的相同尺寸开孔 1 要大。

表 3.10　不同开孔位置下 C_L 值

开孔位置	1	2	3	4
C_L	17	31	13	15

3. 损失系数简化预测方法

尽管式(3.18)对 C_L 的识别具有较好的精度,但由于方程中依然存在未知的

幅值比 $H(f_H)$，且内外压幅值比由于受各种复杂因素的影响而难以准确评估，因此该识别公式目前仍然不能用于损失系数的预测。为了便于工程应用，根据本节对参数 C_L 的分布规律和影响因素的分析，结合试验识别结果提出了损失系数的经验计算公式：

$$C_L = \begin{cases} \dfrac{1}{(a\log(b/S^*)+c)^2}, & S^* < b \\ \dfrac{1}{c^2}, & S^* \geqslant b \end{cases} \tag{3.25}$$

式中，a、b、c 均为常数，a 代表曲线斜率，b 表示曲线的转折点，c 代表稳定的水平段幅值。由前面影响因素的分析，这些参数取值与风场湍流强度、风速及开孔位置等因素紧密相关。根据 $C_L = 1/k^2$ 的关系，孔口流量系数的简化预测公式可以表示为

$$k = \begin{cases} a\log\dfrac{b}{S^*}+c, & S^* < b \\ c, & S^* \geqslant b \end{cases} \tag{3.26}$$

就本节开孔有机玻璃模型的风洞试验结果而言，采用上述简化公式拟合的结果如下：

$$C_L = \begin{cases} \dfrac{1}{(0.15\log(30/S^*)+0.07)^2}, & S^* < 30 \\ \dfrac{1}{0.07^2}, & S^* \geqslant 30 \end{cases} \tag{3.27}$$

图 3.31 给出了式(3.29)的拟合结果和试验识别结果的比较。可以看出，本节所提出的简化计算公式能够反映损失系数的取值分布规律，具有较好的适用性。

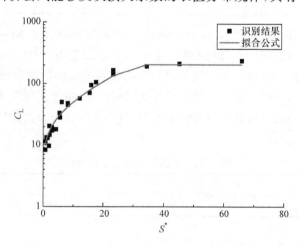

图 3.31　参数 C_L 的拟合结果和试验识别结果比较

由于式(3.27)中仍存在待定参数 a、b 和 c，因此后续研究可以针对不同地貌类型下的风场，开展变参数(如 S^* 和 Φ_5)的风洞试验识别研究，在确定待定参数取值的同时也构建了 C_L 取值的数据库，为内压设计取值提供参考。

3.4　本 章 小 结

本章通过对一系列模型进行大量的扬声器激振试验和风洞试验来探索内压传递方程中两个未知特征参数 C_I 和 C_L 的识别方法、影响因素和取值特点，并给出了惯性系数的合理参考值以及损失系数的简化预测方法，以使读者对方程未知参数的识别和取值有基本的了解和认识。本章的主要结论如下：

（1）大量的正弦外压激振试验显示特征参数的取值并不是一成不变的。其大小不仅与孔口本身的特性有关，还会随着外部荷载特性的改变而发生变化；外压幅值对惯性系数 C_I 的取值影响不大，损失系数 C_L 随着外压幅值的增加呈现减小的趋势；外压激振频率的增加将导致 C_I 值减小，而且对损系数也有明显影响。

（2）基于线性化后的控制方程提出了随机荷载作用下孔口特征参数 C_I 和 C_L 的近似识别方法，即式(3.17)和式(3.18)，并给出了一般性的预测步骤。通过扬声器激振和风洞试验证明，本章所给出的识别方法不仅适用于随机荷载也能用于风荷载作用下的特征参数识别，且具有良好的精度。

（3）刚性模型的试验结果表明，惯性系数 C_I 的参考值取 0.8 是合理可靠的。

（4）开孔形状和位置、来流的风速和风向角，以及湍流强度对惯性系数的取值影响较小，而模型的材料柔性和安装刚度对其影响比较显著。模型越柔，安装刚度越弱，识别到的惯性系数越大。对于柔性试验模型，材料变形造成的内部容积变化不可忽略。因此，试验中采用刚性模型并保证模型底部和风洞转盘间较强的约束有助于获得更准确的 C_I 值。

（5）风洞试验结果表明，孔口损失系数 C_L 随着 S^* 增加先增大，达到最大值后趋于平稳。针对本章试验所采用的 S^* 范围，C_L 取值介于 8～234。

（6）损失系数与来流的湍流强度呈正相关，但随着来流风速的增加而迅速减小。至于损失系数是否与来流风速的平方成反比仍需要更多的试验数据来验证。另外，开孔位置的变化对 C_L 也有显著的影响。

（7）基于试验数据分布规律，建立了便于设计应用的损失系数经验预测公式，拟合结果表明其具有较好的适用性。建议后续研究可以结合不同风场特性和开孔情况，对经验公式中的待定参数 a、b 和 c 进行确定，以建立 C_L 取值参数库，为工程设计服务。

参 考 文 献

[1] Vickery B J. Gust factors for internal pressures in low-rise buildings[J]. Journal of Wind En-

gineering and Industrial Aerodynamics,1986,23(1-3):259-271.

[2] Sharma R N,Richards P J. Computational modeling of the transient response of building in-ternal pressure to a sudden opening[J]. Journal of Wind Engineering and Industrial Aerody-namics,1997,72(1):149-161.

[3] Sharma R N, Richards P J. Computational modeling in the prediction of building internal pressure gain function[J]. Journal of Wind Engineering and Industrial Aerodynamics,1997, 67-68:815-825.

[4] 徐海巍,余世策,楼文娟. 开孔结构内压传递方程的适用性分析[J]. 浙江大学学报(工学版), 2012,46(5):811-817.

[5] Guha T K,Sharma R N, Richards P J. Analytical and CFD modeling of transient internal pressure response following a sudden opening in building/cylindrical cavities[C]//Proceed-ings of the 11th Americas Conference on Wind Engineering,San Juan,2009:22-26.

[6] Oh H J,Kopp G A,Inculet D R. The UWO contribution to the NIST aerodynamic database for wind load on low buildings:Part 3. Internal pressure[J]. Journal of Wind Engineering and Industrial Aerodynamics,2007,95(8):755-779.

[7] Holmes J D. Mean and fluctuating pressures induced by wind[C]//Proceedings of the 5th In-ternational Conference on Wind Engineering,Fort Collins,1979:435-450.

[8] Liu H,Rhee K H. Helmholtz oscillation in building models[J]. Journal of Wind Engineering and Industrial Aerodynamics,1986,4(2),95-115.

[9] Vickery B J,Bloxham C. Internal pressure dynamics with a dominant opening[J]. Journal of Wind Engineering and Industrial Aerodynamics,1992,41(1-3):193-204.

[10] Stathopoulos B T,Luchian H D. Transient wind-induced internal pressures[J]. Journal of Engineering Mechanics,1989,115(7):1501-1514.

[11] Ginger J D,Letchford C W. Net pressure on low-rise full-scale building[J]. Journal of Struc-tural Engineering,1999,83(1-3):239-250.

[12] Ginger J D,Holmes J D,Kim P Y. Variation of internal pressure with varying sizes of domi-nant openings and volumes [J]. Journal of Structural Engineering, 2010, 136 (10): 1319-1326.

[13] Chaplin G C,Randall J R,Baker C J. The turbulent ventilation of a single opening enclosure[J]. Journal of Wind Engineering and Industrial Aerodynamics,2000,85(2):145-161.

[14] Yu S C,Lou,W J,Sun B N. Wind-induced internal pressure fluctuations of structure with single windward wall opening[J]. Journal of Zhejiang University Science A,2006,7(3):415-423.

[15] Xu H W,Yu S C,Lou W J. The loss coefficient for fluctuating flow through a dominant o-pening in a building[J]. Wind and Structures,2017,24(1):79-93.

[16] Xu H W,Yu S C,Lou W J. The inertial coefficient for fluctuating flow through a dominant opening in a building[J]. Wind and Structures,2014,18(1):57-67.

[17] 王之宏. 风荷载的模拟研究[J]. 建筑结构学报,1994,15(1):44-52.

[18] 徐海巍,余世策,楼文娟. 开孔结构内压传递方程孔口特征参数提取方法的研究[J]. 振动与冲击,2013,32(2):56-61.

[19] Xu H W,Yu S C,Lou W J. Estimation method of loss coefficient for wind-induced internal pressure fluctuations[J]. Journal of Engineering Mechanics,2016,142(7):1-10.

[20] Inculet D R,Davenport A G. Pressure-equalized rainscreens:A study in the frequency domain[J]. Journal of Wind Engineering and Industrial Aerodynamics,1994,53(1-2):63-87.

[21] 中华人民共和国建设部. GB 50009—2002 建筑结构荷载规范[S]. 北京:中国建筑工业出版社,2002.

[22] Architecture Institute of Japan. AIJ 2004 Recommendations for loads on buildings[S]. Tokyo:Architecture Institute of Japan,2004.

[23] Liu H,Saathoff P J. Building internal pressure:sudden change[J]. Journal of the Engineering Mechanics Division,1981,107(2):309-321.

[24] Holmes J D. Wind Loading of Structures[M]. 2nd ed. New York:Taylor & Francis Group,2007.

第4章　开孔建筑内压响应的风洞试验方法

4.1　风致内压的风洞试验方法

随着台风和强风等恶劣风气候的频繁出现，以及建筑使用功能的需要，建筑开孔后的风致内压问题已经引起了设计和研究人员的重视。由于建筑内压响应存在共振的特点[1~4]，因此当内压的共振频率恰好落在来流风谱能量比较集中的频率范围内时，剧烈的共振效应将使内压响应的能量得到放大，增加建筑围护结构破坏的风险。通常自然条件下风谱的能量主要集中在低频段，而当今一些大型船厂和工业厂房等结构往往体积较大，致使理论估计的 Helmholtz 共振频率偏小，那么在适当的开孔条件下，有可能会产生较强的 Helmholtz 共振效应，使得内压脉动大幅提升。由于内压脉动均方根的大小将直接影响到围护结构设计时极值风荷载的取值，因此准确地评估脉动内压显得尤为重要。就目前而言，风洞试验仍是获得内压脉动响应的最有效手段，因此如何在风洞试验中准确模拟开孔建筑内部风压的动力响应特性对结构的抗风设计具有十分重要的意义。Holmes[1]通过对单一开孔结构内外压传递方程进行无量纲化分析后发现，为了保持内压响应的相似性，风洞试验中模型的内部容积应该按照原型风速和试验风速比的平方进行调整。Sharma 等[5]从开孔建筑原型和模型的阻尼相似性角度出发，推导出了与Holmes[1]一致的模型容积调节结论。该研究还对采用两种体积相同但形状不同（一种形状深且窄，另一种则浅且宽）的补偿容器时的内压试验结果进行了比较，结果表明，补偿容器的形状对内压试验结果具有显著的影响。"深且窄"的容器能较好地模拟脉动内压，但"浅且宽"的体积补偿容器会导致内压产生额外的共振响应，模拟效果较差。Ginger 等[6]、Oh 等[7]随后在单一开孔内压机理的风洞试验研究中均采用了在模型底部增加空腔的方法来实现其内部容积的调节。余世策等[8,9]也提出要准确模拟开孔模型内部气承刚度的最有效办法是进行内部容积调节。徐海巍等[10]对内压试验中进行容积调节的必要性和试验中应该注意的问题进行了详细探讨。

尽管容积调节理论已经被提出很多年，但其必要性和有效性却很少被验证，加之风洞硬件的限制，因此在国内有关开孔模型的内压风洞试验中采用不多。本节主要介绍不同开孔模型脉动内压的风洞试验模拟策略。首先对不同形式开孔结构的内外压传递方程进行相似性分析，得到缩尺模型为保证与建筑原型内压响应特性相似而应该满足的条件；然后在风洞中通过在试验模型底部增加空腔的方法来改变内部容积，以此验证容积调节方法的必要性和有效性，为建筑内压的准确试验评估奠定基础。

4.1.1　内压风洞试验方法的理论依据

对于迎风面单一开孔结构，Liu 等[11] 和 Vickery 等[12] 认为内外压传递关系应该满足二阶非线性方程的形式：

$$\frac{\rho_a l_e V_0}{\gamma A P_a}\ddot{C}_{pi}+C_L\frac{\rho_a V_0^2 q}{2\gamma^2 A^2 P_a^2}\dot{C}_{pi}\,|\,\dot{C}_{pi}\,|+C_{pi}=C_{pe} \qquad (4.1)$$

其相应的 Helmholtz 共振频率为

$$f_H=\frac{1}{2\pi}\sqrt{\frac{\gamma A P_a}{\rho_a l_e V_0}} \qquad (4.2)$$

为了满足原型和模型间内压的动力相似性，缩尺后模型内压响应应该满足如下关系：

$$\frac{\lambda_L\lambda_V}{\lambda_A\lambda_t^2}\frac{\rho l_e V_0}{\gamma A P_a}\ddot{C}_{pi}+C_L\frac{\lambda_V^2\lambda_u^2}{\lambda_A^2\lambda_t^2}\frac{\rho V_0^2 q}{2\gamma^2 A^2 P_a^2}\dot{C}_{pi}\,|\,\dot{C}_{pi}\,|+C_{pi}=C_{pe} \qquad (4.3)$$

式中，λ_L、λ_A、λ_V、λ_t、λ_u 分别为模型和原型之间几何尺寸、面积、体积、时间和速度的缩尺比。

其中，$\lambda_A=\lambda_L^2$，$\lambda_V=\lambda_L^3$，$\lambda_t=\lambda_L/\lambda_u$。由相似性准则得到

$$\frac{\lambda_L\lambda_V}{\lambda_A\lambda_t^2}=\frac{\lambda_V^2\lambda_u^2}{\lambda_A^2\lambda_t^2}=1 \qquad (4.4)$$

对式(4.4)进行化简后得到

$$\lambda_V=\frac{\lambda_L^3}{\lambda_u^2} \qquad (4.5)$$

同样，对于外墙单一开孔的双空腔结构的内压控制方程进行相似性分析得到

$$\frac{\lambda_{L1}\lambda_{V1}}{\lambda_{A1}\lambda_t^2}\frac{\rho_a l_{e1}V_1}{P_a\gamma A_1}\Big(\ddot{C}_{pi1}+\frac{V_2}{V_1}\ddot{C}_{pi2}\Big)+\frac{1}{2}\frac{\lambda_u^2\lambda_{V1}^2}{\lambda_{A1}^2\lambda_t^2}\frac{C_{L1}\rho_a q V_1^2}{P_a^2\gamma^2 A_1^2}$$
$$\cdot\Big[\dot{C}_{pi1}+\frac{V_2}{V_1}\dot{C}_{pi2}\Big]\Big|\dot{C}_{pi1}+\frac{V_2}{V_1}\dot{C}_{pi2}\Big|+C_{pi1}=C_{pe} \qquad (4.6)$$

$$\frac{\lambda_{L2}\lambda_{V2}}{\lambda_{A2}\lambda_t^2}\frac{\rho_a l_{e2}V_2}{P_a\gamma A_2}\ddot{C}_{pi2}+\frac{1}{2}\frac{\lambda_u^2\lambda_{V2}^2}{\lambda_{A2}^2\lambda_t^2}\frac{C_{L2}\rho_a q V_2^2}{P_a^2\gamma^2 A_2^2}\dot{C}_{pi2}\,|\,\dot{C}_{pi2}\,|+C_{pi2}=C_{pi1} \qquad (4.7)$$

$$\lambda_{V1}=\lambda_{V2}=\frac{\lambda_L^3}{\lambda_u^2} \qquad (4.8)$$

式中，λ_{L1}、λ_{L2}、λ_{A1}、λ_{A2}、λ_{V1}、λ_{V2} 分别为空腔 1 和空腔 2 的模型和原型之间几何尺寸、面积、体积的缩尺比。

对于迎风墙面多开孔的结构,由第 2 章可知,任意第 n 个开孔的内外压传递关系为

$$\rho_a L_{en} \ddot{X}_n + \frac{1}{2}\rho_a C_{Ln}\dot{X}_n \mid \dot{X}_n \mid + \frac{\gamma P_a}{V_0}(A_1 X_1 + A_2 X_2 + \cdots + A_n X_n) = P_{en} \quad (4.9)$$

将式(4.9)两边同除以参考风压 $q = 0.5\rho_a U_h^2$,并应用相似关系后得到

$$\rho_a L_{en}\frac{\lambda_L^2}{\lambda_t^2\lambda_u^2}\frac{\ddot{X}_n}{q} + \frac{1}{2}\rho_a C_{Ln}\frac{\lambda_L^2}{\lambda_t^2\lambda_u^2}\frac{\dot{X}_n\mid\dot{X}_n\mid}{q^2}$$

$$+ \frac{\gamma P_a}{V_0 q}\frac{\lambda_A\lambda_L}{\lambda_V\lambda_u^2}(A_1 x_1 + A_2 x_2 + \cdots + A_n x_n) = C_{p_{en}} \quad (4.10)$$

由式(4.10)可知,任意开孔要保持动力特性相似必须满足

$$\frac{\lambda_A\lambda_L}{\lambda_V\lambda_u^2} = 1 \quad (4.11)$$

即同样得到

$$\lambda_V = \frac{\lambda_L^3}{\lambda_u^2} \quad (4.12)$$

综合式(4.5)、式(4.8)和式(4.12)可知,为保证建筑模型与原型之间内压的动力相似性,迎风面单一开孔、多开孔以及开孔双空腔模型在风洞试验中均应该对模型的内部容积按照原型和模型下风速比的平方进行调整。需要注意的是,上述公式在推导过程中均假定建筑为刚性,若开孔结构存在柔性,则需要考虑有效容积的影响,与之相应的修正方法将在 4.2 节介绍。下面主要以不同开孔尺寸和内部容积下的单一开孔模型为对象进行风洞试验验证,进一步说明进行内部容积调整的必要性。

4.1.2　试验装置改装和试验验证

试验所模拟的建筑原型为 $137m(L)\times 91m(W)\times 40m(H)$ 的厂房。迎风西山墙的中间位置分别有 $50m(W)\times 25m(H)$、$12.5m(W)\times 25m(H)$ 两种开孔工况。试验模型的缩尺比为 1∶250,采用有机玻璃板制作,如图 4.1 所示。

本次试验在浙江大学 ZD-1 风洞实验室进行,该风洞为闭合回流立式边界层风洞,试验段尺寸为 $4m(W)\times 3m(H)\times 18m(L)$,最大风速为 55m/s。大转盘直径为 2.5m,在设计时考虑到内部容积调整的功能,在转盘下预留了高度约 0.6m、直径约 1m 的圆柱体空间。为了能在本次试验中准确测得上述厂房的内压脉动均方根值,我们在风洞转盘底下安置一个长、宽、高分别为 55cm、36cm、55cm 的长方体空腔来对模型内部容积进行放大,容积调节空腔如图 4.2 所示。空腔与模型底部的连通口大小与模型底面相同,空腔内部设有一个可推拉式横隔板。在试验过程中,通过调节横隔板的高度来实现对不同模型内部容积的调节。空腔上部与模

型底部的连接处设有黏性泡沫胶垫层,以保证连接处有较好的密封性,减少泄漏的影响。试验装置示意图见图 4.3。

图 4.1 风洞试验模型

图 4.2 大体积空腔

试验风场模拟的地貌为《荷载规范》规定的 B 类,风压参考点高度取厂房屋面即原型 40m 高度处。试验中模型参考点 0.16m 高度的风速为 12.8m/s,取风速比为 1:2,折算到原型参考点风速为 25.6m/s,原型内压理论计算时采用该风速。试验共分全封闭、西山墙居中开 50m(W)×25m(H)大洞和西山墙居中开 12.5m(W)×25m(H)小洞 3 种工况。根据试验风速比,由式(4.5)可知,调整后模型的内部容积应该是未调整时的 4 倍,因此,对 2 个西山墙单一开孔工况均进行 V_0 和 $4V_0$(V_0 为模型体积)容积下的内压测试。全封闭工况下模型测点布置如图 4.4 所示,其中迎风西山墙为外压测点,其余均为内压测点。考虑到结构的对称性,所有测点均为对称布置。图 4.4 仅给出屋面、南纵墙和西山墙的测点布置。单一开孔工况下开孔位置相应的测点被取消,其余位置测点同全封闭工况。

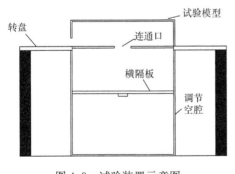

图 4.3 试验装置示意图

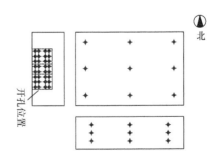

图 4.4 测点布置

试验数据采集设备采用美国 Scanivalve 扫描阀公司提供的 ZOC33 电子压力扫描阀,采样频率为 625Hz,相当于原型时的采样频率为 5Hz。每个风向角下采集

20000 个数据。试验模拟的风场平均风速剖面与湍流强度剖面与规范比较如图 3.19 所示。风洞中 0.4m 高度处归一化脉动风速谱与理想的 Kaimal 谱比较接近（见图 4.5）。定义开孔正对来流时为 0°风向角，本节仅对 0°风向角的试验结果进行分析。

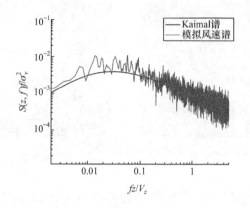

图 4.5 归一化的脉动风速谱与理想 Kaimal 谱比较

根据试验测得的开孔处的平均外压系数时程，结合式(4.1)用龙格-库塔法对两种开孔工况的厂房原型进行数值求解得到内压系数时程的理论解。不同学者对求解式(4.1)过程中涉及参数 l_e 的取值问题观点不一，Holmes[1] 和 Vickery 等[12,13]认为，$l_e = C_I \sqrt{A}$ 且 C_I 仅对恒定流等有限条件下的锐缘薄壁开孔取 0.89，而在高湍流的情况下需根据试验获得。Sharma 等[14]认为对深宽比小于 1 的薄壁开孔，$l_e = l_0 + 1.39 \sqrt{A/\pi}$，因为他们发现孔口气流流动中存在着收缩现象，故在式(4.1)第一项分子中引入了流动收缩系数 $c = 0.6$，由此对于薄壁开孔可以得到一个等效的惯性系数 $C_I' = 1.39 \sqrt{1/\pi}/c = 1.3$。这与余世策等[15]由风洞试验得到的 C_I 结果相一致。关于损失系数 C_L 的取值，Vickery 等[12]由自由流线理论得到 $C_L = 2.68$，而文献[4]和[1]分别由现场实测和风洞试验得出高湍流情况下 C_L 可取 45。Ginger 等[6]指出，不同开孔面积下 C_L 取值为 6.25～100。本节在假定模型为刚性即不考虑材料柔性影响的前提下，为了使内压理论预测与风洞试验结果有较好的符合度，对小开孔取 $C_L = 15$、$C_I = 1.1$，对大开孔取 $C_L = 45$、$C_I = 1.2$。图 4.6 分别给出了试验大、小 2 种开孔工况下厂房原型内压的理论解和模型在容积调整前后的试验内压归一化功率谱。其中，频率是以参考点进行归一化的，即 Z 和 V_z 分别取原型和模型参考点高度和相应风速。

由图 4.6 可知，在合理的参数取值下，内压传递式(4.1)能很好地反映实际内压的动力特性。容积调整前后厂房模型分别约在 100Hz、70Hz、50Hz、35Hz 处能

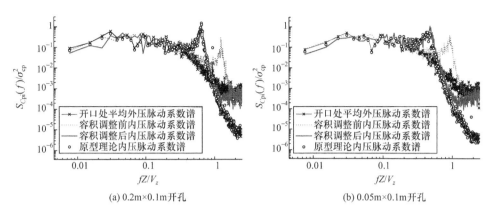

(a) 0.2m×0.1m开孔　　　　　　　　　(b) 0.05m×0.1m开孔

图 4.6　模型试验和原型理论内压功率谱比较

量急剧增加,有明显的 Helmholtz 共振现象,这也是导致内压脉动均方根大于外压的主要原因。容积调整后测得的内压功率谱与原型理论值符合得较好,容积未调整的功率谱则明显偏向高频。同时,可以发现,尽管容积放大之前共振峰更加尖锐,但共振峰附近对应的能量并不大。

　　在功率谱尾部高频部分,理论预测与试验结果差别较大,但因为高频段能量已经很小,对内压的理论预测结果影响不大。Oh 等[7]认为造成内压功率谱尾部高频部分的斜率之所以突然改变的原因可能是受试验数据采集过程中背景噪声的影响。

　　根据概率平均线性化方法[16]对式(4.1)进行线性化后得到

$$\ddot{C}_{pi} + 2\omega_H \xi_{eq} \dot{C}_{pi} + \omega_H^2 C_{pi} = \omega_H^2 C_{pe} \tag{4.13}$$

其中,

$$\xi_{eq} = \frac{\sqrt{\dfrac{8}{\pi}} C_L q V_0 \sigma_{\dot{C}_{pi}}}{4\omega_H \gamma l_e A P_a} \tag{4.14}$$

式中,$\sigma_{\dot{C}_{pi}}$ 为内压系数一阶导数的均方根值。根据试验测得的内压时程,由式(4.14)可以求得不同工况下的等效阻尼比。

　　由于试验得到的各内压测点均值和均方根结果相差很小,故仅取背风山墙内表面中心测点的统计值作为内压试验结果。表 4.1 给出了内压的模型试验结果和厂房原型的理论计算结果,其中,$\tilde{C}_{pi}$ 为内压系数均方根值,$\tilde{C}_{pe}$ 为全封闭工况下拟开孔位置考虑面积加权平均后的外压系数时程的均方根值。

表 4.1　模型试验结果和原型理论解

试验工况	开孔尺寸/m	内部容积	$\tilde{C}_{pi}$	$\tilde{C}_{pe}$	$\tilde{C}_{pi}/\tilde{C}_{pe}$	f_H/Hz	ξ_{eq}
1	0.2×0.1	V_0	0.24	0.20	1.20	100	0.01
2	0.2×0.1	$4V_0$	0.23	0.20	1.15	50	0.03
3	0.05×0.1	V_0	0.25	0.22	1.14	70	0.06
4	0.05×0.1	$4V_0$	0.27	0.22	1.23	35	0.13
原型理论	50×25	原型内部容积	0.23	0.20	1.15	0.4	0.04
计算结果	12.5×25	原型内部容积	0.26	0.22	1.20	0.28	0.13

由表 4.1 可知,内压脉动均方根值受容积变化的影响较大。由等效阻尼比数据可以看出,若不对模型容积进行调整,将会明显低估孔孔口气柱振荡的等效阻尼比。而按照相似比理论进行容积放大后,内压脉动均方根、内外压均方根比值以及等效阻尼比都与原型的理论计算结果符合得较好。

从 Helmholtz 共振频率的角度来看,根据式(4.2)计算得到试验大、小开孔工况所对应原型的共振频率分别为 0.4Hz、0.28Hz。由表 4.1 可见,在容积调整前,大、小开孔模型的 Helmholtz 频率分别为 100Hz、70Hz,而调整后频率仅为调整前的一半即 50Hz 和 35Hz。因为外荷载功率谱的频率缩尺比为 $\lambda_u/\lambda_L=125$,所以为了使模型受到的外部激励在外荷载能量区所处的相对位置保持不变,缩放完后模型实际共振频率应该为 f_H(原型)$\times(\lambda_u/\lambda_L)$,即分别为 50Hz 和 35Hz。从这个角度上来说,如果不对试验模型的内部容积进行调整,会使模型的共振峰往高频偏移,从而导致模型在 Helmholtz 频率处受到的实际外压能量偏小,这一点由图 4.7 也可以说明。

通过大开孔工况 1 和工况 2 两组内压均方根值的比较可知,调整前模型内压脉动大于调整后的值,这是因为调整前的模型容积偏小,从而低估了内压共振的阻尼。而对于小开孔工况 3 和工况 4,尽管容积放大后内压阻尼变大,但是内压均方根值大于调整前,这是由于 $4V_0$ 容积时 Helmholtz 频率所对应的外部风谱能量远大于 V_0 容积时。由以上分析可知,与容积调整前相比,容积放大后使阻尼变大的同时也使外部激励的能量有所增强。但至于调整后测得的内压脉动均方根偏大还是偏小,则取决于增加的外压风谱能量和增大的内压阻尼哪个占主导作用。

综上所述,为确保刚性模型 Helmholtz 共振频率、阻尼比等动力特征参数与原型的一致性,必须按照风速比的平方进行内部容积的调整。

4.2　内压风洞试验注意事项

4.1 节讲述了风洞试验在进行开孔建筑内压测试时需要对模型的内部容积进行调整,但在具体实施过程中仍有几个方面问题需要引起重视,稍有不慎就可能会导致内压测试的误差。除 Sharma 等[5]所指出体积补偿容器的外形会对内压试验结果有影响外,本节介绍另外几种常见的内压风洞试验中可能遇到的问题,并给出相应的解决方案。

4.2.1　模型底部连通孔的大小

在增加模型的内部容积时,经常遇到的一个重要问题是空腔与模型底部连接处的连通孔(见图 4.3)大小问题。下面将具体阐述模型与补偿容器间连通孔大小对模型内压测试结果的实际影响。本节对 4.1 节所述的 $0.2m \times 0.1m$ 的大开孔模型在 $2V_0$ 容积下进行 3 种不同尺寸连通孔的风洞试验,3 个连通孔的尺寸分别约占底面积的 1.8%、7.2% 和 100%。风洞试验的条件同 4.1 节,试验工况和结果如表 4.2 所示。

表 4.2　不同尺寸连通孔试验结果

试验工况	连通孔尺寸/cm	$\bar{C}_{pi}$	$\tilde{C}_{pi}$
1	6×6	0.65	0.26
2	12×12	0.65	0.24
3	54.8×36.4	0.64	0.23

从表 4.2 可知,随着空腔与模型底面连接部位开孔面积的增加,模型内压均值变化不大,但脉动均方根值明显减小,从 0.26 降至 0.23。图 4.7 给出了模型在不同大小连通口下试验内压功率谱。

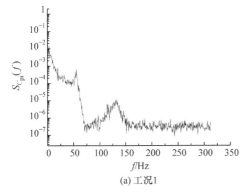

(a) 工况1

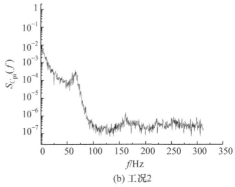

(b) 工况2

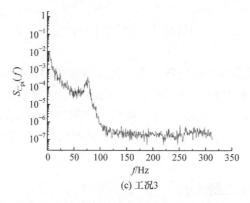

(c) 工况3

图 4.7　不同连通口下试验内压功率谱

由图 4.7 可以看出,当底部空腔连通孔很小时(工况 1),内压功率谱呈现出双峰共振的特点,因为此时模型和底部空腔形成了双空腔振动系统。由于双共振作用对内压能量的放大,因此在连通口较小时内压脉动均方根偏大。随着底部空腔连通孔开孔面积的增加,2 个共振峰都向高频移动。因为高频能量较小,所以第 2 阶共振频率所激起的共振峰也将随着频率的增高而逐渐消失在背景噪声中,内压功率谱逐渐由双峰向单峰演变。当连通口大小与模型底面积一致时(工况 3),系统又变成单一自由度的振动体系,此时测得的结果最接近真实值。因此,可以肯定的是,要得到理想的容积调节效果,连通口大小必须尽量地接近模型底面积。

4.2.2　补充容器的深度

Shamar 等[5]研究指出,对单一开孔结构进行内压风洞试验时,用于模型内部容积调节的空腔应该遵循窄且长的原则,如图 4.8 所示。然而,Cooper 等[17]对顶部开孔的某望远镜围护结构进行风洞试验时发现,结构的开孔顶部和底板间的内压响应存在着类似驻波振动的现象。假定 1/4 波长为顶部开孔到底板的距离,则内压的这一振动频率可以表示为

$$f_s = \frac{\alpha_s}{4h} \tag{4.15}$$

式中,f_s 为驻波振动频率;h 为开孔顶部到底板的距离;α_s 为声速。

Cooper 等[17]的发现引发了内压试验中的另一个重要问题,即调节容器的长宽比对内压的试验结果是否有影响,窄且长容器是否有一定的限制。由图 4.8 可以发现,当模型底部安装深长体积补偿容器时,内压将在空腔里面不断重复地被压缩和释放,这一过程与压缩机管道系统的气柱振动现象十分类似。下面通过管道系统气柱振动机理来进一步揭示深长空腔对内压试验结果的影响。根据已有文献[18~20]可知,管道内一维非定常流体的振动符合平面波动理论。

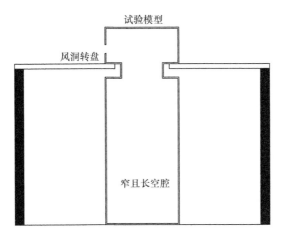

图 4.8　窄且长的调节空腔

对图 4.9 所示的等截面管道中的流体单元进行分析，设 t 时刻距离坐标原点 O 为 x 距离的截面 I 流体的压强、流速和密度分别为 P_t、U_t 和 ρ_t，则截面 II 所受到的压强为 $P_t + \dfrac{\partial P_t}{\partial x} \mathrm{d}x$，速度为 $U_t + \dfrac{\partial U_t}{\partial x} \mathrm{d}x$，密度为 $\rho_t + \dfrac{\partial \rho_t}{\partial x} \mathrm{d}x$。那么在 $\mathrm{d}t$ 时间内，根据质量守恒原理，可得连续性方程：

$$\frac{\partial}{\partial x}(\rho_t U_t \mathrm{d}t)\mathrm{d}x + \frac{\partial}{\partial t}(\rho_t \mathrm{d}x)\mathrm{d}t = 0 \tag{4.16}$$

整理后可得

$$U_t \frac{\partial \rho_t}{\partial x} + \rho_t \frac{\partial U_t}{\partial x} + \frac{\partial \rho_t}{\partial t} = 0 \tag{4.17}$$

对长度为 $\mathrm{d}x$ 的微元体，在不考虑阻力影响的条件下，根据力的平衡原理可得到其运动方程

$$\frac{\partial P_t}{\partial x} + \frac{\mathrm{d}U_t}{\mathrm{d}t}\rho_t = 0 \tag{4.18}$$

假设管道内气体为理想状态且符合等熵过程，则有

$$\alpha_s^2 = \frac{\partial P_t}{\partial \rho_t} \tag{4.19}$$

综合式 (4.17) 和式 (4.19) 可以得到

$$U_t \frac{\partial P_t}{\partial x} + \rho_t \alpha_s^2 \frac{\partial U_t}{\partial x} + \frac{\partial P_t}{\partial t} = 0 \tag{4.20}$$

采用分离变量法，将管道内流体的压强、速度、密度均分解成平均量和脉动量两部分。与平均量相比，管道流体的脉动量较小，因此将其代入式 (4.17) 和式 (4.20) 并忽略微小量，最终得到关于脉动压力 P_t' 的偏微分方程：

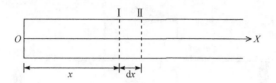

图 4.9　等截面管道内流体微单元分析

$$\frac{\partial^2 P_t'}{\partial t^2} + 2\overline{U}_t \frac{\partial^2 P_t'}{\partial x \partial t} + (\overline{U}_t^2 - \alpha_s^2)\frac{\partial^2 P_t'}{\partial x^2} = 0 \tag{4.21}$$

式中，$\overline{U}_t$ 为平均速度，m/s。

当忽略平均速度时，式(4.21)简化为平面波动方程：

$$\frac{\partial^2 P_t}{\partial t^2} = \alpha_s^2 \frac{\partial^2 P_t}{\partial x^2} \tag{4.22}$$

由分离变量法可求得其复数谐和解为

$$P_t^* = A^* e^{i\omega\left(t - \frac{x}{\alpha_s}\right)} + B^* e^{i\omega\left(t + \frac{x}{\alpha_s}\right)} \tag{4.23}$$

其中，A^* 和 B^* 为复常数，可以由管道流体的边界条件来确定。

将式(4.22)代入式(4.18)，可以得到速度 U_t^* 的解为

$$U_t^* = \frac{1}{\rho\alpha_s}\left[A^* e^{i\omega\left(t - \frac{x}{\alpha_s}\right)} - B^* e^{i\omega\left(t + \frac{x}{\alpha_s}\right)}\right] \tag{4.24}$$

设流体在等截面直管的入口 O 处的脉动压强和速度分别为 $P_0^* e^{i\omega t}$ 和 $U_0^* e^{i\omega t}$，将其代入式(4.23)和式(4.24)可得参数 A^* 和 B^* 为

$$A^* = \frac{1}{2}(P_0^* + \rho\alpha_s U_0^*) \tag{4.25}$$

$$B^* = \frac{1}{2}(P_0^* - \rho\alpha_s U_0^*) \tag{4.26}$$

由此，根据式(4.23)和式(4.24)并结合欧拉公式，可以得出任意 x 截面处的 P_x^* 和 U_x^* 为

$$\begin{bmatrix} P_x^* \\ U_x^* \end{bmatrix} = \begin{bmatrix} \cos\left(\dfrac{\omega}{\alpha_s}x\right) & -i\rho\alpha_s \sin\left(\dfrac{\omega}{\alpha_s}x\right) \\ -\dfrac{i}{\rho\alpha_s}\sin\left(\dfrac{\omega}{\alpha_s}x\right) & \cos\left(\dfrac{\omega}{\alpha_s}x\right) \end{bmatrix} \begin{bmatrix} P_0^* \\ U_0^* \end{bmatrix} \tag{4.27}$$

对于长度为 l 的一端封闭一端开敞的等截面直管，为了求得其固有振动频率，令封闭段速度为 0 而压强不为 0，如 $P_0^* = 1, U_0^* = 0$；而对于开敞段，令其压强为 0 而速度不为 0，如 $P_0^* = 0, U_0^* = 1$。由此可以通过式(4.27)求得气柱的固有频率为

$$\cos\left(\frac{\omega}{\alpha_s}l\right) = 0 \tag{4.28}$$

因此,可以得到气柱频率 f 为

$$f = \frac{\omega}{2\pi} = \frac{(2n+1)\alpha_{\mathrm{s}}}{4l} \tag{4.29}$$

令 $n=0$,可以得到与式(4.15)一致的振动频率,即

$$f = \frac{\omega}{2\pi} = \frac{\alpha_{\mathrm{s}}}{4l} \tag{4.30}$$

对于一般补偿容器,当其高度较低时,由式(4.30)得到的气柱振动频率相对较高,其所对应的风谱能量较弱,所以对内压试验结果影响不大。然而,随着容器深度的增加,该气柱自振现象将越来越显著,从而可能影响试验结果。下面以开孔尺寸为 0.2m×0.1m 的模型为例进行说明。假设模型和补偿容器具有相同的底面积,图 4.10 给出了该模型的内压 Helmholtz 频率和空腔内气柱自振频率随风速比变化曲线对比。可以看出,随着风速比增加,两者频率越来越接近。当风速比为 1:2 时,需要容器的高度约为 0.48m,根据式(4.30)可以得出,补偿空腔内气柱的振动频率约为 177Hz,远大于模型孔口气柱的 Helmholtz 自振频率(50Hz),因此,其对内压响应的测试结果影响不大。然而,当风速比变为 1:4 时,由 4.1 节可知,模型的频率比将变为 62.5,那么容积调整后相应的内压 Helmholtz 频率变为 25Hz。而此时,调节容器的高度需要达到 15 倍的模型高度(约 2.4m),与此对应的空腔内气柱的理论振动频率变为 35.4Hz,非常接近内压的 Helmholtz 频率,因此可能产生额外的共振峰,从而影响内压的试验结果。当风速比超过 1:5 时,两者频率几乎相等,意味着两种共振效应相互耦合,所以很有可能激发更加强烈的内压共振响应。

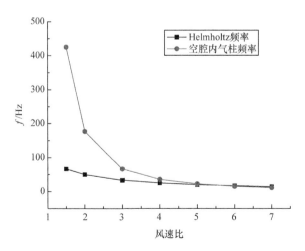

图 4.10　内压 Helmholtz 频率和空腔内气柱自振频率随风速比变化曲线

通过以上分析可知,在进行开孔结构内压的风洞试验时,用于调节模型内部容

积的补偿容器高度需要有所限制，并非长宽比越大越好。因此，建议内压测试时适当地提高试验的风速以减少风速比，同时适当地增加容器宽度以在保证调节容积的前提下降低容器高度。

4.2.3　柔性开孔模型

需要说明的是，4.1节所提出的模型容积调节方法是基于建筑原型和试验模型均为刚性的这一重要前提。通过第3章的介绍可知，当模型材料较柔且刚度较小时，在内压的作用下模型的内部容积将会产生变化，因此应该采用有效容积来代替。那么对于柔性材料制作的模型，如何考虑和模拟模型变形而引起的容积变化也是风洞试验中需要解决的一个难题。

当考虑最为一般的情况，即建筑原型和试验模型均存在柔性的情况下，采用有效容积 V_e 来代替原内部容积 V_0。由式(4.5)可以得到试验中需要的实际模型容积为

$$V_{em} = \frac{V_{ef}\lambda_L^3}{\lambda_u^2} \frac{1+(K_{af}/K_{bf})}{1+(K_{am}/K_{bm})} \tag{4.31}$$

式中，V_{ef} 和 V_{em} 分别为建筑原型和试验模型的有效容积，m^3；K_{af} 和 K_{am} 分别为原型和模型空气的体积模量，一般情况下认为 $K_{af}=K_{am}$，Pa；K_{bf} 和 K_{bm} 分别为原型和模型的体积模量，Pa。

由式(4.31)可知，当 $K_{bf}=K_{bm}$ 时，模型内部容积仅需要按照风速比的平方即式(4.5)进行调整。而当 $\frac{1+(K_{af}/K_{bf})}{1+(K_{am}/K_{bm})} = \lambda_u^2$ 时，则不需要对模型容积进行调整。

如果试验时采用刚性模型而仅需考虑建筑原型的柔性，式(4.31)可变为以下形式：

$$V_{em} = \frac{V_{ef}\lambda_L^3}{\lambda_u^2}\left(1+\frac{K_{af}}{K_{bf}}\right) \tag{4.32}$$

此时只需要通过建筑原型的有限元模型来模拟 K_{af}/K_{bf}，即可以计算出模型试验中所需要的容积。然而，对于两者同时存在柔性的情况，由于模型的 K_{bm} 值在确定过程中容易产生较大误差，所以由式(4.31)估算得到的内部容积也存在偏差。为了解决这一难题，本节给出一种代替的方法来确定内压试验时所需要的模型内部容积，具体思路如下：

(1) 通过设计图纸或者设计单位提供的精细有限元模型，建筑原型的体积模量就可以采用3.3.2节中所述的有限元方法来模拟获得。

(2) 根据得到的建筑体积模量，取 $C_I=0.8$，采用式(4.2)来估算建筑原型的Helmholtz共振频率。

(3) 由原型Helmholtz频率以及原型和模型的频率比 λ_f 来计算模型的内压共振频率。

（4）试验中通过不断调节内部容积以使测得的模型内压共振频率达到步骤（3）中估算的频率，此时即为模型所需的试验容积。

下面通过一个实例来验证该方法的有效性。假定某单一开孔的工业厂房的主要参数为：$A_{0f}=1250\text{m}^2$，$V_{0f}=505960\text{m}^3$，$K_{af}/K_{bf}=0.4$，$\lambda_u=1/2$，$\lambda_L=1/250$，$\lambda_f=125$，原型内压共振频率 $f_{Hf}=0.43\text{Hz}$，则相应的模型内压共振频率应为 $f_{Hm}=53.5\text{Hz}$。试验中当调节到容积 $V_{0m}=0.113\text{m}^3$ 时，测得的 Helmholtz 频率约为 53Hz，与预测值相近。此时试验得到的模型无量纲内压功率谱和原型的理论值比较如图 4.11 所示。可以看出，理论谱和模型试验得到功率谱符合得较好，由此说明本节所提出的内部容积调节方法是可行的。

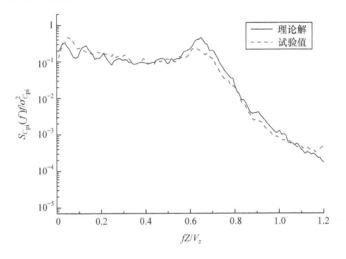

图 4.11　内压功率谱理论解与试验值比较

4.3　本　章　小　结

本章主要介绍了不同开孔形式下建筑内压风洞试验的准确模拟方法和试验中可能导致测试误差的各类问题，包括模型和空腔的连通口大小、调节容器的深宽比以及建筑和模型柔性的影响，并针对各问题给出了相应的对策。本章的主要结论如下：

（1）为满足开孔建筑模型与原型间内压动力特性的相似关系，在进行单一开孔、多开孔和开孔双空腔结构脉动内压的风洞试验时，需要对模型内部容积进行调整。对于刚性模型，其内部容积可根据原型和模型风速比的平方来进行调整，即按照式（4.5）进行。

（2）风洞试验结果表明，当试验风速与原型风速比小于 1 时，如果不对模型内部容积进行放大,会导致试验得到的 Helmholtz 频率偏高,气柱振荡的等效阻尼比偏小,从而使测得的脉动内压均方根产生偏差。

(3) 使用空腔对模型内部容积进行调节时,应该使连通口大小与模型底面达到最大程度的接近,以避免内部形成双空腔振动体系,这样不仅改变了原来单一开孔内压传播机理,而且可能会造成所测得的内压均方根值偏大。

(4) 模型内部容积调节时,随着容器高度增加,容器内气柱的共振频率会迅速降低且逼近内压的 Helmholtz 共振频率。因此,所采用的补偿容器高度不宜过大以避免空腔内的气柱共振对内压试验结果产生干扰。针对这一问题,可以采用提高试验风速或适当增加容器宽度来解决。

(5) 当开孔建筑原型为柔性结构而试验模型为刚性时,内部容积应该按照式(4.32)来调整;当开孔建筑原型和模型均为柔性结构时,应该按照式(4.31)来调整。针对两者都为柔性的情况,具体的容积调整思路为:先确定建筑原型的理论内压共振频率,然后根据频率比获得相应模型的内压共振频率,最后通过连续调节模型容积直至达到所需的内压共振频率。

参 考 文 献

[1] Holmes J D. Mean and fluctuating pressures induced by wind[C]//Proceedings of the 5th International Conference on Wind Engineering, Fort Collins, 1979: 435-450.

[2] Liu H, Saathoff P J. Internal pressure and building safety[J]. Journal of Structural Engineering, 1982, 108(10): 2223-2234.

[3] Stathopoulos T, Luchian H D. Transient wind induced internal pressures[J]. Journal of Engineering Mechanics, 1989, 115(7): 1501-1514.

[4] Ginger J D, Mehta K C, Yeatts B B. Internal pressures in a low-rise full-scale building[J]. Journal of Wind Engineering and Industrial Aerodynamics, 1997, 72(1): 163-174.

[5] Sharma R N, Mason S, Driver P. Scaling methods for wind tunnel modelling of building internal pressures induced through openings[J]. Wind and Structures, 2010, 13(4): 363-374.

[6] Ginger J D, Holmes J D, Kim P Y. Variation of internal pressure with varying sizes of dominant openings and volumes[J]. Journal of Structure Engineering, 2010, 136(10): 1319-1326.

[7] Oh H J, Kopp G A, Inculet D R. The UWO contribution to the NIST aerodynamic database for wind load on low buildings: Part 3. Internal pressure[J]. Journal of Wind Engineering and Industrial Aerodynamics, 2007, 95(8): 755-779.

[8] 余世策,楼文娟,孙炳楠. 大跨屋盖结构风洞试验模型的设计方法讨论[J]. 建筑结构学报, 2005, 26(4): 92-98.

[9] 余世策,孙炳楠,楼文娟. 封闭式大跨屋盖气弹模型风洞试验的气承刚度模拟[J]. 浙江大学学报(工学版), 2005, 39(1): 6-10.

[10] 徐海巍,余世策,楼文娟. 开孔结构内压共振效应的风洞试验方法研究[J]. 土木工程学报, 2013, 46(11): 8-14.

［11］ Liu H,Saathoff P J. Building internal pressure:Sudden change[J]. Journal of the Engineering Mechanics Division,1981,107(2):309-321.

［12］ Vickery B J,Bloxham C. Internal pressure dynamics with a dominant opening[J]. Journal of Wind Engineering and Industrial Aerodynamics,1992,41(1-3):193-204.

［13］ Vickery B J. Internal pressures and interactions with the building envelope[J]. Journal of Wind Engineering and Industrial Aerodynamics,1994,53(1-2):125-144.

［14］ Sharma R N,Richards P J. Computational modeling in the prediction of building internal pressure gain function[J]. Journal of Wind Engineering and Industrial Aerodynamics,1997, 67-68:815-825.

［15］ 余世策,楼文娟,孙炳楠,等. 开孔结构内部风效应的风洞试验研究[J]. 建筑结构学报, 2007,28(4):76-82.

［16］ Inculet D R,Davenpot A G. Pressure-equalized rainscreens:A study in the frequency domain[J]. Journal of Wind Engineering and Industrial Aerodynamics,1994,53(1-2):63-87.

［17］ Cooper K R,Fitzsimmons J. An example of cavity resonance in a ground-based structure [J]. Journal of Wind Engineering and Industrial Aerodynamics,2008,96(6-7):807-816.

［18］ 王伟,苗同臣. 管道系统的气柱共振分析和计算[J]. 化工机械,1992,19(6):34-38.

［19］ 肖高棉. 活塞式压缩机管道的振动控制研究[D]. 成都:西南交通大学,2006.

［20］ 王小飞. 往复压缩机管道气柱固有频率有限元数值计算及声学实验分析[D]. 兰州:兰州交通大学,2013.

第5章 单开孔结构内压脉动的试验研究

5.1 单开孔结构内压脉动影响因素的研究

当建筑物存在合适的开孔大小时，Helmholtz 共振效应会导致内压脉动响应的放大，主要表现为内压脉动均方根的增大。由于内压脉动不仅关系到围护结构设计极值风荷载的取值，还对结构的风振响应有重要作用，因此合理地认识内压脉动响应的影响因素并对其进行正确的评估具有重要的工程意义。

影响内压脉动响应的因素很多，不仅包括建筑本身的内部容积、开孔尺寸和深度，而且跟外部激励特性（如来流风的方向、风速和湍流强度等因素）密切相关。国内外关于单一开孔结构内压影响因素的研究已经开展了很多年，其中，对平均内压的取值已经有较为清晰的认识，但是对脉动内压的影响因素研究依然不够深入。Holmes[1]通过理论推导结合试验得出内压在建筑内部均匀分布且其均值等于开孔处的外压均值的结论。Woods 等[2]考察了开孔率和风向角对内压均值和极值的影响，结果表明，当开孔率较小时内压脉动将受到抑制。Sharma 等[3]发现内压脉动响应随风向角的变化十分明显，而且最大的内压脉动均方根可能出现在斜风向（如来流与开孔法线方向成 75°），这与以往研究一直认为的孔口正对来流时内压脉动响应最强有所不同。李祝攀等[4]通过模型风洞试验考察了内压随来流风速、风向和湍流强度的变化规律。研究表明，内压均值随风速变化不大，而湍流强度对内压系数有一定的影响。卢旦[5]指出，屋盖的柔性将对内压脉动系数有放大作用，而结构背景孔隙会降低内压均值。余世策等[6]通过理论推导结合数值算例指出，内外压均方根系数比随着开孔率的增加而增加。Ginger 等[7,8]根据风洞试验给出内外压均方根比随着模型开孔尺寸及内部容积的变化规律，结果表明内外压均方根之比呈现两阶段的分布规律。Holmes 等[9]在对单一开孔内压研究现状的最新回顾中指出，由于内压动力特性的复杂性，现有规范给出的基于准定常假定的内压系数可能会低估内压响应的惯性效应，因此需要定量研究不同建筑开孔尺寸和内部容积等因素对脉动内压以及峰值内压取值的影响。他们还认为模型的柔性和来流湍流强度对内压脉动会有重要影响，低湍流强度风作用下更能激发较强的内压 Helmholtz 共振，因此更可能产生较大的内压脉动。Kopp 等[10]对带有背景泄漏的两层低矮建筑进行了门或窗开孔情况下的风洞试验。研究表明，面积最大的窗户开孔时，内压具有更强烈的脉动响应和极大峰值，此时内压脉动均方根之比达到了 1.3,表明共振效应对内压脉动的放大作用十分显著。然而与试验结果相比,无论在哪种开孔情况下,美国规范 ASCE/SEI 7-05[11] 均明显低估了内压的峰值。

根据 Holmes[1] 的研究,无量纲化后的内压传递方程可以表示为

$$\frac{C_I}{S^* \Phi_5^2} \frac{d^2 C_{pi}}{dt^{*2}} + \frac{C_L}{4S^* \Phi_5} \frac{dC_{pi}}{dt^*} \left| \frac{dC_{pi}}{dt^*} \right| + C_{pi} = C_{pe} \tag{5.1}$$

式中,$S^* = \Phi_1 \Phi_2^2$, $\Phi_5 = \lambda/\sqrt{A}$, $\Phi_1 = A^{3/2}/V_0$, $\Phi_2 = \alpha_s/U_h$, $\Phi_3 = \rho_a U_h \sqrt{A}/\mu$, $\Phi_4 = \sigma_U/\overline{U}$, $t^* = t U_h/\lambda$。λ 为湍流积分尺度,m;U_h 和 α_s 分别为参考高度的风速和声速,m/s;$\overline{U}$ 和 σ_U 分别为平均风速和脉动风速,m/s。由此可见,内压脉动响应主要与参数 C_I、C_L、S^*、Φ_5 有关。但是考虑到参数 C_I 和 C_L 的取值可能受到其他因素的影响,如来流的湍流强度、开孔位置等,因此这些因素也可能影响到脉动内压的取值,需要在研究中进行探讨。

为了能够更好地理解内压脉动响应的变化规律从而合理地指导结构抗风设计,有必要先对内压脉动的影响因素进行系统深入的研究。本节在不同开孔模型风洞试验结果的基础上,分析开孔尺寸、开孔位置、孔口深度、内部容积、来流湍流强度、风速和内部干扰物等因素对内压脉动均方根和等效阻尼比的影响。

5.1.1　风洞试验工况

风洞试验模型尺寸为 36.4cm(W)×54.8cm(L)×16cm(H),采用有机玻璃制作而成(模型照片见图 4.1)。迎风面居中设有 30cm(W)×10cm(H)(A1)、20cm(W)×10cm(H)(A2)、10cm(W)×10cm(H)(A3)、5cm(W)×10cm(H)(A4)、5cm(W)×5cm(H)(A5)5 种不同大小的开孔。开孔面积与开孔墙面面积比分别为 51.5%、34.3%、17.2%、8.6%、4.3%。每种开孔将分别在 V_0、$1.5V_0$、$2V_0$、$3V_0$、$4V_0$、$4.5V_0$ 这 6 种不同的内部容积下进行试验。除此之外,对个别工况还分别考察了来流风速、湍流强度、开孔位置、孔口深度和内部干扰等因素的影响,本次试验是在浙江大学 ZD-1 风洞实验室完成的,具体试验方法和风场模拟可以参见4.1 节。试验中先对封闭状态下拟开孔位置处的外压进行测试。针对 5 种开孔工况,相应的外压测点布置如图 5.1 所示。试验测到的孔口外压取为各测点外压的面积平均值。内压测点的位置可参见图 4.4。定义开孔正对来流时为 0°风向角,以 15°为间隔共测试 0°～90°内的 7 个风向角,如图 5.2 所示。

为了研究风向角对内压脉动的影响,图 5.3 和图 5.4 分别给出了不同开孔模型在试验风向角下的内压脉动均方根值($\sigma_{C_{pi}}$)以及内外压均方根之比($\sigma_{C_{pi}}/\sigma_{C_{pe}}$)。考虑到试验得到的不同内部容积下内压脉动均方根及其比值随风向的变化趋势基本一致,这里仅给出 $4.5V_0$ 容积下的结果作为代表。由图 5.3 可知,内压的脉动响应最大值出现在 0°风向角,即开孔正对着来流时最为不利,这是因为此时对应的

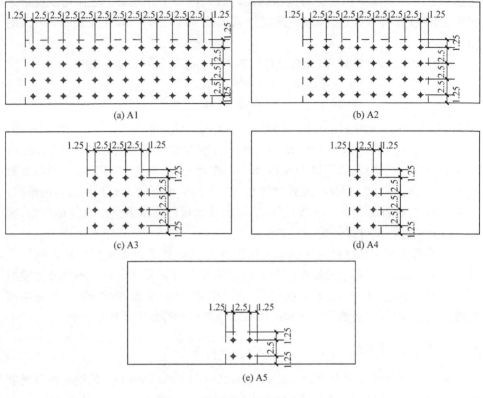

(a) A1

(b) A2

(c) A3

(d) A4

(e) A5

图 5.1　外压测点布置(单位:cm)

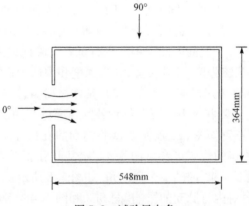

图 5.2　试验风向角

孔口外压脉动最强。而图 5.4 则说明共振效应对内压放大作用最显著的应该是斜风向,对应的风向角分别为 75°(A2~A5)和 60°(A1)。Sharma 等[3]认为这是斜风向下孔口处涡的生成和脱落频率接近 Helmholtz 频率而产生强烈的共振导致的。

其实这一现象在日常生活中也并不罕见,例如,当以某一角度向空瓶子吹气时,瓶子会发出较大的响声,而正对瓶子吹时则没有该现象。从图 5.4 还可以发现,0°风向角附近,$\sigma_{C_{pi}}/\sigma_{C_{pe}}$ 随着开孔面积的增加而增加,表明 Helmholtz 共振响应会随着孔口面积的增加而加强,这就意味着开孔增大将会导致孔口气柱振荡阻尼降低。

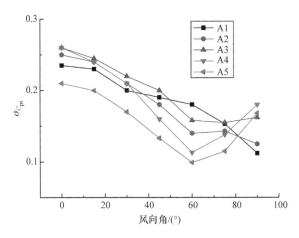

图 5.3　4.5V_0 容积下不同开孔模型内压脉动均方根

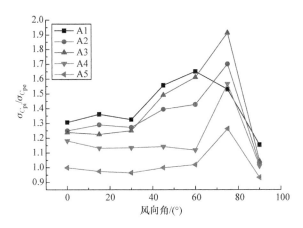

图 5.4　4.5V_0 容积下不同开孔模型内外压脉动均方根之比

假定内压方程中特征参数 C_I 和 C_L 已知,由无量纲式(5.1)可知,内压脉动响应与参数 S^* 和 Φ_5 紧密相关,这两个参数实际上反映了开孔面积和建筑容积的综合影响。考虑到 0°风向角下内压脉动响应最为不利,图 5.5 给出了 0°风向角下不同模型内外压脉动均方根之比与这两个无量纲参数之间的关系。可以发现,内外压均方根之比随着参数 S^* 的增加先逐渐增加,达到某一最大值后将逐渐趋于水平。该现象与 Ginger 等[8]得出的内外压脉动之比呈两阶段分布规律的结论相一致。由此可以得出，相同外部激励和模型容积下，开孔面积越大，Φ_5 越小而 S^* 越大，越容易产生较大的内压脉动，因此对可能存在开孔的建筑而言，要尽量限制开孔的尺寸以减少内压共振所产生风荷载放大效应。

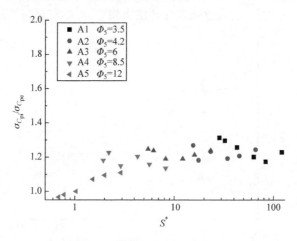

图 5.5　0°风向角下不同模型内外压脉动均方根之比与参数 S^* 和 Φ_5 的关系

引入无量纲参数 S^*，则线性化后的内压传递方程的等效阻尼比式(4.14)可以变为如下无量纲的形式：

$$\xi_{eq} = \frac{C_L}{2\sqrt{2\pi}\omega_H C_I S^*}\sigma_{C_{pi}} \tag{5.2}$$

当共振响应比较强烈时，引入窄带白噪声假定后得到

$$\sigma_{C_{pi}}^2 \approx \omega_H^2 \frac{f_H \pi}{4\xi_{eq}} S_{C_{pw}}(f_H) \tag{5.3}$$

将式(5.3)代入式(5.2)，可得

$$\xi_{eq} = \left(\frac{C_L}{8\sqrt{\pi}C_I S^*}\sqrt{\sqrt{\frac{S^* U_h^2}{C_I A}S_{C_{pw}}(f_H)}} \right)^{2/3} \tag{5.4}$$

由式(5.4)可知，内压阻尼比与无量纲参数 S^* 和开孔面积等因素密切相关。根据式(5.4)结合各试验工况结果识别得到的 0°风向角下的内压等效阻尼比如图 5.6 所示。可以看出，随着 S^* 增大，等效阻尼比迅速降低，说明开孔面积增大或者容积变小更容易引起内压共振响应。这一点通过式(5.4)也可以解释，因为方程中分子包含的多重开方项和 Helmholtz 共振频率处的外压能量项均属于微小量，对等效阻尼比影响较小，所以可以认为阻尼比与 S^* 基本呈负相关。由式(5.4)还可以发现，等效阻尼比的 1.5 次方与 C_L 成正比，这就意味着等效阻尼比具有类似于损失系数的两阶段分布规律。还可以发现，当 S^* 超过一定值后时，阻尼比的变化确实趋于稳定。这也解释了图 5.5 中内外压的脉动均方根之比最终趋于稳定

的原因。

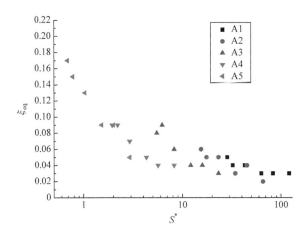

图 5.6　0°风向角不同开孔模型内压等效阻尼比

5.1.2　来流湍流强度和风速的影响

为了考察来流湍流强度强弱对内压脉动响应的作用,分别对 V_0 容积下的 5 个开孔模型在如图 5.7 所示的两种湍流强度剖面下进行测试,有关来流风速变化的影响则通过改变参考点的风速来比较。

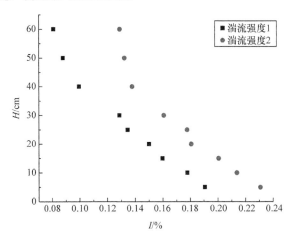

图 5.7　高低湍流强度剖面比较

表 5.1 列出了 0°风向角时,V_0 容积下不同开孔在两种湍流情况下内外压均方根之比。可以看出,高湍流强度下内压脉动响应有所减弱,而相比大开孔,小开孔因有更大的阻尼而使 Helmholtz 共振效应得到抑制。为了进一步考察湍流强度对

内压脉动取值的影响,图5.8给出了不同湍流强度下0.3m×0.1m开孔模型按照式(5.1)计算得到内外压脉动均方根比的理论值。其中,孔口特征参数C_1和C_L分别取试验识别值,外压取试验测得的外压值。从图5.8可以看出,当湍流强度增大时,最大均方根之比变小,达到最大值的转折点往右偏移,而增长段的斜率基本保持不变,两条曲线基本处于平行状态。这与湍流强度对C_L的影响趋势十分类似,所以高湍流强度下内外压脉动均方根之比变小可能是此时C_L的增长导致孔口气柱振动的阻尼增加,从而抑制了内压的共振作用。

表5.1　不同湍流强度下内外压脉动均方根之比

开孔模型	低湍流强度	高湍流强度
A1	1.22	1.04
A2	1.23	0.95
A3	1.24	1.05
A4	1.14	0.93
A5	1.11	0.76

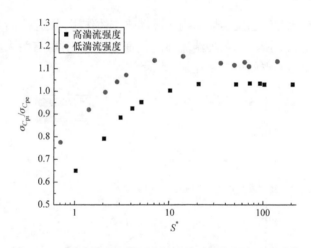

图5.8　不同湍流强度模型内外压脉动均方根之比理论值

表5.2给出了0.3m×0.1m开孔、$4.5V_0$容积的模型在参考点风速分别为12.8m/s和7.5m/s下的内压脉动均方根系数值。可以看出,对于同一模型,当来流风速不同时,内压脉动均方根变化不大,变化前后的偏差仅在5%以内。由不同风速下内压脉动功率谱的比较(见图5.9)也可以发现,高、低风速下内压共振响应峰值的差别并不显著,说明风速变化对系统总的阻尼影响不大。由第3章孔口损失系数的研究表明,风速的平方可能与C_L成反比,从而导致阻尼项取值保持不变,所以对内压的共振响应影响也不大。

表 5.2 不同风速下模型内压脉动均方根系数

风向角/(°)	低风速下 σ_{pi}	高风速下 σ_{pi}	偏差绝对值/%
0	0.222	0.232	4.50
15	0.220	0.226	2.73
30	0.202	0.212	4.95
45	0.185	0.194	4.86
60	0.192	0.185	3.65
75	0.166	0.161	3.01
90	0.114	0.115	0.88

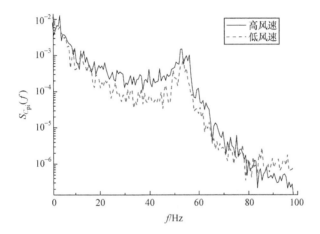

图 5.9 不同风速模型内压脉动功率谱比较

5.1.3 开孔位置和深度的影响

考虑到不同的开孔位置外部激励有所差别,从而造成内压脉动响应可能也有所不同,本次试验在其他条件相同的前提下分别对 $2V_0$ 内部容积下 0.05m×0.10m(对应 1、2 开孔)、0.05m×0.05m(对应 3、4 开孔)的开孔进行了不同位置的风洞试验(见图 3.22)。试验中每次仅对一个开孔位置进行测试。0°风向角下不同开孔位置的试验结果列于表 5.3。

表 5.3 不同开孔位置内压的均方根和均值

开孔位置	1	2	3	4
均方根	0.27	0.29	0.30	0.23
均值	0.68	0.55	0.72	0.62

　　表5.3中开孔位置3和4的比较说明,当开孔的位置在高度方向移动时,内压均方根变化显著,即由中心位置处的0.3降低到底部的0.23。这可能是因为沿着高度方向孔口处的风荷载湍流强度有所衰减。而由位置1和2的对比可以发现,开孔位置靠近侧墙时,脉动内压均方根稍稍增加,因为来流在侧墙位置处出现分离使得外压的脉动有所增强。相比之下,内压均值随开孔位置的变化却十分明显。总的来看,越靠近中心位置,内压均值越大。因为对于单一开孔结构,内压均值等于孔口处平均外压,而外压在底部位置较小并且在迎风面由中间向两侧衰减,所以相对两边和底部位置而言,靠近平面中心位置处外压均值更大。综合以上分析可知,当在迎风面中心位置(如位置3)开孔时,同时存在较大的内压均值和均方根,因此很可能会出现较大的极值内压,从而对围护结构抗风设计较为不利。

　　考虑到实际的建筑可能会存在门厅等,相当于加深了建筑的开孔深度。为了探索开孔深度对内压脉动的影响,试验中对$2V_0$容积下$0.10\text{m} \times 0.10\text{m}$开孔进行加长,加长后的风洞试验模型如图5.10所示。不同风向角下内压脉动的均方根系数与孔口加长之前的比较如表5.4所示。

图5.10　孔口深度加长后的风洞试验模型

表5.4　深、浅开孔内压脉动均方根系数

风向角/(°)	浅开孔	深开孔
0	0.25	0.33
15	0.25	0.30
30	0.20	0.30
45	0.18	0.37
60	0.15	0.34
75	0.14	0.23
90	0.16	0.18

　　由表 5.4 可以看出,建筑开孔加深后内压脉动响应均方根普遍大于浅开孔的情况。由开孔加深前后内压功率谱的比较(见图 5.11)可知,孔口加深后内压共振频率降低,受到外压激振能量增强,导致共振频率下激振能量大幅提高。而由不同风向角下均方根的比较可知,与一般浅开孔不同的是,深开孔内压最大脉动均方根出现在 45°斜风向。图 5.12 给出了深开孔在 0°和 45°风向角下的内压功率谱。可以看出,两者在共振峰处能量基本一致,主要区别在于低频处斜风向下脉动风能量大于垂直来流的情况,说明 45°风向角下内压脉动响应的增加主要来自低频段外荷载的贡献。尽管如此,斜风向下内压均值与 0°风向角相比还是要小很多,例如,本试验工况 45°风向角下的内压系数的均值仅为 0.04,远远小于 0°风向角下的0.72。因此,综合来看,对于深开孔,0°风向角还是结构抗风设计中应该重点考虑的不利风向角。

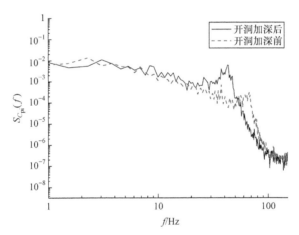

图 5.11　开孔加深前后内压功率谱比较

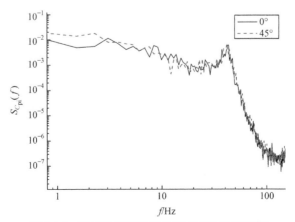

图 5.12　深开孔不同风向角下内压功率谱比较

5.1.4 模型内部干扰的影响

　　一般情况下,开孔建筑中会存在一些干扰物,如家具、设备等,而在内压的理论研究中,通常假定建筑物内部是空旷的理想状态。对于平均内压,由于它只与开孔处的平均外压有关,且平均内压基本处处相等,所以认为其受内部干扰的影响较小。而对于内压的脉动响应,干扰物的存在相当于增加了建筑内部的粗糙度,其对内压脉动响应是否有影响仍值得探讨。本次试验分别在 V_0 容积下的 5 个开孔建筑模型内部设置干扰体,试验模型内部的干扰物布置如图 5.13 所示。试验中仅测试了 0°风向角下的内压。干扰试验得到的内压脉动均方根系数值与未设置干扰情况的相应内压结果列于表 5.5 中。

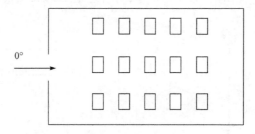

图 5.13　试验模型内部的干扰物布置

表 5.5　内部有无干扰物的模型内压脉动

开孔模型	内部有干扰	内部无干扰
A1	0.21	0.22
A2	0.23	0.22
A3	0.24	0.25
A4	0.24	0.24
A5	0.21	0.18

　　由表 5.5 可知,对于开孔较大的情况(如 A1~A4),设置内部干扰物后的内压脉动均方根与未设置内部干扰物的情况比较接近,对最小的开孔工况(A5)两者差别则比较明显,即设置干扰后,内压脉动反而明显增加。这可能是由于干扰物的出现减少了模型内部的有效容积,使得无量纲参数 S^* 变大。由图 5.5 可知,当参数 S^* 增加时,内压脉动响应会相应增强。因为干扰物体积对模型容积而言相对较小,S^* 的改变不大,所以对于前面 4 种处于图 5.5 水平段的开孔内压响应来说影响有限,但是对处于增长段的小开孔 A5 来说,由于内压脉动对 S^* 的变化比较敏感,S^* 略微增加都可能导致内压脉动响应明显增强。

5.2　内压的涡激共振响应

5.2.1　内压涡激共振机理

以往的大部分研究[9]认为,建筑在迎风面存在主导开孔时产生的内压脉动响应最大,所以是结构设计中应该关注的重点。然而 Sharma 等[3]通过不同风向角下模型的内压试验发现,最大脉动内压并不一定出现在迎风面开孔的情况下,反而有可能出现在斜风向角(如侧墙开孔的情况)且由此产生的内压脉动均方根将远大于开孔垂直迎风的情况。该研究认为,在斜射流或剪切流的作用下,气流在孔口会产生分离和脱落,而当该气流的分离和脱落频率接近 Helmholtz 频率时,内压将产生更为剧烈的共振响应,这种现象又可以称为内压涡激共振。日常生活中类似内压涡激共振的现象并不少见,如吹笛子发出的声音、汽车高速行驶时风略过车窗所发出的啸叫声以及强风下建筑门窗开启后产生的刺耳的呼啸声。内压涡激共振现象的发现意味着最不利的内压极值也可能出现在开孔处于侧风向时,因此现有规范的建议取值就可能会低估建筑围护结构的设计内压值,从而给其抗风设计安全带来隐患。考虑到建筑由于风灾破坏或者功能需要而出现开孔(孔)的情况日益增多,研究斜风向角下的内压涡激振动效应将具有越来越重要的工程应用前景。例如,在恶劣风气候或者复杂周边干扰的影响下,建筑开孔所受到的来流方向和风速可能变化莫测,当在合适的开孔大小和外部激励下,建筑的内压响应就有可能产生涡激共振现象。这一点对于屋盖开孔的情况(如可开合屋盖结构)尤为重要,因为在绝大部分情况下屋盖所受的风荷载均为非垂直来流的情况,而且来流在屋面的分流和脱落现象又尤其显著,这些都为涡激共振的产生提供了有利条件。风致内压涡激共振的研究是对内压研究方向的一个重要补充,一方面能够保障设计中充分地考虑到内压极值可能出现的最不利情况,提高结构的抗风安全性;另一方面也能为解决风致啸叫等噪声问题提供科学依据。鉴于此,本节将重点考察斜风向作用下内压的响应特性以及可能出现的涡激共振情况。

内压涡激响应可以认为内压不仅受到来流脉动风的作用,还受到孔口气流涡脱所产生的涡激力作用。图 5.14 描述了风致内压涡激力产生的机理,即来流在孔口前端形成不稳定的剪切层进而分离产生周期性的旋涡激励。涡激力的大小与斯特劳哈尔数 $Sr = f_H w_b / U_0$(w_b 为来流方向对应的开孔宽度,U_0 为靠近孔口的自由流速)、开孔宽度与边界层厚度的比值 w_b/δ、来流与孔口的夹角 θ(决定了流速 U_0)、开孔位置以及来流上游墙边缘到孔口的距离 d(影响边界层厚度)等众多因素有关。

当外部激励以来流风的脉动为主时,由线性化后的内外传递式(4.13)可知,其内压的频响函数幅值可以表示为

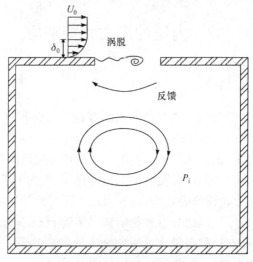

图 5.14　内压涡激响应机理

$$H(f) = \frac{1}{\sqrt{(1-\omega^2/\omega_H^2)^2 + (2\omega\xi_{eq}/\omega_H)^2}} \tag{5.5}$$

然而考虑到在斜向来流作用下孔口可能产生由涡脱导致的涡激力,此时外部荷载将同时包含涡激力 C_{eddy} 和脉动风荷载 C_{pw} 这两部分的作用,即

$$C_{pe} = C_{pw} + C_{eddy} \tag{5.6}$$

在涡激力的参与作用下,内压的频响函数可以表示为

$$H(f) = \frac{|C_{eddy}/C_{pw}|^2 + 2|C_{eddy}/C_{pw}|\cos(\theta_{ep}) + 1}{\sqrt{(1-\omega^2/\omega_H^2)^2 + (2\omega\xi_{eq}/\omega_H)^2}} \tag{5.7}$$

式中,$|C_{eddy}/C_{pw}|$ 和 θ_{ep} 分别表示涡激力和脉动风压之间的幅值比和相位关系。当涡激力 $C_{eddy} = 0$ 时,式(5.7)将退化为式(5.5)。

由内压控制方程可以得到 Helmholtz 共振频率的理论计算公式为

$$f_H = \frac{1}{2\pi}\sqrt{\frac{\gamma A P_a}{\rho_a l_e V_0}} \tag{5.8}$$

而当有涡激力协同作用时,涡激力自身存在一个固有的涡脱频率,其大小可以近似根据 Rossiter 等[12]提出的半经验公式来确定:

$$f_{eddy} = \frac{U_0}{w_0}\frac{i-\alpha}{(U_0/\alpha_s)+1/\kappa} \tag{5.9}$$

式中,U_0/α_s 相当于马赫数,U_0 可以近似按照 $U_0 = U\sin\theta$(U 为来流风速)来计算[13];α 为从旋涡撞击到孔口的下游边缘到压力脉冲传递到旋涡形成位置的相位差,根据文献[14]的建议可取为 0.25;$i = 1, 2, 3, \cdots, n$ 为剪切层的模态阶数,当任何一模态下涡脱频率接近内压共振频率时,涡脱效应和内压的共振响应将耦合在一起[15];κ 为与孔口旋涡传递速度相关的系数,从 1 阶模态的 0.72 降低到 2 阶模态的 0.6,且对 3 阶以上模态可以取为定值 0.57[16]。

Yu[13]认为理论式(5.8)仅在开孔垂直于来流的风向角附近(如 0°~15°)才能准确地估计内压的 Helmholtz 共振频率,但当建筑孔口在斜风向下存在旋涡激励时,内压 Helmholtz 频率会发生偏离,此时理论公式并不适用。该研究还表明,半经验式(5.9)可以较好地预测孔口的涡脱频率。

尽管斜风向下内压更容易产生涡激振动,但是并非所有情况均能发生该现象。这是因为涡激共振的产生需要满足一定条件。Shamar 等[3]和 de Metz 等[17]的研究认为,内压涡激共振的产生与 Sr 紧密相关。当 $Sr \geqslant 0.2$ 时才有可能产生这种增强型的内压共振响应。Yu[13]则认为,斜风向来流作用下,$Sr = 0.2 \sim 0.7$ 是产生内压涡激共振的必要条件而非充分条件。同时该研究还指出,当开孔宽度与边界层厚度的比值 $w_0/\delta_0 < 0.6$ 时,其对内压涡激共振的影响可以忽略。然而对于涡激共振产生的充分条件目前尚无定论,仍有待更进一步的探索。

5.2.2　内压涡激共振试验研究

国内外关于建筑内压的研究主要集中在迎风面开孔的情况,对斜风向下内压的响应机理却关注的不够。Sharma 等[3]对墙面开孔的 1:50 缩尺比的 TTU 建筑模型进行试验发现,偏心开孔在斜风向来流的作用下将产生最大的脉动内压均方根系数(约 0.37),此时内外压均方根之比约达到 2.4;而在来流垂直开孔的情况下,内压脉动均方根系数仅为 0.21,此时外压均方根之比仅为 1.1,还不到斜风向工况的一半。然而,Kopp 等[10]对某两层住宅在不同墙面开孔情况下进行了风洞试验,并未发现这种涡致的 Helmholtz 共振放大效应。Kopp 认为主要有两个方面的原因:①该试验条件下所得到的 Sr 仅为 0.08,远远小于涡激共振可能发生的最低条件 $Sr \geqslant 0.2$;②试验所采用的模型具有较大的体积和开孔面积比值 V_0/A,而该值对内压共振响应有重要的影响。当 V_0/A 较大时,内压响应的表现类似于一个大质量且高阻尼的振动体系,其共振效应将得到明显抑制。因此该研究的结论是:内压涡激共振对强风下大体积建筑的影响并不显著,而对小体积且有大开孔的建筑(如开着门的车库)有重要影响。

余世策等[18,19]对小体积刚性开孔模型分别进行了均匀流和均匀湍流场下的内压风洞试验,分析了来流风速风向、湍流强度和开孔形状等因素对内压涡激振动的影响。试验所采用的刚性模型是由钢板焊接而成,用以避免试验中模型变形的影响,其内部容积为 0.0065m³,开孔面积为 1256mm²,开孔形状分为方形、圆形和长宽比约为 1:2 的矩形。试验中,均匀流下流场的湍流强度控制在 0.5%,而试验风速选取 5m/s、10m/s、15m/s 和 20m/s 四种情况;均匀湍流场下,测试风速控制在 10m/s,而湍流强度采用 10% 和 20% 两种情况。试验结果表明,均匀流下,内压脉动受开孔形状的影响十分显著,且方形和圆形开孔在斜风向角下出现脉动均方根的剧增;而均匀湍流场下,不同开孔模型内压均方根较为接近且并未出现以上剧增现象。分析内外压的幅值比谱可知,0°风向角下(来流垂直孔口),内压响应以单一的 Helmholtz 共振为主,随着风向角增加(如 25°风向角)将出现双峰共振的特性,新增的共振峰是由斜风向下孔口的涡脱导致的。随着入射流风向角的进一步增加(如增加到 55°),内压又呈现出单一共振的特点,但此时内压的共振频率要大于 0°风向角下的 Helmholtz 频率,且幅值比谱的峰值达到 0°时的几百倍。因此,可以认为这种增强的内压共振响应是由涡激共振导致的。试验证实,涡脱频率随着风向角的增加而逐渐增大,与此同时,由于受到涡脱扰动的影响,孔口气柱长度(质量)有所变化,从而使得内压 Helmholtz 频率也出现一定波动。当达到某一适当的风向角时,两者频率相互融合,内压共振能量瞬间激增。关于内压涡激共振的影响因素研究发现,当湍流强度从 10% 增加到 20% 时,涡脱能量大幅下降甚至消失,内压涡激共振的现象也不复存在。风速的增大将明显增强涡脱效应,相同风向角下产生的涡脱频率也更大,因此可知,随着风速的增加,出现涡激共振的风向角将会变小。相比圆形和方形开孔,扁矩形开孔更能有效地抑制内压涡激共振的发生。

　　为了进一步考察边界层风场作用下内压在斜风向角下的响应特性,本节对 5.1 节所述的 5 种不同开孔模型在来流垂直开孔和斜风向下的内压响应进行深入比较。由图 5.4 可知,对于不同开孔工况,内压脉动能量放大最为明显的风向角分别出现在 60°或 75°等斜风向角下。为了反映不同风向角下内压共振对脉动的放大效应,可以通过比较不同角度下的幅值比谱来得出。其中,幅值比谱可以通过式(5.10)得到:

$$|H(f)|^2 = \frac{S_{C_{pi}}(f)}{S_{C_{pe}}(f)} \tag{5.10}$$

　　图 5.15 给出了 V_0 容积下不同开孔模型在 0°和 60°风向角下的内外压幅值比谱平方函数。可以看出,对于 A1 开孔,由于其开孔宽度接近迎风墙面宽(见图 5.1),所以在垂直来流和斜风向角作用下,内压响应均以 Helmholtz 共振为主,两个风向角下幅值比谱十分接近,涡致共振效应并不明显。而对于 A2 和 A3 开孔,60°风向角下的低频部分幅值比 0°时已经有明显增大,且分别在 53Hz 和 58Hz 频率附近出现一个额外的共振峰,表明孔口气流存在涡脱效应。而随着开孔尺寸逐渐减小到 A4 和 A5 时,斜风向角下的内压共振响应又呈现单一共振峰的特点,但是此时内压共振的放大效应得到明显的增强,分别约达到垂直来流情况下的 20 倍(A4)和 10 倍(A5),因此可以认为此时内压产生了涡激共振现象。通过开孔 A1~A4 的比较可以发现,当开孔高度不变而减小开孔宽度时,内压的涡激共振效应越容易发生。由式(5.8)和式(5.9)可知,随着开孔宽度的减小,内压的 Helmholtz 共振频率降低但涡脱频率增加,因此两个频率更容易互相靠近从而产生内压涡激共振。开孔 A4 和 A5 的对比则说明当开孔高度降低时,涡激共振效应将有所

减弱。这可能是开孔面积减小导致内压响应的阻尼增大,所以对涡激振动起到了抑制作用。

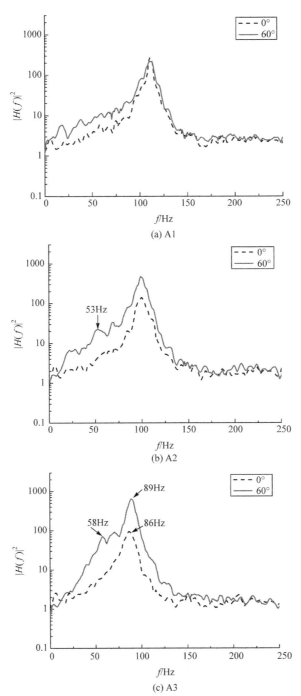

(a) A1

(b) A2

(c) A3

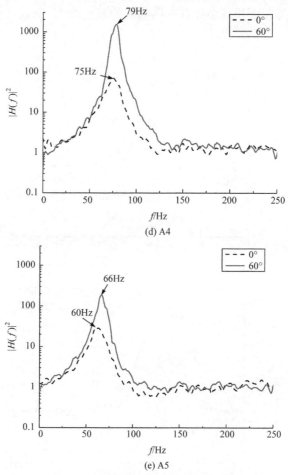

图 5.15　V_0 容积不同开孔模型的内外压幅值比谱平方

　　另外,从共振频率角度看,对于大开孔 A1 和 A2,0°和 60°风向角下幅值比的峰值频率几乎没有改变。而对于其余 3 个小开孔,由于涡脱的影响,斜风向角下内压的涡激振动频率比垂直来流下有所增加[见图 5.15(c)~(e)]。这与 Yu[13] 基于均匀湍流风场得到的开孔模型内压研究结论一致。

　　为了探讨容积改变对内压涡激振动的影响,对 $4.5V_0$ 容积下的内外压幅值比进行分析。考虑到大开孔涡致振动效应不明显,图 5.16 仅给出了小开孔 A3~A5 在 0°和 60°风向角下的内外压幅值比谱。可以看出,开孔 A3 在 60°风向角下发生了涡激共振,其内外压幅值比的峰值远超过 0°风向角时,而开孔 A4 和 A5 在两个风向角下具有十分类似的内外压幅值比。产生上述现象的原因是,当模型内部容积增大时,内压的 Helmholtz 共振频率降低,因此对于开孔 A3,其相比 V_0 容积时更容易产生涡激共振。但容积增加的同时也导致内压的阻尼进一步增加(参见图 5.6),所以对于小开孔模型 A4 和 A5,在大容积下有较大的阻尼比,从而使涡激共振难以得到激发。

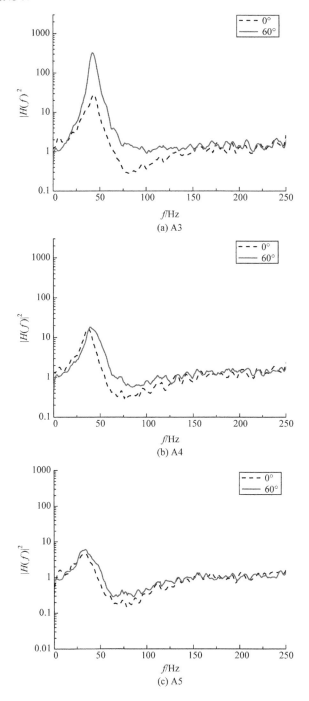

图 5.16　4.5V_0 容积下不同开孔模型的内外压幅值比谱平方

　　通过以上分析可知,内压的涡激共振效应不仅受到开孔宽度和面积的影响,还对模型内部容积的大小十分敏感。因此,涡激共振是否发生将取决于孔口气流的涡脱效应和内压振动阻尼的相对强弱。

　　为了进一步探索涡脱效应和内压共振响应随风向角的变化,对 $4.5V_0$ 容积下的 A3 开孔模型进行了小角度的风洞试验,试验风向角间隔取为 5°。图 5.17 给出了不同风向角下内压功率谱,图中对 150Hz 以上的高频部分进行了截频处理。可以看出,当来流垂直开孔时,内压共振响应并不太强烈,展现出宽带的共振峰,其对应的 Helmholtz 共振频率可以通过幅值比谱来判断,约为 41.6Hz。当风向角增加到 30°时,图 5.17(b)显示内压功率谱在低频段约 21.9Hz 处出现一个额外的小共振峰,可以认为是孔口旋涡脱落引起的涡脱频率。而当风向角增大到 55°时,内压响应呈现出强烈的单一共振特点[见图 5.17(c)],且共振峰对应的能量大于 0°垂直来流的情况,此时的共振频率也略有增加,达到了 43Hz。随着风向角的继续增

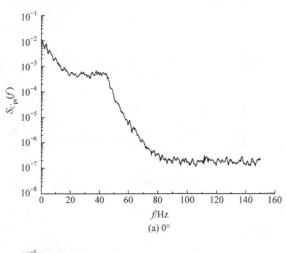

(a) 0°

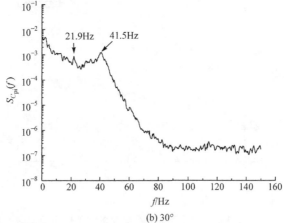

(b) 30°

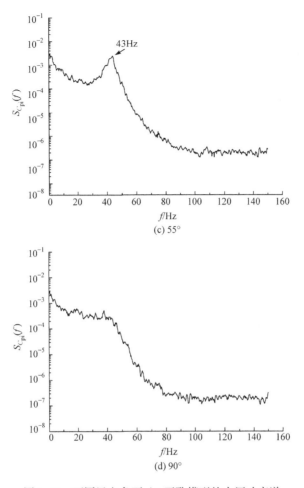

图 5.17　不同风向角下 A3 开孔模型的内压功率谱

大,当开孔位于侧风面(90°风向角下),此时内压的共振响应又得到抑制[见图 5.17(d)]。

　　考虑到涡激共振对内压脉动存在显著放大效应,在围护结构设计时有必要细致考察所有风向角下内压极值可能出现的最不利情况。图 5.18 给出了 A3 模型在小角度风向试验下的内压系数均值和均方根结果。可以看出,内压均值随着风向角的增加逐渐降低,分别在 0°和 90°取得最大正值和最小负值;而内压均方根虽然在尾部存在一定波动,但整体仍呈现出降低的趋势。因此,从极值内压响应的角度来看,正负极值内压很有可能分别出现在 0°和 90°风向角下。尽管斜风向角下内压的共振效应更为明显,但是由于本节模型的内压共振频率所对应的外部激励的能量较弱,而且与 0°风向角相比,斜风向角下脉动外压的能量有所减弱,这一点可以由图 5.19 中 0°和 60°风向角下外压的功率谱比较可以得到。综合这两个方面的因素,对于本节试验模型,总的内压脉动仍然是 0°风向角即来流垂直开孔时最大,同时考虑得到该风向角下的内压均值最大,所以最不利的正极值内压也最有可能出现在开孔迎风的情况下。但是值得注意的是,如果存在适当的开孔尺寸和外部激励,使得斜风向下内压响应在低频段外压能量集中区就出现强烈的涡激共振,那么其脉动均方根有可能会超过开孔迎风的情况,此时斜风向下的内压响应也值得关注。

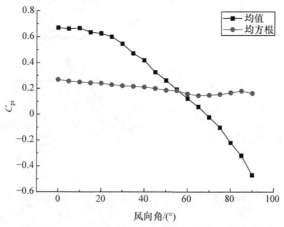

图 5.18　$4.5V_0$ 容积 A3 模型内压均值和均方根

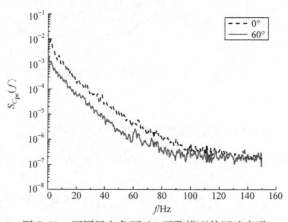

图 5.19　不同风向角下 A3 开孔模型外压功率谱

5.3　单一开孔结构内压脉动预测方法的适用性分析

5.3.1　内压脉动的简化预测方法

自从 Holmes[1] 提出采用二阶非线性方程来描述单开孔建筑内外压传递关系以来,许多学者开始投入到如何准确地描述内压的脉动响应的研究中。Liu 等[20]、

Vickery[21]、Sharma 等[22]、Oh 等[23]、Guha 等[24]、徐海巍等[25]也都通过不同方法对二阶非线性内压传递方程进行了改进。虽然试验证实上述方程都具有较好的精度和适用性,但这些二阶非线性微分方程通常需要通过数值计算的方法来求解,实际应用较为复杂。为了便于工程设计应用,Vickery 等[26]、Irwin 等[27]、Holmes 等[28]、Guha 等[29]分别提出了不同形式的内压脉动均方根的简化预测方法。

Vickery 等[26]认为,当阻尼比较小且共振响应比较明显时,可以对共振分量采用窄带白噪声假定,那么内外压脉动均方根之比可以近似地表示为

$$\frac{\sigma_{C_{pi}}}{\sigma_{C_{pe}}}=\left[1+\left(\frac{\pi^3 S_0^2}{32\beta^4 \sigma_{C_{pe}}^2}\right)^{1/3}\right]^{1/2} \tag{5.11}$$

当内压共振频率不在来流风谱的含能区,但位于风谱的 5/3 区时,引入经验系数后得到内外压脉动均方根的近似关系为

$$\frac{\sigma_{C_{pi}}}{\sigma_{C_{pe}}}=\left[(1-1.5S_0)+\left(\frac{\pi^3 S_0^2}{32\beta^4 \sigma_{C_{pe}}^2}\right)^{1/3}\right]^{1/2} \tag{5.12}$$

式中,S_0 代表无量纲的外压功率谱,$S_0=f_H S_{C_{pe}}(f_H)/\sigma_{C_{pe}}^2$。

其中,$S_{C_{pe}}(f_H)$为外压功率谱在 Helmholtz 频率处的对应值,参数 β 可表示为

$$\beta=\frac{1}{2}\sqrt{\frac{C_L}{C_I}}\frac{U_h}{\alpha_s}\sqrt{\frac{V_0}{A^{3/2}}} \tag{5.13}$$

Irwin 等[27]给出了适合美国规范[11]应用的内压均方根简化估算公式:

$$\frac{\sigma_{C_{pi}}}{\sigma_{C_{pe}}}=\frac{1}{\sqrt{\tau/10+1}} \tag{5.14}$$

式中,τ 表示内压的响应时间,可取 $\tau/10\approx\frac{1}{7000}\frac{V_0}{A}$。

Holmes 等[9]对上述不同简化公式进行了回顾和比较,并指出在某些条件下这些公式均存在一定的不足。例如,基于 Vickery 简化式(5.12)的预测方法在 $S^*>10$ 的情况下会高估内压的共振分量,从而导致计算得到的脉动内压均方根偏高。然而,美国规范所采用的式(5.14)忽略了惯性作用和内压的共振响应,使得预测到的内外压脉动均方根之比总是小于1,而研究表明实际情况下内压脉动由于共振作用很容易超过外压脉动,因而采用美国规范公式得到的估算结果将会偏不安全。在最新的研究中,Holmes 等[28]通过对一系列不同容积和开孔尺寸模型的内压风洞试验结果的拟合得到内外压均方根之比的分段经验公式:

当 $0<S^*<C$ 时,

$$\frac{\sigma_{C_{pi}}}{\sigma_{C_{pe}}}=A+\frac{B}{\Phi_5}\lg\frac{S^*}{C} \tag{5.15}$$

当 $S^*\geq C$ 时,

$$\frac{\sigma_{C_{\mathrm{pi}}}}{\sigma_{C_{\mathrm{pe}}}}=A \tag{5.16}$$

式中,参数 A、B、C 为可调常量,对不同模型和外部激励可以取不同的值。

尽管该公式的形式简单且便于应用,但是就其适用性以及参数 A、B、C 取值到底受何种因素影响等问题,Holmes 等的研究并没有做进一步的探讨,仅指出需要有更多的试验数据来验证。根据该研究结果,A、B、C 分别取为 1.1、4、1.0。需要说明的是,因为一般情况下认为来流垂直开孔时,内压脉动响应最为剧烈,所以 Holmes 等提出的经验公式是基于开孔正对来流的情况下获得的,对于斜风向的情况是否适用仍需另行分析。

Guha 等[29]利用均方差积分和特征分析法研究了开孔尺寸和背景泄漏对内压响应的影响,并按照澳大利亚和新西兰规范中的第 3 类地貌对模型进行了风洞试验。通过对试验结果的拟合将 Holmes 等所提出的简化公式修正为

当 $0<S^*<1$ 时,

$$\frac{\sigma_{C_{\mathrm{pi}}}}{\sigma_{C_{\mathrm{pe}}}}=\frac{\Phi_5^2}{55}-\frac{\Phi_5}{2.9}+2.51+\frac{1}{\Phi_5}\lg S^* \tag{5.17}$$

当 $S^*\geqslant 1$ 时,

$$\frac{\sigma_{C_{\mathrm{pi}}}}{\sigma_{C_{\mathrm{pe}}}}=\frac{\Phi_5^2}{55}-\frac{\Phi_5}{2.9}+2.51 \tag{5.18}$$

由于 Sharma 方程仅针对某类地貌下而得到的特殊情况,其本质上是 Holmes 方程的具体化,因此本节不进行比较讨论。为了比较不同简化预测方程的适用性和可靠性,本节根据不同开孔模型的风洞试验结果探讨 Holmes 方法[式(5.15)和式(5.16)]和 Vickery 简化方程[式(5.12)]之间的差别和有效性,并分析方程应用时应该注意的问题。

5.3.2　不同方法的适用性研究

由 5.1 节关于内压脉动影响因素的分析可知,内外压脉动均方根之比随着参数 S^* 的增大呈现出先增大然后趋于平稳的变化规律(见图 5.5),这与 Holmes 提出的两阶段简化预测式(5.15)和式(5.16)相符。为了确定公式中常量参数 A、B、C,对 5.1 节所述的 5 个开孔分别在 6 种内部容积下的内外压脉动均方根之比采用 Holmes 公式进行拟合,得到的拟合公式为

$$\frac{\sigma_{C_{\mathrm{pi}}}}{\sigma_{C_{\mathrm{pe}}}}=1.25+\frac{4}{\Phi_5}\lg\frac{S^*}{5},\quad 0<S^*<5 \tag{5.19}$$

$$\frac{\sigma_{C_{\mathrm{pi}}}}{\sigma_{C_{\mathrm{pe}}}}=1.25,\quad S^*\geqslant 5 \tag{5.20}$$

图 5.20 给出了式(5.19)和式(5.20)的拟合结果及相应的试验结果。可以看

出,经验公式除了在 S^* 较大时对最大脉动内外压均方根之比的取值估计表现出偏保守,整体的拟合效果还是比较令人满意的。但从参数的拟合结果来看,本节得到 A、B、C 分别为 1.25、4、5,与 Holmes 等[28] 得到的 1.1、4、1.0 有所不同。由此可见,由于试验条件和模型工况的改变,A、B、C 的取值将会有所差异。例如,参数 A 代表脉动内外压之比的最大值,根据 5.1 节的分析可知,其取值可能与湍流强度的大小密切相关,当湍流强度增大时,A 值减小。3 个参数取值的不确定性导致式(5.19)和式(5.20)目前无法直接用于设计预测。

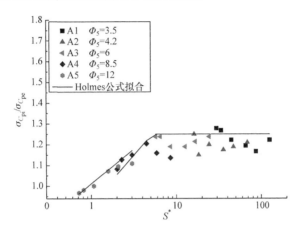

图 5.20　内外压脉动均方根比的 Holmes 公式拟合结果及相应的试验结果

当采用 Vickery 方程式(5.12)估算内外压脉动均方根比时,需要确定参数 C_L 的取值。根据上述 5 种开孔模型内压的识别结果可知,C_L 取值为 8~400。这里分别选取 $C_L=400$ 和 $C_L=12$ 并结合式(5.12)来估算内外压均方根的比值。计算时,外压风谱采用理论的 Kaimal 谱,即 $S_{C_{pe}}(f_H)=200U_*^2 \dfrac{z}{U_z} \Big/ \Big(1+50\dfrac{zf_H}{U_z}\Big)^{5/3}$($z$ 和 U_z 分别为计算高度和该高度对应的风速,U_* 为摩擦速度)。拟合结果和试验值的比较如图 5.21 所示。可以看出,试验结果基本处在两个不同 C_L 的拟合结果之间。当 $C_L=12$,即 $k≈0.3$ 时(k 与 Holmes 等[28] 取值接近),内外压均方根之比的理论预测值在 $S^*>10$ 以后明显偏大,这与 Holmes 等[28] 得到的结论是一致的。当 $C_L=400$ 时,理论估算值则偏小。由第 3 章参数识别的结果可知,孔口损失系数对不同开孔尺寸和内部容积下的模型取值并不相同(见图 3.33)。因此,用统一的 C_L 值来进行计算难免会造成偏差。以下采用参数 C_L 预测式(3.31)和式(3.32)并结合 Vickery 方程式(5.12)重新对试验测得的脉动内外压均方根之比进行预测。

图 5.22 给出了重新计算得到的拟合结果和试验值的比较。可以看出,对于 S^* 较大的情况,修正后的拟合结果与试验结果符合的比较好。但是对于 S^* 较小的

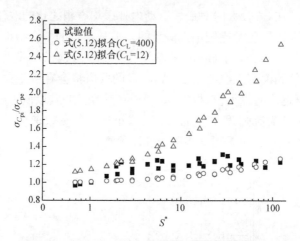

图 5.21　内外压脉动均方根比的 Vickery 公式拟合结果及试验结果

工况,计算值(见图 5.22)偏于保守。总体来说,在准确获得参数 C_L 取值的前提下,式(5.12)的预测结果能满足工程要求。

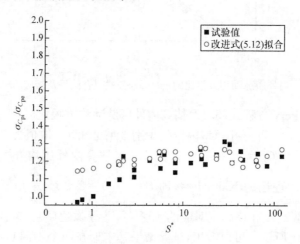

图 5.22　内外压脉动均方根比的改进 Vickery 公式拟合结果及试验结果

　　通过以上分析可知,两种简化预测方法的不同之处在于,Holmes 建议的方法是基于试验结果分布特点拟合得到的经验公式,适用于来流垂直开孔的内压响应情况;而 Vickery 方法是基于白噪声假定由内压控制方程推导而出,所以理论上也可用于不同风向角的分析。从方程的应用角度来看,Holmes 公式计算简便但其精度依赖 3 个待定参数的取值,因此在后续研究中有必要对这些参数的取值进行更为细致的探讨。而 Vickery 公式所描述的两阶段特性主要是由 C_L 取值的两阶段性来决定,因此在应用该方法时应该注意 C_L 取值的变化性。准确评估不同开孔

和外部来流情况下的 C_L 取值是保障式(5.12)计算精度的必要前提。从预测精度
方面来看,Holmes 公式对高 S^* 情况的预测偏于保守,而 Vickery 公式则恰恰相
反,其高估了 S^* 较小时的内压脉动均方根。

5.4　本章小结

　　本章对一系列不同开孔尺寸和内部容积下的单一开孔模型进行了风洞试验,
系统考察了模型开孔大小、内部容积、来流风速和风向、湍流强度、开孔位置、深度
以及内部干扰等因素对内压脉动响应的影响,探讨了斜风向下内压涡激共振响应
的特点和影响因素,最终比较分析了不同内压脉动均方根简化估算公式的适用性。
本章得到的主要结论如下:
　　(1)迎风面开孔时内压脉动响应最剧烈,而斜风向下(如 $60°,75°$)内外压脉动
均方根比值最大。内外压均方根之比随着无量纲参数 S^* 的增加先增加,达到最大
值后趋于稳定。等效阻尼的变化趋势则恰好与之相反。
　　(2)来流湍流强度对内压脉动响应的影响较大,高湍流强度下脉动内外压均
方根之比小于低湍流强度的情况。而当来流风速改变时,内压脉动均方根变化并
不明显。
　　(3)通过不同开孔位置的试验对比发现,相比靠近两侧和底部开孔,中心开孔
时内压均值和均方根更大。此外,随着开孔深度增加,内压脉动响应有所加强。
　　(4)对于迎风面开孔尺寸较小的情况,内部干扰会增强内压的脉动响应,而对
于较大的开孔,干扰物对内压响应的影响不明显。
　　(5)斜风向下,来流在孔口处的旋涡脱落将使内压的响应谱出现额外的共振
峰。当涡脱频率接近开孔模型的 Helmholtz 共振频率时,内压将发生强烈的涡激
共振,使得原有的 Helmholtz 共振响应得到大幅提升。尽管如此,但由于模型
Helmholtz 频率较高,与之对应的外部激励能量较低,而且斜风向来流下外部能量
低于开孔迎风时,所以总的来看,斜风向下的内压脉动均方根不一定会超过来流垂
直开孔的情况。
　　(6)涡激共振时的共振频率与模型原有的 Helmholtz 频率并不相同。当开孔
面积较大时,斜风向下的内压涡激振动效应并不显著。而随着开孔宽度的减小和
内部容积的增大,涡脱频率和 Helmholtz 频率互相靠近更容易产生涡激共振,但是
与此同时也增加了系统的阻尼比,因此最终内压涡激共振能否激发还依赖于这两
者的相对强弱。
　　(7)由两种脉动内压均方根简化预测方法对试验结果拟合的表现可知,
Holmes 和 Vickery 方法均有较好的适用性,只是分别对内外压均方根之比的水平
段和增长段的预测偏保守,但是总体上在工程应用中均是偏于安全的。

（8）Holmes 公式适用于来流垂直开孔的情况，而 Vickery 公式可用于不同风向情况。在应用 Vickery 简化预测公式时，应该先准确评估参数 C_L 取值，而通常取单一 C_L 值的做法会使得预测结果产生较大的误差。总的来看，无论在设计中应用哪个公式，都需对公式中的待定关键参数进行系统研究。

参 考 文 献

[1] Holmes J D. Mean and fluctuating pressures induced by wind[C]//Proceedings of the 5th International Conference on Wind Engineering, Colorado, 1979:435-450.

[2] Woods A R, Blackmore R A. The effect of dominant openings and porosity on internal pressures[J]. Journal of Wind Engineering and Industrial Aerodynamics, 1995, 57(2):167-177.

[3] Sharma R N, Richards P J. The influence of Helmholtz resonance on internal pressures in a low-rise building [J]. Journal of Wind Engineering and Industrial Aerodynamics, 2003, 91(6):807-828.

[4] 李祝攀,陈朝晖. 开孔结构内压风洞试验[C]//第 19 届全国结构工程学术会议,济南,2010: 454-459.

[5] 卢旦. 风致内压特性及其对建筑物作用的研究[D]. 杭州:浙江大学,2006.

[6] 余世策,楼文娟,孙炳楠,等. 开孔结构风致内压脉动的频域法分析[J]. 工程力学,2007, 24(5):35-41.

[7] Ginger J D, Holmes J D, Kopp G A. Effect of building volume and opening size on fluctuating internal pressure[J]. Wind and Structures, 2008, 11(5):361-376.

[8] Ginger J D , Holmes J D, Kim P Y. Variation of internal pressure with varying sizes of dominant openings and volumes[J]. Journal of Structure Engineering, 2010, 136(10):1319-1326.

[9] Holmes J D, Ginger J D. Internal pressure-The dominant windward opening case-A review[J]. Journal of Wind Engineering and Industrial Aerodynamics, 2012, 100(1):70-76.

[10] Kopp G A, Oh J H, Inculet D R. Wind-induced internal pressures in houses[J]. Journal of Structural Engineering, 2008, 134(7):1129-1138.

[11] American Society of Civil Engineers. ASCE/SEI 7-05 Minimum design loads for buildings and other structures[S]. New York: ASCE, 2005.

[12] Rossiter J, Britain G. Wind tunnel experiments on the flow over rectangular cavities at subsonic and transonic speeds[R]. ARC Report and Memoranda 3438. London: Royal Aircraft Establishment, 1964.

[13] Yu S C. Wind tunnel study on vortex-induced Helmholtz resonance excited by oblique flow[J]. Experimental Thermal and Fluid Science, 2016, 74:207-219.

[14] Bilanin A J, Covert E E. Estimation of possible excitation frequencies for shallow rectangular cavities[J]. AIAA Journal. 1973, 11(3):347-351.

[15] Zoccola Jr P J. Effect of opening obstructions on the flow-excited response of a Helmholtz resonator[J]. Journal of Fluids and Structures, 2004, 19(7):1005-1025.

[16] Naudascher E, Rockwell D. Flow-induced Vibrations: An Engineering Guide[M]//Rotter-

dam:Balkema A A,1994.

[17] de Metz F C,Farabee T M. Laminar and turbulent shear flow induced cavity resonances[C]// America Institute of Aeronautics and Astronautics 4th Aeroacoustics Conference,Atlanta, United States,1977,1-14.

[18] 余世策,李庆祥,楼文娟,等,刚性开孔结构涡激内压共振的风洞试验研究[C]//第 14 届全国风工程会议,成都,2013.

[19] 余世策,李庆祥. 刚性开孔结构斜风向内压响应的风洞试验研究[J]. 空气动力学学报, 2014,32(3):416-422.

[20] Liu H,Saathoff P J. Building internal pressure:sudden change[J]. Journal of the Engineering Mechanics Division,1981,107(2):309-321.

[21] Vickery B J. Gust factors for Internal pressure in low rise building[J]. Journal of Wind Engineering and Industrial Aerodynamics,1986,23(1-3):259-271.

[22] Sharma R N,Richards P J. Computational modeling of the transient response of building internal pressure to a sudden opening[J]. Journal of Wind Engineering and Industrial Aerodynamics,1997,72(1):149-161.

[23] Oh H J,Kopp G A,Inculet D R. The UWO contribution to the NIST aerodynamic database for wind load on low buildings:Part 3. Internal pressure[J]. Journal of Wind Engineering and Industrial Aerodynamics,2007,95(8):755-779.

[24] Guha T K,Sharma R N,Richards P J. Analytical and CFD modeling of transient internal pressure response following a sudden opening in building/cylindrical cavities[C]//Proceedings of the 11th Americas Conference on Wind Engineering,San Juan,2009:22-26.

[25] 徐海巍,余世策,楼文娟. 开孔结构内压传递方程的适用性分析[J]. 浙江大学学报(工学版),2012,46(5):811-817.

[26] Vickery B J,Bloxham C. Internal pressure dynamics with a dominant opening[J]. Journal of Wind Engineering and Industrial Aerodynamics,1992,41(1-3):193-204.

[27] Irwin P A,Dunn G E. Review of internal pressures on low rise building[R]. Canada:Canadian Sheet Steel Building Institute,1994.

[28] Holmes J D ,Ginger J D. Codification of internal pressures for building design[C]//The seventh Asia-Pacific Conference on Wind Engineering,Taibei,China,2009.

[29] Guha T K,Sharma R N,Richards P J. Influence factors for wind induced internal pressure in a low rise building with a dominant opening[J]. Journal of Wind and Engineering,2011, 8(2):1-17.

第6章 开孔超高单层厂房的风洞试验研究

6.1 开孔超高厂房风洞试验概况

我国东南沿海处于台风频发区,在台风或者强风等恶劣天气作用下,建筑由于门窗破坏而形成开孔后会使内压均值和脉动大幅增加,从而造成建筑屋盖和围护结构的破坏。例如,1994 年 17 号台风过后的调查显示[1],浙江温州大量民房在台风中内外压共同作用导致屋盖被掀翻及围墙倒塌。广东番禺一在建工业厂房,由于施工过程中迎风面和背风面存在较大面积的开孔,因此在大风作用下围护墙体的净风压大大增加,从而造成纵墙坍塌[2]。国外关于开孔建筑内压的研究起步较早,主要集中在对低矮建筑开孔后的脉动内外压变化规律[3,4]、突然开孔所造成的内压瞬态响应[5,6]以及内压传播机理[7~9]等方面的研究,这些研究反映出,在较强的外部激励和合适的开孔尺寸下,内压将出现强烈的共振响应使得内压的脉动响应得到进一步的放大,这一点由第 5 章的内容也可以证实。由此可见,如果仅按照来流外压或者规范准定常方法来估算建筑的极值内压可能会造成低估的情况,从而给围护结构的抗风安全带来隐患。

我国沿海地区的一些大型工业厂房(如大型造船厂和模块厂房)往往屋盖跨度较大且纵墙较长。由于使用功能的需要,通常会开设较大的门洞以方便出入,有时为了厂房的扩建或者满足其他功能要求,在施工过程中会出现厂房两边山墙均保持开敞的情况,因此有必要在抗风设计中对内压的取值进行合理准确的评估。对于大型超高单层厂房,屋盖跨度很大而刚度较小,所以对风荷载较为敏感。开孔后屋盖同时受风致内压和外部吸力的共同作用,使其受力状态更为不利。尤其是屋盖的角部和边缘局部区域,其往往受到较大的外部风吸力作用,是风灾中最容易产生破坏的部位,因此当存在内压的叠加作用时将大大增加这些区域的破坏风险。另外,考虑到此类厂房的纵墙可长达几百米,设计中需适当考虑风压沿纵墙的不均匀分布,以提高设计的经济性。由于影响建筑内压响应的因素十分复杂,我国关于开孔建筑内压的研究尚处于探索阶段。已有的文献主要针对内压对低矮建筑大跨屋盖结构的风振响应开展研究[10,11],得到了开孔情况下大跨屋盖风荷载的分布特性以及屋盖与孔口气柱耦合振动下风致内压响应的控制方程。《荷载规范》也仅对建筑单一墙面开孔时的内压体型系数取值做了粗略的规定且在计算中并未考虑内压共振效应所产生的脉动放大效应[12]。由此可见,无论从提升理论研究水平还是服务工程设计的角度,均有必要对大跨超高开孔厂房的内部风效应进行深入全面的探索。基于此,本章对多种开孔工况下典型的沿海大跨超高厂房模型进行了风洞试验,介绍了厂房在不同开孔情况下风荷载沿厂房纵墙和屋盖的分布特征,并将其与《荷载规范》相应的建议值进行比较,以期为此类大型单层厂房结构进行合理的抗风设计提供参考。

6.1.1 厂房试验模型

本节风洞试验的研究对象为地处沿海的某一大跨度超高结构模块厂房,该建筑原型的尺寸为 $220m(L) \times 117m(W) \times 88m(H)$。试验的模型缩尺比取为 1 : 250,采用 ABS 硬塑料制成。为了方便内外表面测压管的布置,将模型设计成双层结构。试验共包含 3 种开孔工况:全封闭、西山墙单一开孔、西山墙开 $100m \times 52m$ 大洞且东山墙全开。对于四山墙单一开孔工况,根据开孔尺寸的不同又分为 3 种情况:大开孔 $100m(W) \times 52m(H)$、中开孔 $50m(W) \times 52m(H)$、小开孔 $30m(W) \times 52m(H)$,开孔位置均位于西山墙中间。因此,本次试验共测试 5 组开孔情况,相应的风洞试验模型和工况编号如图 6.1 所示。在模型的内外表面均布有测压点,考虑到建筑屋盖和墙体边缘位置处的风荷载变化比较剧烈,对这些区域的测点进行了适当的加密。由于结构具有对称性,南北纵墙测点均为对称布置,图 6.2 给出了模型纵墙和屋盖的测点布置。

(a) 全封闭(工况1)

(b) 西山墙100m×52m开洞(工况2)

(c) 西山墙50m×52m开洞(工况3)

(d) 西山墙30m×52m开洞(工况4)

(e) 两端山墙开洞(工况5)

图 6.1　风洞试验模型

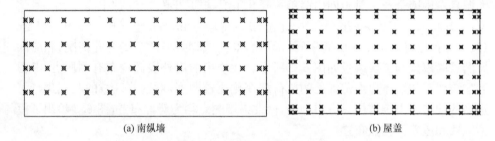

(a) 南纵墙　　　　　　　　　　　　　　　　　　(b) 屋盖

图 6.2　模型纵墙和屋盖测点布置

6.1.2　试验流场和数据采集

试验在浙江大学 ZD-1 风洞实验室进行。该边界层风洞为单回流闭口形式，试验段为闭口式，长 18m，截面宽 4m、高 3m，风洞中的最高风速可达 55m/s。风洞配备可收藏式全自动三维移动测架系统和 TFI 眼镜蛇三维脉动风速仪。采用自行研制的多功能尖劈隔栅组合装置和多种大小的粗糙元，可快速模拟出与缩尺模型相匹配、适合不同地形地貌特征的大气边界层流场。在风洞试验中使用了两套风速测量系统，其中，试验流场的参考风速采用皮托管和微压计来测量和监控，大气边界层风场的模拟调试和测量则采用丹迪 4 通道热线风速仪系统。风压采集设备为 ZOC33 电子扫描阀。试验时对测点的内外压进行同步测试，采样频率设为 312.5Hz，每个风向角下的每个测点采集 10000 个数据。

本厂房地处沿海，属于 A 类地貌，基本风压为 $0.55kN/m^2$。试验中模拟的风场风速剖面和湍流强度剖面与《荷载规范》[12] 的比较如图 6.3 所示。风洞中 0.5m 高度处模拟的无量纲风速谱与各理论谱的比较如图 6.4 所示。比较图 6.3 和图 6.4 可知，所模拟的试验风场能够满足规范的要求。试验时，参考点取在厂房屋面高度即原型 88m 高度处，参考点的风速为 19.6m/s。试验与原型风速比约为

1：2。为了避免模型缩尺效应的干扰以准确测得单一开孔情况下厂房内压的 Helmholtz 共振效应,试验中根据 Holmes[7]提出的相似关系,按照原型和模型风速比的平方对模型的内部容积进行修正,并通过在模型底部增加容积约为 $0.42m^3$ 的补充空腔来实现。考虑到结构的对称性,本次试验的各开孔工况均进行了 $0°\sim 180°$ 共 13 个风向角的测试(以 $15°$ 为 1 个间隔),风向角定义如图 6.5 所示。

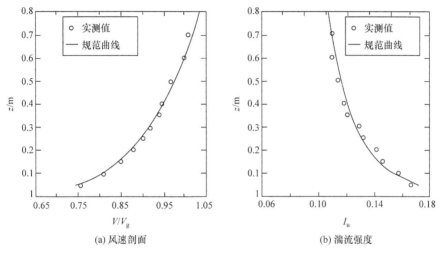

(a) 风速剖面　　　　　　　　　(b) 湍流强度

图 6.3　模拟的试验风场与规范比较

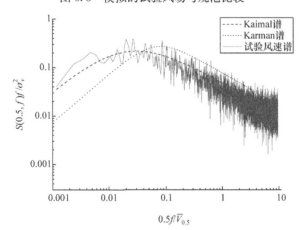

图 6.4　风洞 0.5m 高度处模拟风速谱与理论谱比较

6.1.3　试验数据处理

由于数据采集时脉动压力信号经过较长的测压管道后会发生畸变和衰减,为了消除这一影响,不同学者提出了不同的修正方法[13~15]。本节采用基于管道频响函数的修正方法[16],对测得的风压进行修正。基本思路如下:①首先将试验用测

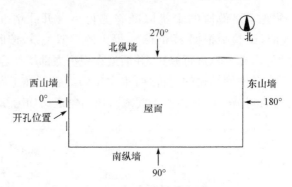

图 6.5　试验风向角定义

压管和标准短管同时进行压力测试以得到用于修正的管道频响函数 $H_t(f)$；②根据测试风压畸变前后存在 $P_b(f) = P_a(f)H_t(f)$（$P_b(f)$ 和 $P_a(f)$ 分别为修正前和修正后的风压谱）的关系来对试验的风压数据进行修正。

将修正后得到的风压通过式(6.1)转换成风压系数：

$$C_i = \frac{P_{Wi} - P_{rs}}{0.5\rho_a U_r^2} \tag{6.1}$$

式中，C_i 为建筑物表面某测点 i 的风压系数；P_{Wi} 为测点 i 的风压值，Pa；P_{rs} 为参考点的静压力值，Pa；U_r 为参考点的风速，m/s。

为了给出规范主体结构设计中风压的体型系数，根据以下思路，将测点的风压值转换到体型系数。

根据《荷载规范》的规定，在不考虑阵风脉动和风振效应时，作用在建筑物表面某一点 i 的风压 W_i 计算公式为

$$W_i = \mu_{si}\mu_{zi}W_0 \tag{6.2}$$

式中，W_0 为标准地貌的基本风压，Pa；μ_{si} 为 i 点的风载体型系数；μ_{zi} 为 i 点的风压高度变化系数。而由风洞试验得出的风压计算公式为

$$W_i = C_i W_r \tag{6.3}$$

式中，W_r 为试验参考点所对应的实物上的压力，Pa。根据风压与风速的关系及风速随高度变化的指数公式，可得参考点对应的实物风压为

$$W_r = \left(\frac{Z_r}{Z_0}\right)^{2\alpha} W_{0\alpha} = \left(\frac{Z_r}{Z_0}\right)^{2\alpha} \left(\frac{H_{T0}}{Z_0}\right)^{2\alpha_0} \left(\frac{H_{T\alpha}}{Z_0}\right)^{-2\alpha} W_0 \tag{6.4}$$

式中，Z_r 为试验参考风速点的高度，m；$W_{0\alpha}$ 为地貌指数为 α 时的基本风压，Pa；Z_0 为确定基本风压的高度，《荷载规范》规定 $Z_0 = 10$m；α 为大气边界层地貌指数；α_0 为标准地貌指数，由《荷载规范》可知 $\alpha_0 = 0.16$，相当于 B 类地貌的地貌指数；H_{T0} 为标准地貌的大气边界层高度，可取 350m；$H_{T\alpha}$ 为地貌指数为 α 时的大气边界层高度。而式(6.4)右边的 $\left(\frac{Z_r}{Z_0}\right)^{2\alpha} \left(\frac{H_{T0}}{Z_0}\right)^{2\alpha_0} \left(\frac{H_{T\alpha}}{Z_0}\right)^{-2\alpha}$ 恰好为参考点 Z_r 处的风压高度

变化系数 μ_{zr},因此,将其代入式(6.3)得

$$W_i = C_i \mu_{zr} W_0 \qquad (6.5)$$

对比式(6.2)与式(6.5)可得到风载体型系数 μ_{si}:

$$\mu_{si} = C_i \mu_{zr} / \mu_{zi} \qquad (6.6)$$

为了便于工程应用以及与《荷载规范》相对照,本节将模型风洞试验测得的风压系数按式(6.6)转换成相应的体型系数,该体型系数为建筑物各测点处的局部体型系数,极值风荷载统计则是通过对风压数据做滑动平均后,将其分解成若干个样本,并求各样本极值的平均值得到的。每个样本长度取原型10min的数据长度。

6.2 开孔厂房纵墙的风荷载分布

6.2.1 开孔对纵墙外表面风压分布的影响

图6.6～图6.8分别给出了0°、45°、90°这3个典型风向角下,全封闭、西山墙单开孔和两端山墙开孔这3种工况厂房南、北纵墙外表面风压系数均值分布。对西山墙单一开孔的各种工况,仅以最大开孔的情况为代表进行分析。从图6.6可以看出,0°风向角下,西山墙单一开孔工况与全封闭工况的纵墙外表面风压系数分布规律相似,但对于两山墙均开孔的工况,由于部分气流从厂房内部穿过,外表面风压系数的均值沿厂房长度方向迅速衰减。同样,在45°风向角下(见图6.7),西山墙单一开孔南纵墙的外表面风压系数分布也类似于全封闭状态。此时两端开孔情况下的纵墙在迎风面处风压分布上已经接近前面两种工况,但从背风面纵墙来看,似乎两端山墙开孔的情况比前两者受到的背风吸力更大。在90°风向角下(见图6.8),3种工况纵墙外表面风压分布基本一致,说明此时山墙开孔对纵墙外表面风压分布影响不大。

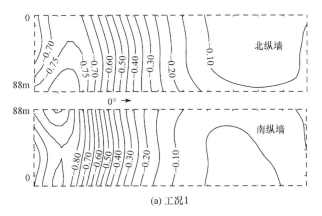

(a) 工况1

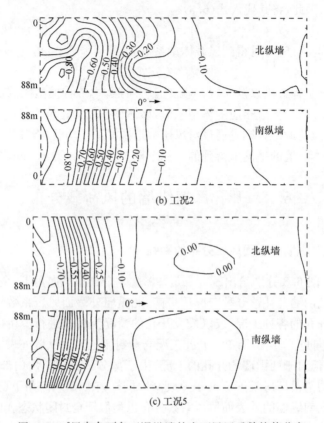

图 6.6 0°风向角下各工况纵墙外表面风压系数均值分布

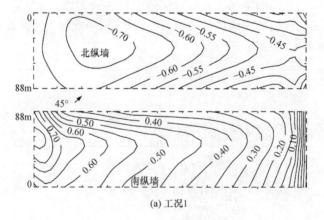

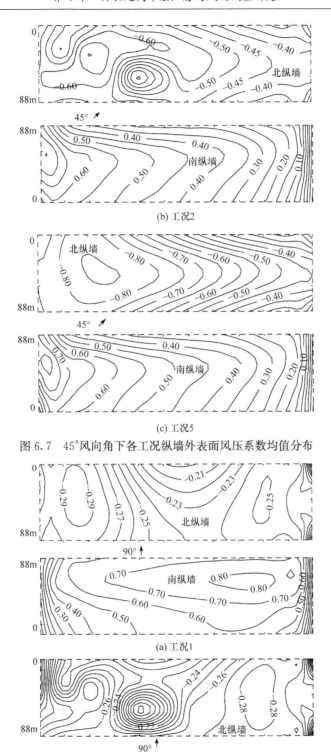

(b) 工况2

(c) 工况5

图 6.7　45°风向角下各工况纵墙外表面风压系数均值分布

(a) 工况1

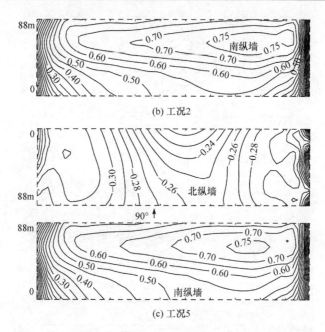

(b) 工况2

(c) 工况5

图 6.8　90°风向角下各工况纵墙外表面风压系数均值分布

6.2.2　开孔对纵墙内表面风压分布的影响

图 6.9 和图 6.10 分别给出了西山墙单开孔和两端山墙开孔工况在不同试验风向角下纵墙内表面的平均风压系数。本次试验数据表明，在西山墙单一开孔工况下，厂房内压是均匀分布的，内压均值可以近似等于开孔处的外压均值，这与以往研究[7]的结论是一致的。由图 6.9 可知，西山墙单一开孔的 3 种不同开孔面积中，小开孔

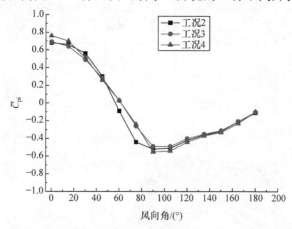

图 6.9　西山墙单开孔工况下纵墙内表面平均风压系数

的内压均值最为不利。风向角在 60°以内时,内压均值为正,超过 60°后内压均值变为负,且分别在 0°和 90°附近风向角下取得最大正风压和最大负风压(吸力)。

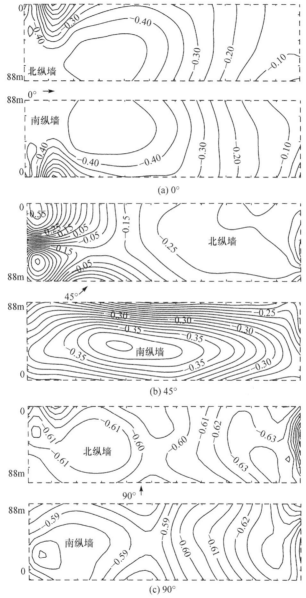

图 6.10　两端山墙开孔工况下纵墙内表面平均内压系数

当两端山墙均开孔时,内压分布就不再保持均匀(见图 6.10)。当开孔墙面处在迎风面时(0°风向角),气流从厂房内部穿过,纵墙内表面基本为负风压(吸力),并沿着来流方向逐渐衰减。但值得注意的是,在 45°风向角下,由于受到正面来流的作用和迎风面开孔高度的限制,北纵墙内表面在迎风端部高度较低区域会产生较大的正风压。可以推测,如果开孔高度继续加大,北纵墙内表面的正压区高度也会相应升高。随着风向角的继续增大,当纵墙迎风即 90°风向角时,内表面压力又将逐渐趋向均匀,并且此时的负风压(吸力)达到最大值,且该值略大于同风向角下的单一开孔工况。

　　在开孔结构的纵墙结构设计时,通常需要知道其所受的净风荷载大小。为了综合反映两纵墙在不同风向角下所受的平均净风荷载情况,图 6.11 和图 6.12 分别给出了不同开孔工况下南、北纵墙各测点面积加权平均后的净风压系数的平均值。考虑到结构的对称性,故综合图 6.11 和图 6.12 就可以得到纵墙受到的最不利平均净风荷载。因此针对上述 4 种开孔工况,在进行纵墙主体结构设计时,对最大正风压(压力)应当重点考虑 90°附近风向角,而对最大负风压(吸力)应当考虑0°~15°风向角(西山墙单一开孔工况)以及 150°风向角(两端山墙开孔工况)。

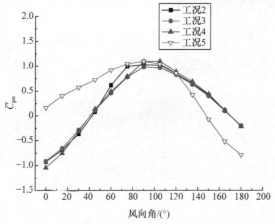

图 6.11　不同开孔工况下南纵墙测点加权平均净风压系数的均值

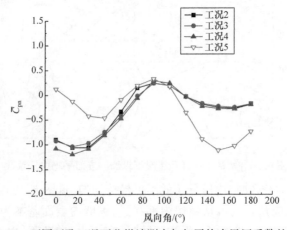

图 6.12　不同开孔工况下北纵墙测点加权平均净风压系数的均值

为了反映净风荷载的脉动效应,图 6.13 和图 6.14 分别给出了不同开孔工况下各纵墙测点加权平均后净风压系数的脉动均方根值。可以看出,对于西山墙单一开孔工况时,两面纵墙的净风压脉动效应整体呈现减弱趋势,但南纵墙在局部斜风向角下(如 60°～90°)出现脉动均方根增大的现象。而对于两端山墙开孔工况,脉动效应随着风向角的增加略有加强。同样,综合图 6.13 和图 6.14 可以得出,对于西山墙单一开孔工况,纵墙净风压的较大脉动均方根出现在 0° 和 75°附近风向角处,而对于两端开孔工况,在 90°～180°风向角下纵墙将承受更大的脉动风效应。

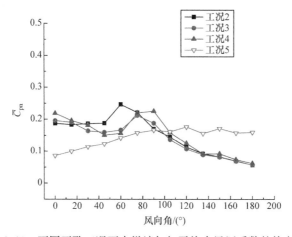

图 6.13　不同开孔工况下南纵墙加权平均净风压系数的均方根

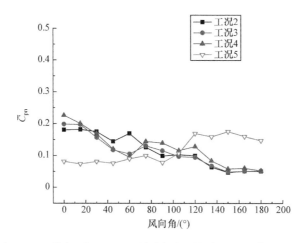

图 6.14　不同开孔工况下北纵墙加权平均净风压系数的均方根

通过以上对纵墙净风荷载的平均和脉动风效应的分析可以近似判断出纵墙最不利极值风荷载可能出现的风向角(同时出现较大净风压均值和均方根的情况)。4 种开孔情况下纵墙承受的最不利极值正风压将很可能出现在 90°风向角下,而单一开孔和两端开孔的纵墙最不利极值负风压(吸力)更有可能分别出现在0°～15°和150°风向角下。

图6.15和图6.16分别给出了0°和90°这两个不利风向角下,考虑脉动内外压差后不同开孔工况下纵墙风荷载的净负风压(吸力)系数极值和净风压(压力)系数

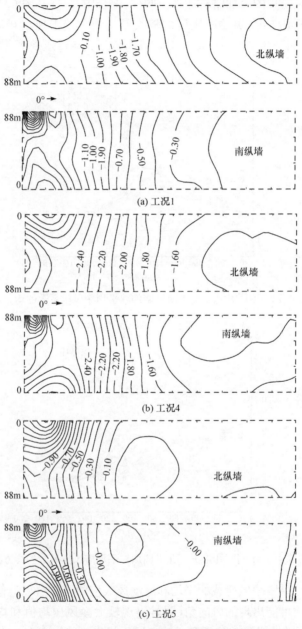

图6.15　0°风向角下纵墙面净风吸力系数极值

极值的分布规律。考虑到西山墙单一开孔的 3 种工况中,小开孔的内压响应较为不利,故这里以不利的小开孔工况为例进行说明。

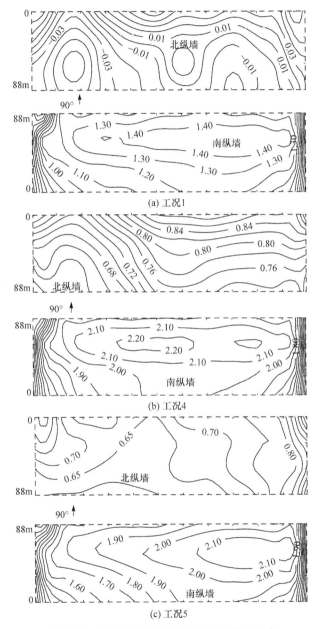

图 6.16　90°风向角下纵墙面净风压系数极值

从图 6.15 可以看出,0°风向角时两纵墙的迎风端部区域往往具有较大的极值吸力,故设计中应对此处的围护结构进行适当加强。西山墙单一开孔工况时纵墙受到的净负风压最为不利,可达到全封闭工况时的 2 倍。而两端山墙开孔工况会有效减弱围护结构所受的极值吸力。

图 6.16 表明,在 90°风向角下,迎风的南纵墙将受到较大的极值正风压。此时,单一开孔工况下纵墙承受的极值压力略大于两端山墙开孔工况且接近全封闭工况的 1.5 倍。

由上述分析可知,厂房山墙存在单一开孔时,由于内压的参与作用,纵墙的正、负极值风压均将得到明显的放大,设计中应引起重视。

6.2.3　风压体型系数沿建筑纵墙的分布

当厂房的长度较长时,风荷载沿厂房长度方向的分布对结构抗风设计有重要的影响。另外,当厂房迎风面存在较大开孔时,气流在侧墙端部的分离以及内压的共同作用有可能会在纵墙端部区域产生较大的风荷载合力,这一现象又可以称为纵墙端部效应。因此,为了确保对纵墙进行合理的抗风设计,确定端部效应区域的范围并对该范围内的纵墙进行适当的加强显得尤为必要。为了与《荷载规范》体系具有可比性,本节用体型系数沿纵墙的分布来反映风荷载沿纵墙的变化规律。对沿纵墙某一水平距离的体型系数取该水平距离下不同高度测点体型系数的面积加权平均值,具体计算公式为

$$\mu_s = \frac{\sum_{i=1}^{n} \mu_{si} A_i}{\sum_{i=1}^{n} A_i} \tag{6.7}$$

式中,μ_s 为纵墙某一水平位置不同高度方向体型系数的加权平均值;n 为沿高度方向的测点数;A_i 为不同高度测点所对应的控制面积。以下图中除全封闭工况外,其余工况体型系数均为考虑外压减去内压后的净体型系数,正值表示受压力,负值表示受吸力。

图 6.17 为全封闭工况下南纵墙体型系数分布。可以看出,南纵墙在靠近西山墙的端部存在一段吸力较大的区域,并沿着纵墙长度方向迅速衰减。随着风向角增大,纵墙所受风荷载由负风压(吸力)变为正风压(压力)并在 90°风向角时取得最大正压力值。全封闭工况端部效应区长度在迎风端部 50m 范围内,0°风向角时最大负体型系数达到 −1.1,超过《荷载规范》建议值 −0.7,而 90°风向角时最大正体型系数基本在 0.8 左右且与《荷载规范》建议值较为一致。

对于西山墙单一开孔的 3 种工况,由图 6.11 可知,南纵墙受力最不利的是 0°和 90°风向角。因此,图 6.18 和图 6.19 分别给出了 0°和 90°不利风向角下南纵墙体型系数分布。由图 6.18 可知,0°风向角下端部效应区体型系数均超过规范值 −1.5,最大达到 −2.0。而图 6.19 显示,90°风向角下的最大正风压体型系数除了小开孔工况纵墙明显超过《荷载规范》建议值 1.3 外,其余两工况基本在《荷载规

范》值附近。3 种单一开孔工况的比较表明,大开孔和中开孔工况的受力比较相似,而小开孔工况最为不利。这是因为小开孔工况下内压均值更大,而单一开孔对外压影响不大,所以内外风压叠加后小开孔工况受力较为不利。

为了研究开孔在斜风向作用下正面迎风的北纵墙受力情况,图 6.20 给出了 0°～90°风向角下不利的小开孔工况北纵墙体型系数分布,其他两工况的风压体型系数分布趋势与之类似。可以看出,对端部区域而言,受力最不利的仍为 0°风向角,但在端部之外的纵墙其他区域,15°风向角最为不利(其余两个西山墙单一开孔工况也有相同的结论),最大体型系数达到了 -1.6。这是由于与 0°风向角相比,在斜风向作用下外压吸力沿背风纵墙外表面衰减变慢,而此时内压与 0°风向角相比相差并不大。另外,结合图 6.9 可以推知,90°～180°风向角下沿北纵墙分布的极值负体型系数值不会超过 0°～90°时的分布值。因为此时内外压均为负值,纵墙外风压很大部分被内压抵消,这一点可以由图 6.12 得到验证。综上所述,在西山墙单一开孔厂房纵墙主体结构的抗风吸力设计取值时应该同时考虑 0°和 15°这两个不利风向角。

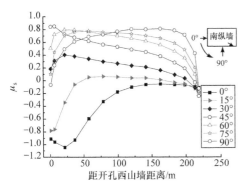

图 6.17　工况 1 下南纵墙体型系数分布

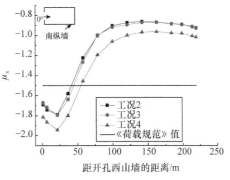

图 6.18　0°风向角下单一开孔工况
南纵墙体型系数分布

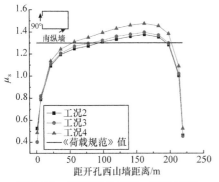

图 6.19　90°风向角下单一开孔工况
南纵墙体型系数分布

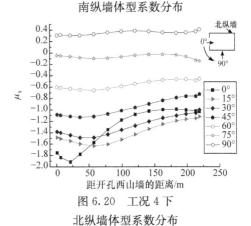

图 6.20　工况 4 下
北纵墙体型系数分布

对于两端山墙开孔工况,图 6.21 和图 6.22 分别给出了两纵墙在部分风向角下的风压体型系数分布,其余风向角数据分布在此之间。由图 6.21 可知,在 0° 和 180° 风向角下南纵墙存在端部效应区,但后者明显偏大。这是因为在 0° 风向角下南纵墙内表面形成较大的吸力且与外表面的吸力相互抵消。而在 180° 风向角下由于西山墙并非完全敞开而存在部分遮挡,此时纵墙内表面形成较大的正压会增强墙面所受的吸力。90° 风向角时南纵墙受力与西山墙单一开孔工况类似,受到的正风压最大。而从图 6.22 可以发现,两山墙同时开孔工况下北纵墙端部区域最不利吸力出现在 45° 和 135° 斜风向下,大部分非端部区的纵墙负风压则以 150° 风向最为不利。但与图 6.20 中西山墙单一开孔工况相比,两端山墙开孔工况下的北纵墙最大吸力值有所降低。

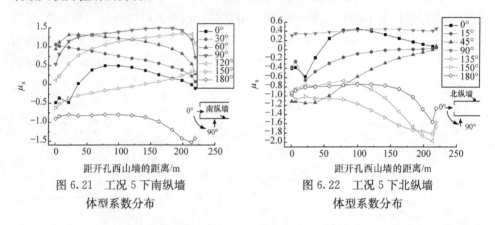

图 6.21　工况 5 下南纵墙　　　　　　图 6.22　工况 5 下北纵墙
　　　　体型系数分布　　　　　　　　　　　体型系数分布

为了考察极值风压沿纵墙的分布情况,图 6.23~图 6.25 分别给出了考虑内外脉动压差后全封闭工况和西山墙单一小开孔工况的极值风压体型系数。由于西山墙单一开孔工况极值风荷载分布形式基本一致,只是大小有所区别,因此仅给出最不利的小开孔工况。考虑到纵墙的最大正压力总是在其迎风时取得,而背风时受到的吸力往往较大,故图 6.24 和图 6.25 中对迎风面南纵墙给出其压力极值而对背风面北纵墙给出其吸力极值。由图 6.24 和图 6.25 可知,对单一开孔工况而言,正风压极值在南纵墙迎风(90° 风向角时)取得,而吸力极值由 0° 和 15° 风向角形成的包络线组成,这与以上平均风压体型系数得到的结论是一致的。与图 6.23 中的全封闭工况的对比再次说明,内外压的共同作用将使极值压力得到大幅提高。至于两端山墙开孔工况,南、北纵墙的风荷载极值分布规律类似图 6.21 和图 6.22,其取值介于全封闭和西山墙单一开孔之间,故此处不再赘述。

6.2.4　厂房排架的水平受风

大跨度长厂房结构经常会按照单品排架结构来设计,这时需考虑南北两面纵墙所受到的水平合力。图 6.26~图 6.28 用合风压体型系数来反映不同工况下厂

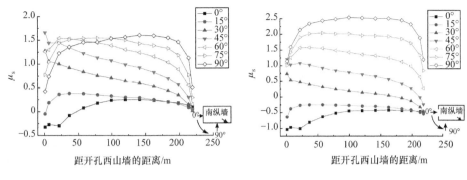

图 6.23　工况 1 下南纵墙
极大体型系数分布

图 6.24　工况 4 下南纵墙
极大体型系数分布

房南北纵墙所受的合力沿长度方向的变化。图中合力体型系数是由南纵墙体型系数减去北纵墙体型系数所得,因此图中正、负号含义与南纵墙体型系数的正负号含义相同。对于西山墙单一开孔工况,仅给出最不利小开孔形式下的合风压体型系数,其他开孔工况与之类似。为了表达清晰,图 6.26～图 6.28 中仅给出部分关键风向角的数据,其余风向角数据分布在此之间。

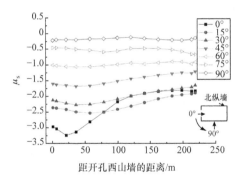

图 6.25　工况 4 下北纵墙极小体型系数分布

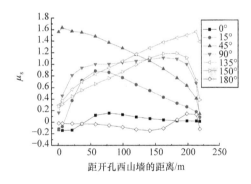

图 6.26　工况 1 下纵墙合体型系数分布

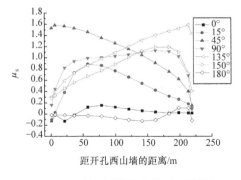

图 6.27　工况 4 下纵墙合体型系数分布

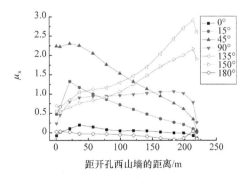

图 6.28　工况 5 下纵墙合体型系数分布

比较图 6.26~图 6.28 可知,从合力角度来看,对端部效应区排架受力最不利的是 45°和 135°风向角。全封闭工况和西山墙单一开孔工况在各风向角下的纵墙合力相差不大且两端部区合力分布基本对称,最大风压体型系数在 1.6 附近。因为对于西山墙单一开孔的情况,内压基本上是均匀分布的,且对两纵墙作用方向恰好相反,所以其对合力没有贡献。这也从另一个角度说明西山墙单一开孔时纵墙外压分布与全封闭工况类似。端部效应最严重的是两端山墙同时开孔工况,此时在两山墙端部范围内合体型系数均超过 2.0,最大值出现在纵墙靠近全开敞山墙的位置,约达到 3.0。这是因为在 45°和 135°风向角下,北纵墙内侧在靠近来流的端部区域恰好受到斜向风的正吹而受正压,但与之相对应的南纵墙内侧受到吸力作用而表现为负压。在这种情况下内压不能平衡反而相互叠加,且合力方向恰好与外压合力方向一致,所以此时内压对排架水平方向的合力有较大贡献,对排架的受力极为不利。与前两种开孔工况不同的是,两山墙开孔时两端部区域的最大合力值并不对称,这是因为西山墙并未完全敞开,导致 45°风向角下北纵墙端部区内表面受到的正压小于 135°风向角时,从而造成端部排架水平合力呈现不对称性。

6.3　开孔厂房屋盖的风荷载分布

6.3.1　屋面风荷载分布

风灾调查[1,17]显示,屋面结构比建筑其他部位更容易发生风致破坏。而现在许多大跨度屋盖具有质轻、刚度柔等特点,对风荷载比较敏感。因此在屋盖设计中,风荷载往往起到控制作用。国内外有关大跨度平屋盖的研究已经取得了不少成果,程志军等[18]研究了不同形式的屋盖风荷载分布情况并分析了风致屋盖破坏的机理,该研究指出屋盖破坏的重要原因之一是内外压力的共同作用。陆锋等[19]分别通过刚性模型和气弹模型的风洞试验探索了平屋盖在封闭和四周开敞等工况下风压分布特点以及风振加速度响应。研究发现,四周均开敞时,平屋面的静态风荷载比四周封闭时要小。余世策等[20]研究了某大跨开孔建筑内部风效应,指出开孔后形成的内压会增加屋盖风振位移响应的均值和脉动均方根值。Sharma 等[21]通过缩尺 TTU 模型试验与规范对比得出,美国规范[22]和澳大利亚-新西兰规范[23]由于低估了内压值而导致所预测的屋盖净风压极值偏小。为了更好地了解不同开孔工况下屋盖的风荷载分布情况,为屋盖结构的安全合理设计提供帮助,有必要对本厂房在试验各开孔工况下屋盖所受的内外表面压力进行深入分析,并了解屋盖受力不利的风向工况和风致振动特性。

图 6.29~图 6.31 给出了典型风向角下各工况厂房屋盖外表面的风压系数,其中,西山墙单一开孔工况以大开孔为例。可以发现,0°风向角下,屋盖在迎风边

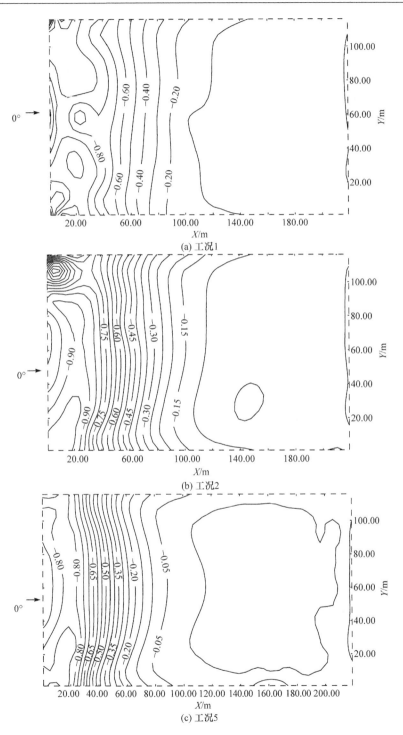

图 6.29　0°风向角下各工况屋盖外表面风压系数分布

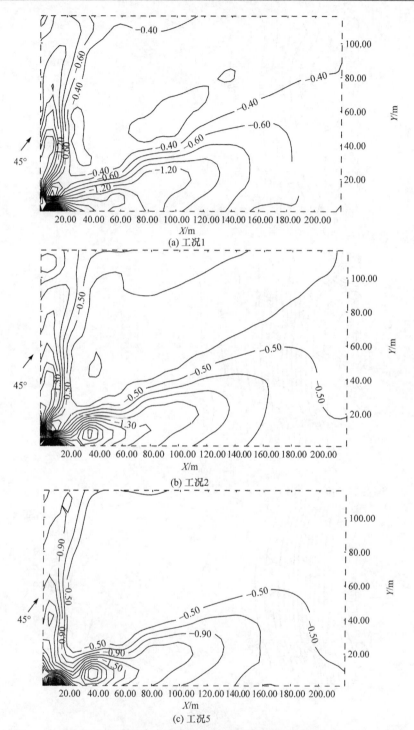

图 6.30 45°风向角下各工况屋盖外表面风压系数分布

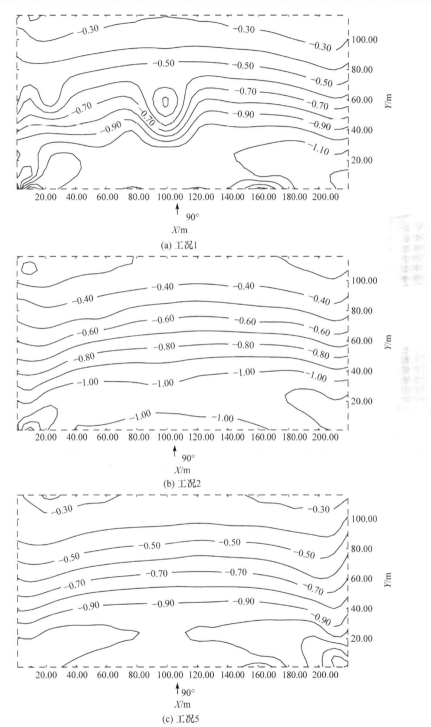

(a) 工况1

(b) 工况2

(c) 工况5

图 6.31　90°风向角下各工况屋盖外表面风压系数分布

缘负风压(吸力)最大,并且沿着来流方向迅速衰减。与纵墙类似的是,单一开孔工况与全封闭工况屋盖外风压分布相近,而两端开孔工况外风压衰减最快。在45°风向角下,由于锥形涡的作用,风荷载在屋盖的角部形成较大的吸力。随着风向角增大到90°(来流垂直纵墙时),3种工况的屋盖外表面风压分布相似且比0°风向角下所受的吸力更加不利。

考虑到开孔后内压的影响,计算屋盖各个测点净风压时程面积加权平均后的均值和均方根,以表征屋盖整体所受的平均风和脉动风效应大小。然后通过对不同风向角下加权风压系数平均值和均方根值的比较,找出对各工况厂房屋面最不利的风向角,即加权风压系数平均值和均方根值均取较大值时所对应的风向角。具体的计算方法可参见式(6.8)~式(6.10):

$$C_{pn}(t) = \frac{\sum_{i=1}^{m} C_{ni}(t)A_i}{\sum_{i=1}^{m} A_i} \tag{6.8}$$

$$\bar{C}_{pn} = \sum_{i=1}^{N} C_{pn}(t)/N \tag{6.9}$$

$$\tilde{C}_{pn} = \sqrt{\sum_{i-1}^{N} (C_{pn}(t) - \bar{C}_{pn})^2/(N-1)} \tag{6.10}$$

式中,$C_{ni}(t)$为每个测点在某一风向角下的净风压时程;i为测点编号;m为每个测区的测点数;N为测点的采样数;A_i为每个测点的控制面积;$C_{pn}(t)$为面积加权平均后的净风压时程;$\bar{C}_{pn}$和$\tilde{C}_{pn}$分别为屋盖面积加权平均后净风压时程对应的平均值和均方根。

图6.32和图6.33分别给出了不同开孔工况下屋盖面积加权平均后净风压的平均值和均方根。可以看出,无论哪种工况,屋盖的设计风荷载均为吸力控制。全封闭工况、西山墙单一开孔和两端山墙开孔工况下,屋盖所受平均吸力最不利的风向角分别为90°、0°[或30°(对大开孔)]和165°附近。3个单一开孔工况中,以小开孔工况的受力最为不利。从屋盖受风荷载的脉动情况来看,均方根最大值也基本在上述三个风向角下获得。由此可以推测,这些风向角所对应的极值荷载也是屋盖受力最为不利的。另外,从屋盖总的平均受力大小来看,两端山墙开孔工况在120°风向角以前受力均小于全封闭工况,但随着风向角的增加,其吸力会逐渐增大,且最大吸力将会超过全封闭工况的最大值。对于单一开孔工况,当开孔处在迎风向时(如0°~60°风向角),由于正内压的贡献,屋盖吸力将远超过全封闭工况,但当开孔处于侧风向或者背风向时,负的内部压力出现使得屋盖所受的外部吸力被抵消。

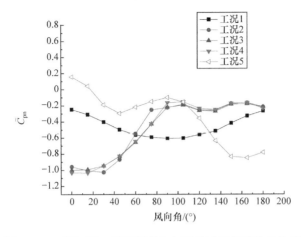

图 6.32 不同开孔工况下屋盖加权平均净风压系数的均值

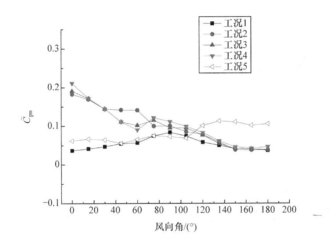

图 6.33 不同开孔工况下屋盖加权平均净风压系数的均方根

图 6.34 和图 6.35 给出了西山墙单一小开孔和两端山墙开孔工况下屋盖净平均风压系数在 3 个不利风向角下的分布。由于内压具有均匀分布的特点,所以净风压分布形式与外压类似。当开孔处在 0°风向角时,单开孔模型的整个屋盖均呈现较大的吸力,而两端开孔模型仅在屋盖的迎风边缘存在较小的吸力(如屋盖为 0~40m),除此之外的其余位置均受到正的净风荷载作用。当开孔处在侧风向 (90°风向角)时,两端开孔和单一开孔工况下的屋盖受力分布逐渐接近,且屋盖在来流方向的尾部均承受一定的正压作用。随着风向角增加到 165°,两端开孔结构屋面净风压均为吸力且明显超过单一开孔的情况。图 6.36 给出了两端山墙开孔屋盖内表面面积加权平均风压系数。可以看出,屋盖内压在 165°和 180°风向角下均出现较大正值,而此时单一开孔内压为负值(见图 6.9),因此造成该风向角下两

山墙开孔的屋盖所受的合吸力有大幅提升。

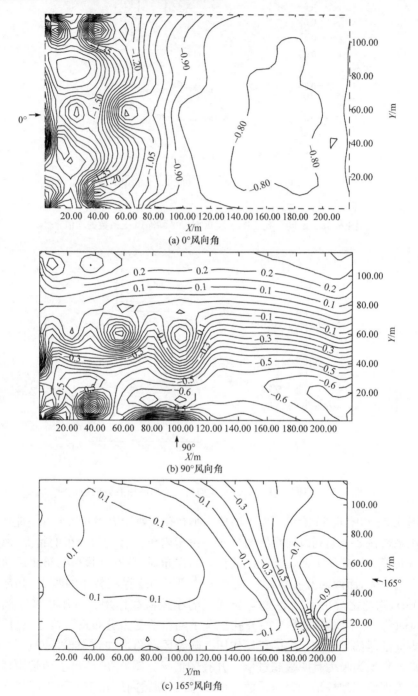

(a) 0°风向角

(b) 90°风向角

(c) 165°风向角

图 6.34　不同风向角下工况 4 屋盖净平均风压系数分布

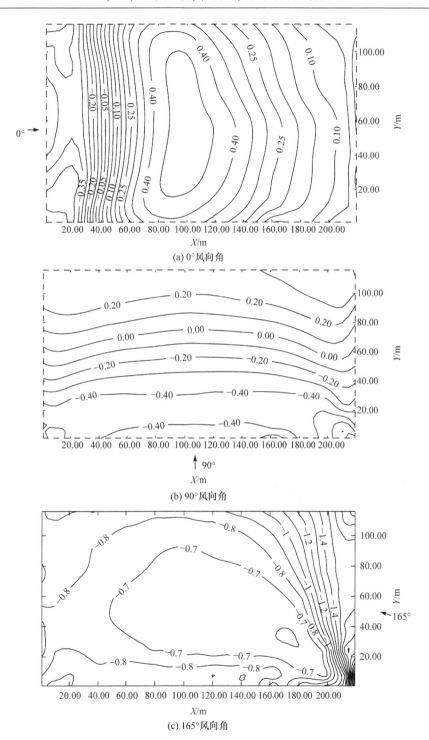

(a) 0°风向角

(b) 90°风向角

(c) 165°风向角

图 6.35　不同风向角下工况 5 屋盖净平均风压系数分布

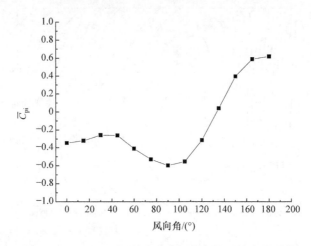

图 6.36　工况 5 下屋盖内表面面积加权平均内压系数

6.3.2　屋面分块局部体型系数

因为厂房的体量较大且在不同风向角下屋盖各个部分的风压分布有明显差异,例如,屋顶往往在靠近迎风边缘位置处存在很大的负压,而在远离迎风边缘处风压系数迅速衰减甚至可能出现正压,所以本节采用分区体型系数的方法来准确描述厂房屋盖各部分的受力特点。根据试验测到的风压系数分布特点并结合文献[24]的分区方法,同时考虑到不同风向角的影响,将厂房屋盖划分为 17 个区块(见图 6.37)。各分区包括:中间区(A12～A14)、边缘带(A2、A4、A6 和 A8)和角部区(A1、A3、A5 和 A7)。分区尺寸根据《荷载规范》[25]的规定取值,各分区体型系数的计算参见式(6.7)。

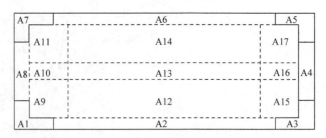

图 6.37　厂房屋盖分区示意图

图 6.38 和图 6.39 分别给出了 3 个典型风向角下,西山墙小开孔和两端山墙开孔工况的屋盖分块体型系数。《荷载规范》给出了迎风面单一开孔时屋面风荷载的体型系数分别为 −1.4(迎风)和 −1.3(背风)。对比图 6.38 中 0°风向角下单一小开孔的试验结果可以发现,《荷载规范》在屋盖背风面偏于保守,而试验结果在迎

风端的边缘区稍稍偏大。但屋盖整体平均后,其体型系数取值应该包含在《荷载规范》取值内。对于双面敞开的屋面,《荷载规范》建议的体型系数分别为－1.3(迎风)和－0.7(背风),明显高于对应的试验结果[见图 6.39(c)]。对于单一开孔建筑的局部体型系数,根据《荷载规范》可以得到建议的屋盖外压和内压体型系数。针对本节中的西山墙小开孔(30m×52m)工况,《荷载规范》的建议值如图 6.40 所示。将其与图 6.38 和图 6.39 中对应的 0°风向角取值进行比较可知,《荷载规范》给出的值明显偏于安全。

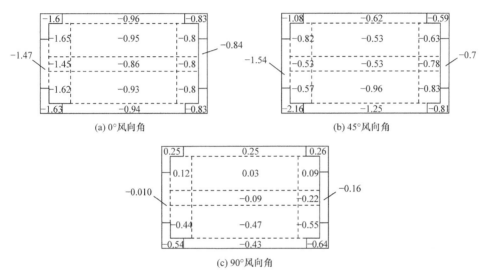

图 6.38　仅西山墙开 30m×52m 洞工况屋盖分区体型系数

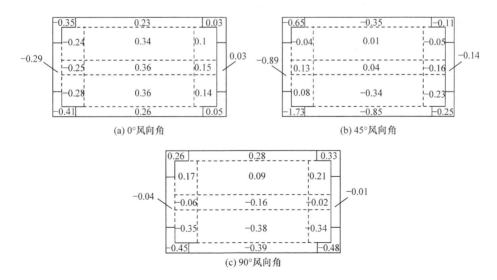

图 6.39　两端山墙开孔工况屋盖分区体型系数

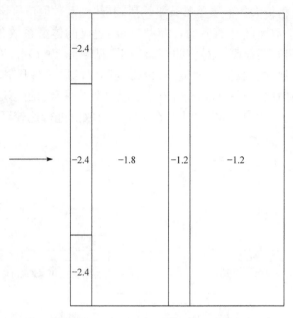

图 6.40　单一开孔下屋盖体型系数的规范建议值

　　考虑到屋面主要的控制风荷载为吸力,首先计算出 0°～180°风向角下屋面吸力分区体型系数的最不利值及相应的风向角。然后根据结构的对称性,可以得到全风向角下,单一小开孔和两端山墙开孔工况各个分区的最不利负体型系数值,列于表 6.1。由表 6.1 可知,对于西山墙单一开孔工况,角部区在 30°斜风向下取得最大值−2.2,而中间大部分分区(如 A12～A17)体型系数均在 −1.0 左右,与全封闭建筑屋面体型系数沿着纵墙和山墙完全对称分布不同的是,单一开孔建筑的屋盖在靠近开孔位置的边缘区(如 A8～A11)会大于与之对称的区域(如 A4 和 A15～A17),即开孔侧与不开孔侧屋面不存在对称性,所以应适当对近开孔一侧屋面进行加强。

　　对于两端山墙开孔的情况,表 6.1 显示大部分区在 150°和 165°附近风向角下取得最小负体型系数,表明这两个风向角对屋盖整体吸力起到控制作用。这一点与图 6.32 所得到的结论是一致。在 4 个角部区域(A1、A3、A5、A7),最大负体型系数可取−1.75。而屋盖靠近东山墙开孔一侧的各个分区(A4 和 A15～A17)的最大吸力明显高于西山墙一侧(A8～A11),这是因为东山墙一侧开孔面积大于西山墙,从而在西山墙会形成一定的兜风效应。因此,当结构在两对立墙面存在开孔时,设计中应当提高大开孔一侧屋面边缘区的体型系数。

表 6.1 各工况下各分区最不利负体型系数

分区号	30m×52m 单开孔		两端开孔	
	体型系数最小值	风向角/(°)	体型系数最小值	风向角/(°)
A1	−2.24	30	−1.73	45
A2	−1.33	30	−1.15	150
A3	−1.89	135	−1.75	225
A4	−1.23	135	−1.73	150
A5	−1.89	225	−1.75	135
A6	−1.33	330	−1.15	210
A7	−2.24	330	−1.73	315
A8	−1.67	30	−0.94	30
A9	−1.65	0	−0.85	150
A10	−1.46	15	−0.76	165
A11	−1.65	0	−0.85	210
A12	−0.96	45	−0.72	195
A13	−0.86	0	−0.65	165
A14	−0.96	315	−0.72	165
A15	−0.97	30	−1.22	195
A16	−0.82	165	−1.04	165
A17	−0.97	330	−1.22	165

6.4 开孔厂房屋盖的风振响应

6.4.1 等效静力风荷载基本理论

为了分析建筑开孔后,内压对屋盖风振响应的贡献和影响,本节分别对全封闭工况和单一开孔工况下的厂房进行风振响应分析,为结构抗风设计提供合理有效的风振系数和等效静力风荷载。为了便于工程设计应用,将随机风荷载作用下产生的脉动风动力效应(如位移响应、内压响应)用等效的静力形式来表达,使复杂的随机动力学分析问题转换为简单的静力问题。简而言之,该过程就是使动力和静力所产生的目标响应相等。等效静力分析方法始于高层建筑物风振分析。Davenport[26]首先提出了采用阵风荷载因子法考虑脉动风效应对结构的顺风向响应的放大作用,即作用在结构上某响应的等效静力荷载可以通过平均风荷载和阵风荷载因子的乘积来表示:

$$P_{es}(z) = G(z)\overline{P}_w(z) \tag{6.11}$$

式中，$G(z)$ 为阵风荷载因子；$P_{es}(z)$ 和 $\overline{P}_w(z)$ 分别为等效静力风荷载和作用在结构上的平均风压。阵风荷载因子可以通过式（6.12）确定：

$$G(z) = \frac{\hat{R}(z)}{\overline{R}(z)} \tag{6.12}$$

式中，$\overline{R}(z)$ 为目标平均响应；$\hat{R}(z)$ 为峰值响应，可以通过峰值因子 g 和均方根响应 $\sigma_R(z)$ 来计算：

$$\hat{R}(z) = \overline{R}(z) + g\sigma_R(z) \tag{6.13}$$

因此，综合式（6.12）和式（6.13）可以得到

$$G(z) = 1 + g\frac{\sigma_R(z)}{\overline{R}(z)} \tag{6.14}$$

虽然阵风荷载因子法应用简便，但是由于其未反映出惯性力效应和脉动风的分布，且在平均响应趋近于 0 时将得到不合理的无穷大的阵风荷载因子，因此该方法在实际应用中存在一定的局限性。

为了改进阵风荷载因子法的缺陷，研究[27~29]认为，脉动风效应所对应的等效静力风荷载可以采用惯性力来表示，并从结构动力方程的角度出发提出了惯性风荷载法，该方法得到的等效静力实际上就是弹性恢复力的最大值。根据该方法，我国《荷载规范》提出一套基于惯性风荷载的阵风荷载因子法。例如，对于一阶振动为主的结构，阵风荷载因子可以表示为

$$G(z) = 1 + g\frac{m(z)\sigma_{q1}\omega_1^2\phi_1(z)}{\overline{P}_w(z)} \tag{6.15}$$

式中，$m(z)\sigma_{q1}\omega_1^2\phi_1(z)$ 代表结构的惯性力作用，$m(z)$ 代表单元质量，σ_{q1} 为一阶模态位移标准差，ω_1 为一阶圆频率，$\phi_1(z)$ 为一阶模态坐标。

尽管这一改进的阵风荷载因子法可以体现共振响应的等效风荷载，但是无法准确反映出背景等效风荷载。另外，该方法也不能处理多阶模态耦合的情况，因此不适用于模态密集分布且耦合效应明显的大跨屋盖结构。

为了能够得到背景风荷载的等效分布，Kasperski 等[30]提出了基于准静力的方法来考察背景风效应的荷载响应相关（load response correlation，LRC）法。考虑脉动风荷载的相关性后，对于任意 t 时刻结构上某处的瞬时背景响应为

$$R(z,t) = \int_0^l \tilde{P}_w(z,t)I_R(z)\mathrm{d}z \tag{6.16}$$

式中，$\tilde{P}_w(z,t)$ 为 t 时刻的脉动风荷载；$I_R(z)$ 为响应 R 所对应的影响线。

同样，结构的平均响应可以由平均风压 $\overline{P}_w(z)$ 表示为

$$\overline{R}(z) = \int_0^l \overline{P}_w(z)I_R(z)\mathrm{d}z \tag{6.17}$$

由式（6.16）可得背景响应的标准差为

$$\sigma_{\mathrm{RB}}^2 = \int_0^l \int_0^l \overline{\widetilde{P}_{\mathrm{w}}(z_1,t)\widetilde{P}_{\mathrm{w}}(z_2,t)} I_{\mathrm{R}}(z_1)I_{\mathrm{R}}(z_2)\mathrm{d}z_1\mathrm{d}z_2 \qquad (6.18)$$

式(6.18)又可以改写为

$$\sigma_{\mathrm{RB}}^2 = \int_0^l I_{\mathrm{R}}(z_2)\left[\int_0^l \overline{\widetilde{P}_{\mathrm{w}}(z_1,t)\widetilde{P}_{\mathrm{w}}(z_2,t)} I_{\mathrm{R}}(z_1)\mathrm{d}z_1\right]\mathrm{d}z_2 \qquad (6.19)$$

式(6.19)中括号中项又可以认为是荷载和响应的协方差,即

$$\int_0^l \overline{\widetilde{P}_{\mathrm{w}}(z_1,t)\widetilde{P}_{\mathrm{w}}(z_2,t)} I_{\mathrm{R}}(z_1)\mathrm{d}z_1 = \rho_{\mathrm{RP}}\sigma_{\mathrm{RB}}\sigma_{\mathrm{P}}(z_2) \qquad (6.20)$$

式中,ρ_{RP}为荷载响应相关系数;$\sigma_{\mathrm{P}}(z_2)$为z_2位置处的风荷载标准差。

将式(6.20)代入式(6.19)可以得到

$$\sigma_{\mathrm{RB}} = \int_0^l I_{\mathrm{R}}(z_2)\rho_{\mathrm{RP}}\sigma_{\mathrm{P}}(z_2)\mathrm{d}z_2 \qquad (6.21)$$

为了得到峰值响应,引入背景峰值因子g_{B},并令$P_{\mathrm{esB}} = g_{\mathrm{B}}\rho_{\mathrm{RP}}\sigma_P(z_2)$,则有

$$g_{\mathrm{B}}\sigma_{\mathrm{RB}} = \int_0^l I_{\mathrm{R}}(z_2)P_{\mathrm{esB}}\mathrm{d}z_2 \qquad (6.22)$$

由此可见,P_{B}即为背景响应$g_{\mathrm{B}}\sigma_{\mathrm{RB}}$的等效静力风荷载。通过以上分析可知,LRC法可以得到结构所有模态对背景响应分量的贡献,适用于荷载和响应的平均量为零的情况。但是 LRC 法只能用于背景量的计算而未考虑到结构共振响应的贡献,因此对于阻尼低、柔性大且共振效应明显的屋盖结构,该方法并不适用。

为了克服以上方法的不足,随之而产生的是三分量的等效静力分析方法[31~35]。其原理是将等效静力风荷载分解为平均、背景和共振三部分。其中,对背景分量采用 LRC 法求解,而共振分量采用惯性力方法获得。Holmes[31]提出了基于平均、背景和共振三分量的等效静力风荷载的组合计算方法。对于结构的第i阶模态,其位移响应均方根为

$$\sigma_{\mathrm{q}i}^2 = \int_0^\infty S_{\mathrm{q}i}(f)\mathrm{d}f \qquad (6.23)$$

其中,模态位移响应谱$S_{\mathrm{q}i}(f)$可以表示为

$$S_{\mathrm{q}i}(f) = \frac{1}{K_i^2}\,|H_i(f)|^2 S_{\mathrm{Q}i}(f) \qquad (6.24)$$

式中,K_i为结构第i阶模态的广义刚度;$S_{\mathrm{Q}i}(f)$为结构第i阶模态的广义模态力谱;$H_i(f)$为第i阶模态的频响函数,其绝对值的平方又称为位移导纳函数。

对于第i阶模态的位移导纳函数,通常仅在共振频率f_i附近存在较大的峰值,而在其余频率上的值较小。因此,可以将位移导纳函数分为共振频率附近的共振区和共振区之外的背景区。于是,式(6.23)又可以近似改写为

$$\sigma_{\mathrm{q}i}^2 = \frac{1}{K_i^2}\left[\int_0^\infty S_{\mathrm{Q}i}(f)\mathrm{d}f + \frac{\pi f_i}{4\xi_i}S_{\mathrm{Q}i}(f_i)\right] \qquad (6.25)$$

式中,ξ_i为第i阶模态的阻尼比。等式右边的第一项可以认为是模态位移响应的背

景分量,第二项为共振分量,即

$$\sigma_{qi,R}^2 = \frac{1}{K_i^2} \frac{\pi f_i}{4\xi_i} S_{Qi}(f_i)$$ (6.26)

因此,由之前分析可知,考虑了共振响应峰值因子 g_R 后的第 i 阶模态共振响应的等效风荷载为

$$P_{esR,i} = g_R m(z) \sigma_{qi,R} \omega_i^2 \phi_i(z)$$ (6.27)

根据经典的平方和开方(square root of sum of squares,SRSS)法,在忽略各阶模态之间交叉项影响的条件下,结构总的峰值响应可以表示为

$$R_T = \bar{R} + \sqrt{g_B^2 \sigma_B^2 + \sum_{i=1}^n g_R^2 \sigma_{qi,R}^2}$$ (6.28)

与之相应的等效静力风荷载可以表示为

$$P_{es}(z) = \bar{P}_w(z) + W_B P_{esB}(z) + \sum_{i=1}^n W_{R,i} P_{esR,i}(z)$$ (6.29)

式中,$\bar{P}_w(z)$ 为平均风荷载;P_{esB} 为背景响应等效风荷载,可由 LRC 法得到;W_B 和 W_R 分别为背景和共振等效静力分量的权重系数,可以通过以下公式确定:

$$W_B = \frac{g_B \sigma_B}{\sqrt{g_B^2 \sigma_B^2 + \sum_{i=1}^n g_R^2 \sigma_{qi,R}^2}}$$ (6.30)

$$W_{R,i} = \frac{g_R \sigma_{qi,R}}{\sqrt{g_B^2 \sigma_B^2 + \sum_{i=1}^n g_R^2 \sigma_{qi,R}^2}}$$ (6.31)

当考虑多阶模态的相互耦合作用时,应该考虑模态间的互相关系数,因此,可以通过完全二次项组合(complete quadratic combination,CQC)法来进行分析,从而得到结构的峰值响应为

$$R_T = \bar{R} + \sqrt{g_B^2 \sigma_B^2 + \sum_{i=1}^n \sum_{j=1}^n r_{ij} g_R^2 \sigma_{qi,R} \sigma_{qj,R}}$$ (6.32)

式中,r_{ij} 为振型相关系数。相应的权重系数变为

$$W_B = \frac{g_B \sigma_B}{\sqrt{g_B^2 \sigma_B^2 + \sum_{i=1}^n \sum_{j=1}^n r_{ij} g_R^2 \sigma_{qi,R} \sigma_{qj,R}}}$$ (6.33)

$$W_{R,i} = \frac{\sum_{k=1}^n g_R \sigma_{qi,R} r_{ik}}{\sqrt{g_B^2 \sigma_B^2 + \sum_{i=1}^n \sum_{j=1}^n r_{ij} g_R^2 \sigma_{qi,R} \sigma_{qj,R}}}$$ (6.34)

尽管三分力法从理论上更加完善,适用范围也更加广泛。但该方法仍有一定

的欠缺,如传统的三分力方法[31~35]均忽略了背景响应和共振响应之间的耦合作用。李寿科等[36]通过对某大跨屋盖结构进行风振响应分析后发现,采用传统的三分力方法在某些情况下会低估等效静力风荷载,从而提出了考虑背景和共振效应耦合的完全三分力法。若结构响应的背景和共振分量为 σ_B 和 σ_R,那么引入背景和共振响应相关性系数 ρ_{RB} 后的结构总响应变为

$$R_T = \bar{R} + \sqrt{g_B^2\sigma_B^2 + g_R^2\sigma_R^2 + 2\rho_{RB}g_Bg_R\sigma_B\sigma_R} \tag{6.35}$$

相应的总等效静力风荷载变为

$$P_{es}(z) = \bar{P}_w(z) + W_B P_{esB}(z) + \sum_{i=1}^n W_{R,i} P_{esR,i}(z) + \sum_{i=1}^n W_{RB,i} P_{esRB,i}(z) \tag{6.36}$$

由式(6.36)可知,完全三分力方法相当于总的等效静力风荷载增加了一项背景-共振的耦合分量。此外,相关的权重系数计算也与传统的三分力方法有所不同。具体如下:

$$W_B = \frac{g_B\sigma_B}{\sqrt{g_B^2\sigma_B^2 + g_R^2\sigma_R^2 + 2\rho_{RB}g_Bg_R\sigma_B\sigma_R}} \tag{6.37}$$

$$W_{R,i} = \frac{\sum_{k=1}^n g_R\sigma_{i,R}r_{ik}}{\sqrt{g_B^2\sigma_B^2 + g_R^2\sigma_R^2 + 2\rho_{RB}g_Bg_R\sigma_B\sigma_R}} \tag{6.38}$$

$$W_{RB,i} = \frac{2\rho_{RB}\sum_{k=1}^n g_Bg_R\sigma_B\sigma_{i,R}r_{ik}}{\sqrt{g_B^2\sigma_B^2 + g_R^2\sigma_R^2 + 2\rho_{RB}g_Bg_R\sigma_B\sigma_R}} \tag{6.39}$$

式中,$\sigma_{i,R}$ 表示总共振响应的第 i 阶模态分量。

由于大跨屋盖结构通常具有模态密集的特点,因此在风振计算中通常需要考虑多阶模态及模态交叉项之间的相互影响,其等效静力风荷载的计算明显比高层建筑复杂。本节结合有限元模型采用时程分析的方法来计算开孔结构屋盖的风振响应。具体的计算工况如表 6.2 所示。

表 6.2　风振响应计算工况

计算工况	工况号	开孔尺寸	计算风向角/(°)
四周封闭	1	—	0~90
西山墙单开孔	2	100m(W)×52m(H)	0~90

以下将具体介绍基于时域分析的厂房风振响应分析方法。

6.4.2　风振响应时程分析方法

结构风振响应的时程分析法是利用有限元基本原理将结构离散化,在相应的

单元节点上作用风荷载时程,通过在时间域内直接求解运动方程得到结构的响应时程。虽然时域法的计算工作量较大,但其计算结果比频域内的线性方法更接近实际情况,因此对分析模态频率分布密集且风振响应特性复杂的大跨度屋盖结构十分有效。

时域法通常采用的算法包括直接积分法和模态叠加法两类。其中,直接积分法又可以分为线性加速度法、Wilson-θ 法、Runge-Kutta 法、Newmark-β 法等。应用直接积分法对动力响应进行计算分析具有较高的精度,本节计算时采用直接积分法中的 Newmark-β 法来求解结构的运动微分方程。Newmark-β 法的基本思路是:首先根据结构的动力学方程建立由 t 时刻到 $t+\Delta t$ 时刻的结构状态向量的递推关系,然后从 $t=0$ 出发,逐步求出各时刻的状态向量。

在 $t+\Delta t$ 时刻结构满足运动方程,即

$$[M]\{\ddot{q}_{t+\Delta t}\}+[C]\{\dot{q}_{t+\Delta t}\}+[K]\{q_{t+\Delta t}\}=\{F_{t+\Delta t}\} \tag{6.40}$$

式中,$[M]$、$[C]$ 和 $[K]$ 分别为结构的质量矩阵、阻尼矩阵和刚度矩阵;$\{q_{t+\Delta t}\}$、$\{\dot{q}_{t+\Delta t}\}$ 和 $\{\ddot{q}_{t+\Delta t}\}$ 分别为 $t+\Delta t$ 时刻结构的位移向量、速度向量和加速度向量;$\{F_{t+\Delta t}\}$ 为该时刻的节点风荷载向量。

假设在 $(t, t+\Delta t)$ 时间段的速度和位移可表示为

$$\{\dot{q}_{t+\Delta t}\}=\{\dot{q}_t\}+[(1-\gamma)\{\ddot{q}_t\}+\gamma\{\ddot{q}_{t+\Delta t}\}]\Delta t \tag{6.41}$$

$$\{q_{t+\Delta t}\}=\{q_t\}+\{\dot{q}_t\}\Delta t+\left[\left(\frac{1}{2}-\beta\right)\{\ddot{q}_t\}+\beta\{\ddot{q}_{t+\Delta t}\}\right]\Delta t^2 \tag{6.42}$$

式中,γ 和 β 是按积分的精度和稳定性要求来调整的参数。

由式(6.41)和式(6.42)可得到用 $\{q_{t+\Delta t}\}$、$\{\ddot{q}_t\}$、$\{\dot{q}_t\}$ 和 $\{q_t\}$ 表示的 $\{\ddot{q}_{t+\Delta t}\}$ 和 $\{\dot{q}_{t+\Delta t}\}$:

$$\{\ddot{q}_{t+\Delta t}\}=\frac{1}{\beta\Delta t^2}(\{q_{t+\Delta t}\}-\{q_t\})-\frac{1}{\beta\Delta t}\{\dot{q}_t\}-\left(\frac{1}{2\beta}-1\right)\{\ddot{q}_t\} \tag{6.43}$$

$$\{\dot{q}_{t+\Delta t}\}=\frac{\gamma}{\beta\Delta t}(\{q_{t+\Delta t}\}-\{q_t\})+\left(1-\frac{\gamma}{\beta}\right)\{\dot{q}_t\}+\left(1-\frac{\gamma}{2\beta}\right)\Delta t\{\ddot{q}_t\} \tag{6.44}$$

将式(6.43)和式(6.44)代入式(6.40),可得

$$[K^*]\{q_{t+\Delta t}\}=\{Q^*_{t+\Delta t}\} \tag{6.45}$$

其中,

$$[K^*]=[K]+\frac{1}{\beta\Delta t^2}[M]+\frac{\gamma}{\beta\Delta t}[C] \tag{6.46}$$

$$\{Q^*_{t+\Delta t}\}=\{Q_{t+\Delta t}\}+[M]\left[\frac{1}{\beta\Delta t^2}\{q_t\}+\frac{1}{\beta\Delta t}\{\dot{q}_t\}+\left(\frac{1}{2\beta}-1\right)\{\ddot{q}_t\}\right]$$

$$+[C]\left[\frac{\gamma}{\beta\Delta t}\{q_t\}+\left(\frac{\gamma}{\beta}-1\right)\{\dot{q}_t\}+\left(\frac{\gamma}{2\beta}-1\right)\Delta t\{\ddot{q}_t\}\right] \tag{6.47}$$

根据式(6.47)可由 $\{q_t\}$ 求得 $\{q_{t+\Delta t}\}$。通过如此往复计算即可得到各时间步的位移和加速度响应等,这些时程响应结果将作为风振系数和静力等效风荷载计算的基础。

为了方便工程应用,根据《荷载规范》的定义,设计时将风荷载的动力效应以平均风荷载乘以风振系数 β_w 的形式等效为静力荷载。根据这一定义,风振系数可以表示为

$$\beta_w = \frac{P_{es}}{\overline{P}_w} = \frac{\overline{P}_w + \widetilde{P}_w}{\overline{P}_w} = 1 + \frac{\widetilde{P}_w}{\overline{P}_w} \tag{6.48}$$

目前《荷载规范》中规定的荷载风振系数主要是针对以一阶振型为主要振动的高层建筑或高耸结构,并建议采用一阶模态位移响应来计算动力风荷载,即

$$\widetilde{P}_w(z) = g m(z) \omega_1^2 \phi_1(z) \sigma_{q1} \tag{6.49}$$

然而,在复杂空间结构的有限元风振时程分析中,采用规范所规定的简化方法计算荷载风振系数会遇到很多问题。首先,由于复杂空间结构有多振型参与结构振动,参振模态的选取是个难题;其次,《荷载规范》中只考虑一阶振型,且用最大惯性力来代替动态风荷载而无法准确反映出风振背景分量的贡献,因此得到的风振系数存在一定偏差。

除了荷载风振系数,位移风振系数也是一种等效风振系数。其基本思路是,采用结构最大位移响应与平均位移响应之比来反映脉动风的放大效应,这一定义在本质上等同于 Davenport[26] 提出的阵风荷载因子法。位移风振系数在一阶模态振动为主的高层建筑结构中的应用是比较成熟的,其等效原则为动态风荷载产生的最大位移 U_{max} 等于等效静风荷载产生的位移,U_{max} 可以通过有限元时程分析得到,即

$$U_{max} = \overline{U} + g\sigma_u \tag{6.50}$$

式中,$\overline{U}$ 为平均位移,m;σ_u 为位移均方根,m。对于多自由度体系,若假定动态风荷载产生的最大位移向量等于等效静荷载产生的位移向量,则位移风振系数可以从《荷载规范》中荷载风振系数的定义推导出。由平均风荷载及等效静力风荷载作用下的结构静力平衡方程可得

$$[K]\{\overline{U}\} = [\overline{P}_w] \tag{6.51}$$

$$[K]\{\overline{U} + g\sigma_u\} = [P_{es}] \tag{6.52}$$

从而得到风振系数为

$$\{\beta_w\} = \frac{[K]\{\overline{U} + g\sigma_u\}}{[K]\{\overline{U}\}} \tag{6.53}$$

对于节点 i,可得

$$\beta_{wi} = \frac{P_{esi}}{\overline{P}_{wi}} = \frac{\sum_{j=m, j\neq i}^{n} k_{ij}(\overline{U}_j + g\sigma_{uj}) + k_{ii}(\overline{U}_i + g\sigma_{ui})}{\sum_{j=m, j\neq i}^{n} k_{ij}\overline{U}_j + k_{ii}\overline{U}_i} \tag{6.54}$$

式中, j 为节点 i 的相邻节点; k_{ii} 和 k_{ij} 为总刚矩阵第 i 行的对角元和非对角元。

若引入以下两个比例参数:

$$\alpha_1 = \frac{\sum\limits_{j=m, j \neq i}^{n} k_{ij}(\overline{U}_j + g\sigma_{uj})}{(\overline{U}_i + g\sigma_{ui})k_{ii}} \qquad (6.55)$$

$$\alpha_2 = \frac{\sum\limits_{j=m, j \neq i}^{n} k_{ij}\overline{U}_j}{\overline{U}_i k_{ii}} \qquad (6.56)$$

则节点 i 的风振系数可以表示为

$$\beta_i = \frac{\alpha_1 + 1}{\alpha_2 + 1} \frac{\overline{U}_i + g\sigma_{ui}}{\overline{U}_i} \qquad (6.57)$$

显然,当各节点位移平均值与均方根相比足够大时,或者各节点的均方根与平均值成同一比例时,均有

$$\alpha_1 \approx \alpha_2 \qquad (6.58)$$

此时,由荷载风振系数定义出发得到的风振系数与位移风振系数一致,即

$$\beta_{wi} = \frac{\overline{U}_i + g\sigma_{ui}}{\overline{U}_i} \qquad (6.59)$$

由此可见,位移风振系数的适用条件是平均位移相对于均方根足够大,或者位移动力响应与静力响应的基本构型有较高的相似性。另外,由于位移风振系数是基于阵风荷载因子法提出的,因此也具有与阵风荷载因子法相同的局限性。

通过上述对风振系数的分析不难发现,对于目前工程中的复杂空间结构,无论荷载风振系数还是位移风振系数,都存在一定的适用条件。对于所研究的大跨屋盖结构,本节首先采用三分力计算方法求解屋面的等效静力风荷载,即根据有限元时程分析得到的加速度响应来计算结构的最大惯性力,并以脉动风压来考虑结构的最大背景风荷载,然后通过式(6.48)来计算结构的风振系数。

6.4.3 结构动力特性和荷载输入

图 6.41 给出了厂房结构模型的前 20 阶模态频率。可以看出,4 阶以后结构的频率变化缓慢,如第 4 阶和第 8 阶模态频率之间仅相差不到 0.1Hz。图 6.42 给出了模型前 5 阶模态的振型。可以看出,前 4 阶都为水平振动,其中 1 阶为垂直纵墙方向的振动,2 阶为扭转振动,3 阶为沿着纵墙方向的前后振动,第 5 阶开始出现屋盖的竖向振动。由此可知,屋盖结构风致响应属于模态密集型振动,需要考虑多阶模态的相互耦合作用效应。

在结构动力响应分析时必须先确定结构的阻尼。本节计算时假定结构阻尼服从瑞利阻尼特点,即

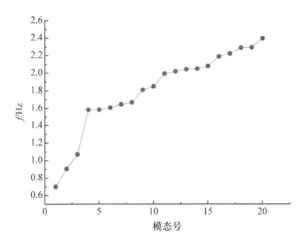

图 6.41 厂房结构模型前 20 阶模态频率

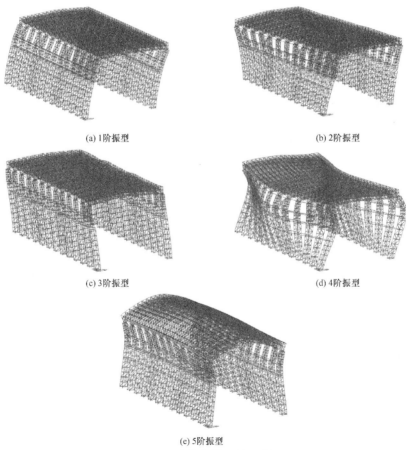

图 6.42 厂房结构模型前 5 阶振型

$$[C]=\alpha_1[M]+\alpha_2[K] \tag{6.60}$$

式中，α_1 和 α_2 为瑞利阻尼常量。

尽管 α_1 和 α_2 不能从实际结构中直接得到，但可以由结构的阻尼比反算得到。设 ξ_i 为结构第 i 阶振型的阻尼比，ω_i 为结构第 i 阶振型的圆频率，则 ξ_i 和 α_1、α_2 的关系可表示为

$$\xi_i=\frac{\alpha_1}{2\omega_i}+\frac{\alpha_2\omega_i}{2} \tag{6.61}$$

通常认为在一定结构自振频率范围内结构阻尼比可取定值，因而通过给定结构阻尼比和一定频率范围内的两个频率就可由两个方程求出系数 α_1 和 α_2。对于钢结构房屋，其阻尼比一般可取 0.02。根据式(6.61)并结合厂房结构的前两阶频率，计算得到的 α_1 和 α_2 值如表 6.3 所示。

表 6.3　屋盖结构的振动频率及阻尼参数

1 阶频率/Hz	2 阶频率/Hz	α_1	α_2
0.697	0.905	0.099	0.004

进行时域风振分析前还需要确定作用在结构上的风荷载时程。对刚性模型风洞试验中得到的风荷载时程采用空间插值加密并作用到相应的有限元节点上。结构上各点风压系数均为净风压系数。对于全封闭工况，取外表面风压系数，而对西山墙开大洞工况，取内外表面的风压系数差值，即

$$P_{ni}(t)=W_r(C_{i,u}(t)-C_{i,d}(t)) \tag{6.62}$$

式中，$C_{i,u}(t)$ 和 $C_{i,d}(t)$ 为外表面和内表面的风压系数时程；$P_{ni}(t)$ 为净风压时程；W_r 为参考点风压。

根据风洞试验中脉动风压的测量频率(312.5Hz)可以求出采样的时间间隔约为 0.0032s。因此，由时间缩尺比 1∶125 可以换算出计算所需的时间间隔约为 0.4s。

6.4.4　屋盖的风振响应分析

通过以上分析可以得到每个节点的风振系数和静力等效风荷载，但是对某个风向角下结构整体受力大小尚缺少一个直观的认识，并且也不方便结构的设计应用。为此，本节通过对开孔前后厂房屋盖的风振系数和静力等效风荷载分别进行加权平均统计，以获得对其整体风振效应更为直观的认识。

平均风振系数是基于荷载等效的原则得出的，合理地考虑了不同测点控制面积以及不同测点净风压系数对整体风振系数的贡献。具体计算公式如下：

$$\beta_{wr}=\frac{\sum\limits_{i=1}^{n}(C_{pni}\beta_{wi}A_i)}{\sum\limits_{i=1}^{n}(C_{pni}A_i)} \tag{6.63}$$

式中, β_{wr} 为屋盖的平均风振系数; β_{wi} 为第 i 个测点的风振系数; C_{pni} 为第 i 个测点的净风压系数; n 为屋盖的测点总数。全封闭和单一开孔工况在各个风向角下的相应计算结果如图 6.43 所示。

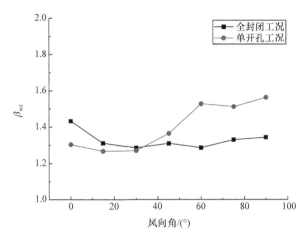

图 6.43　屋面整体平均风振系数

可以看出,全封闭工况下的屋盖风振系数随风向角的变化较小,其值大致为 1.30～1.45,屋盖的最大风振效应发生在 0°风向角即西山墙垂直迎风时。西山墙开孔工况下的屋盖风振系数随风向角的变化相对明显,为 1.27～1.55,且随着风向角的增加有增大的趋势。这是因为随着开孔从迎风面变到侧风面,屋盖所受的平均净风压明显降低,所以对开孔结构的屋盖,在负的内部风压作用下,应适当提高其风振系数。

同样,为了考察厂房屋盖整体的等效静力风荷载的分布以分析其不利的风荷载作用方向,本节计算了屋盖的整体平均等效风荷载,计算公式为

$$P_{esr} = \frac{\sum_{i=1}^{n} P_{esi} A_i}{\sum_{i=1}^{n} A_i} \tag{6.64}$$

式中, P_{esr} 为屋面各测点面积加权平均后的等效静力风荷载; P_{esi} 为屋盖各测点的等效静力风荷载。

图 6.44 给出了开孔前后厂房屋盖在不同风向角下的具体计算结果。可以看出,开孔的存在使屋盖受力与全封闭时的趋势刚好相反。当考虑风振效应的放大作用后,屋盖整体受到的最大吸力分别在 90°(全封闭)和 15°(西山墙开孔)时出现,且开孔的存在将导致屋盖所受的最大吸力增加约 50%。总的来看,对于全封闭的结构,当建筑屋盖的长边垂直来流时,受力比较不利,而对于墙面单一开孔的

结构,当建筑的开孔处在垂直来流方向附近的风向角时,更容易产生风致破坏。

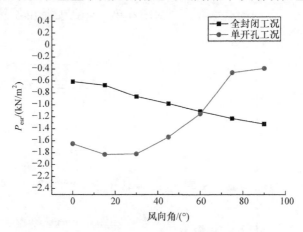

图 6.44　开孔前后屋盖平均等效静力风荷载

6.5　内压峰值因子研究

6.5.1　风致内压的非高斯特性

在开孔建筑围护结构的设计中,风致内压极值的影响往往不可忽略。通常的做法是通过内压响应的均值、均方根以及峰值因子来估算一定概率分布保证率下的内压极值,具体计算方法如下:

$$C_{pi}^{max} = \overline{C}_{pi} + g\widetilde{C}_{pi} \tag{6.65}$$

$$C_{pi}^{min} = \overline{C}_{pi} - g\widetilde{C}_{pi} \tag{6.66}$$

式中,C_{pi}^{max} 和 C_{pi}^{min} 分别为极大值和极小值内压系数。《荷载规范》通常采用的是基于高斯分布的峰值因子,其建议值为 2.5。而实际研究表明,对于低矮建筑屋面[37,38]、大跨屋盖[39,40]、高层建筑[41]和玻璃幕墙[42]等结构,由于气流分离和涡脱落等的影响,风荷载概率密度分布往往不具有典型的高斯特性,因而导致峰值因子大幅提高。余世策等[43]曾经指出,建筑开孔后正压的峰值因子应该提高到3.0~3.2。

对于具有非高斯分布特性的随机信号,通常采用三阶矩(偏度)和四阶矩(峰度)来描述其概率分布的偏离和突起程度,具体计算方法如下:

$$C_{psk} = \sum_{i=1}^{n} \frac{\left[(C_{pi} - \overline{C}_{pi})/\widetilde{C}_{pi} \right]^3}{n} \tag{6.67}$$

$$C_{pku} = \sum_{i=1}^{n} \frac{\left[(C_{pi} - \overline{C}_{pi})/\widetilde{C}_{pi} \right]^4}{n} \tag{6.68}$$

式中，C_{psk} 和 C_{pku} 分别为偏度系数和峰度系数；n 为样本个数。

对于标准的高斯过程，偏度系数为 0，峰度系数为 3。为了反映内压响应的非高斯特性，对于本章研究的开孔厂房模型，以最不利小开孔和两端山墙开孔工况为代表对屋盖内表面压力的概率密度特性进行考察。

图 6.45～图 6.48 分别给出了 0°～90°风向角下两种开孔工况的屋盖内表面测点的风压偏度系数及峰度系数。可以看出，单一开孔工况下，内压偏度系数大部分集中在 ±0.5 以内且同一风向角下各测点相差不大，这与单一开孔内压均匀分布的特点紧密相关。而两端山墙开孔工况下，偏度系数变化范围扩大至 ±1.2 且同一风向角下各测点取值的离散性变大。同样，对于峰度系数也是两端墙开孔工况更大。尽管两种开孔工况下内压系数的三阶矩和四阶矩均偏离标准高斯分布值，表明内压具有非高斯特性，但两种工况相比，两端墙开孔工况下内压响应的非高斯特性更加明显。

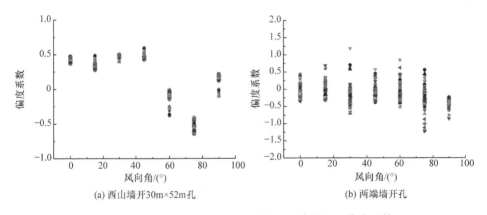

图 6.45　两种开孔工况下屋盖内表面测点的风压偏度系数

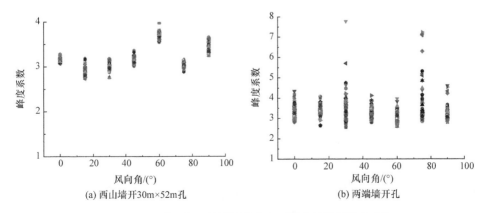

图 6.46　两种开孔工况下屋盖内表面测点的风压峰度系数

图 6.47 给出了两种开孔工况下屋盖中间内表面测点的内压概率密度分布。可以看出，内压概率密度明显偏离了标准高斯分布，呈现出非高斯特性。因此，如果峰值因子仍按照高斯概率分布取值，可能会造成极值风荷载的估计偏差。

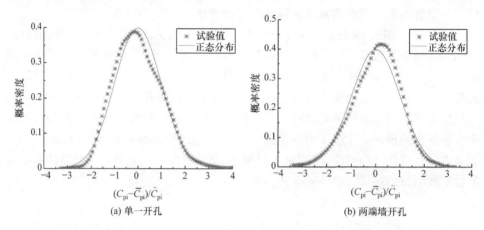

图 6.47　两种开孔工况下屋盖中间内表面测点的内压概率密度分布曲线

6.5.2　内压的峰值因子取值

对于非高斯过程，内压的峰值因子计算方法主要包括：基于 Hermite 多项式变换的改进峰值因子法[44]、应用广泛的基于泊松分布的 Sadek-Simiu 法[45]、改进的 Gumbel 法[46]以及偏度非高斯峰值因子法[47]等。文献[47]比较了各种方法在大跨屋盖峰值因子识别中的适用性，结果表明，具有显示表达的偏度非高斯峰值因子法具有应用方便和精度高的特点，故本节计算中采用偏度非高斯峰值因子法来获得屋盖内表面各测点的峰值因子。具体计算公式如下：

$$g = \sqrt{\delta^2 + \ln \frac{\delta^2}{2}} + \frac{\gamma_3}{6}(\delta^2 + 2\gamma - 1) \tag{6.69}$$

式中，$\ln(\delta^2/2) = \ln(\ln(\nu_0 T))$，$\nu_0$ 为非高斯过程的零穿越率，T 为观测数据的时距，s；$\gamma = 0.5772$；γ_3 为信号时程的偏度因子。

图 6.48 分别给出了 0°不利风向角时，三种西山墙单一开孔和两端山墙开孔工况下屋盖内表面内压峰值因子分布。可以看出，屋盖内表面内压峰值因子均超过3.0，大于《荷载规范》给出的建议值 2.5。由图 6.48(a)～(c)可知，三种单一开孔工况下内压峰值因子比较规律，主要分布在 3.2～3.5。屋盖中间区峰值因子分布较均匀，而在靠近纵墙的两侧稍稍偏大，这可能是气流在这里撞击和分离引起的。相比之下，两端山墙开孔工况[见图 6.48(d)]下屋盖内表面峰值因子分布就比较随机，取值范围也相对离散。总的来看，两端山墙开孔工况下，内压峰值因子的取值略小于单一开孔工况。

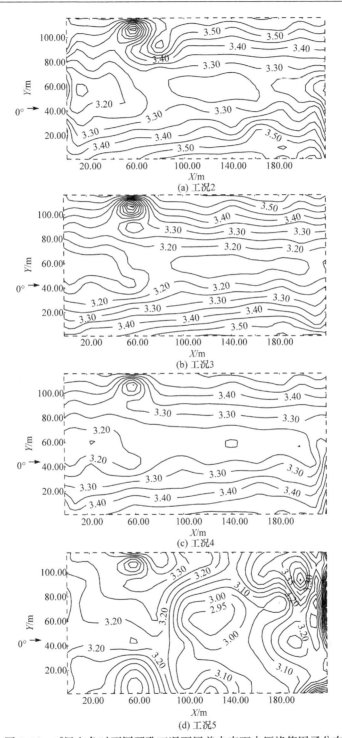

(a) 工况2

(b) 工况3

(c) 工况4

(d) 工况5

图 6.48　0°风向角时不同开孔工况下屋盖内表面内压峰值因子分布

　　考虑到 45°风向角下来流在孔口可能存在分离和脱落现象,图 6.49 给出了该风向角时,小开孔和两端开孔工况下屋盖内表面的内压峰值因子。可以看出,45°风向角下内压峰值因子整体要大于 0°风向角时,表明此时内压的非高斯特性更加明显。

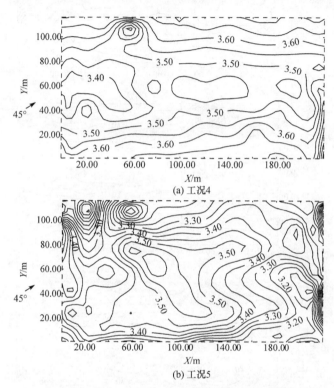

(a) 工况4

(b) 工况5

图 6.49　45°风向角时两种开孔工况下屋盖内表面内压峰值因子分布

　　为了探索各开孔工况下屋盖内表面风压峰值因子的整体取值情况,对不同风向角下屋盖内表面各测点的峰值因子进行面积加权平均,以此来反映不同风向角下内压响应的非高斯特性。图 6.50 给出了各开孔工况下内压平均峰值因子随风向角的变化。可以看出,内压峰值因子基本处于 3~4,对于屋盖受力最不利的 0°风向角,单一开孔工况的峰值因子集中在 3.3~3.4。而内压的最大峰值因子基本在斜风向角(45°或 75°)取得,这可能是由于斜风向角下来流的分离和脱落比较剧烈,导致非高斯特性也更为显著。这一点由图 6.45(a)也可以说明,小开孔在 75°风向角时具有更大的偏度系数。对于两端山墙开孔工况,内压峰值因子除了在 60°和 90°风向角之外均小于单一开孔工况,而其最大值在 30°风向角下产生,接近 3.5。

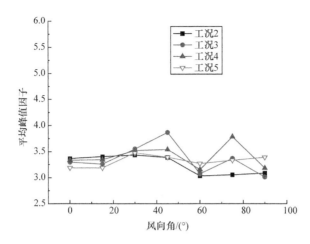

图 6.50 各开孔工况下内压平均峰值因子随风向角的变化

为了解屋盖在内外压共同作用下净风荷载的峰值因子取值。图 6.51 和图 6.52 给出了西山墙小开孔和两端山墙开孔工况在考虑内外压力差后,由屋盖测点净压时程计算得到的净峰值因子分布。由图 6.51 可知,0°风向角下,单一开

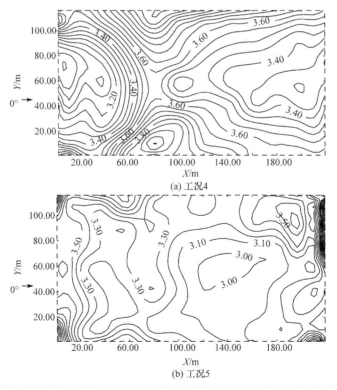

(a) 工况4

(b) 工况5

图 6.51 0°风向角时两种开孔工况下的净风荷载峰值因子分布

孔厂房屋盖净风压的峰值因子要略大于内压峰值因子,而两端开孔工况与原来相差不大。由于外压的共同作用,净风压所对应的峰值因子分布呈现一定的外风压分布特点。同样在45°风向角下,图6.52表明净风压峰值因子分布也与外风压类似。受尾流的影响,在屋盖尾流区角部位置出现较大的净风压峰值因子,例如,对两端开孔工况该区域峰值因子可以达到4.5,远大于此时相应的内压峰值因子。这就说明屋盖外表面风压在此区域可能具有更加明显的非高斯特性。

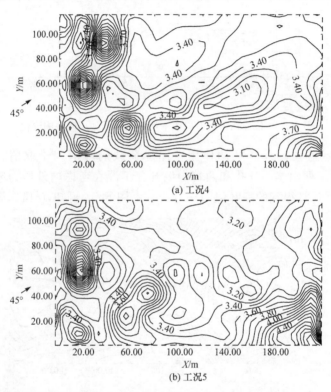

(a) 工况4

(b) 工况5

图6.52　45°风向角时两种开孔工况下的净风荷载峰值因子分布

6.6　本章小结

本章对全封闭、西山墙单一开孔和两端山墙同时开孔工况下的某大型超高单层厂房进行风洞试验研究,详细地分析了纵墙和屋盖内外表面风压的分布特性、屋盖的风振响应特点以及内压峰值因子的取值规律,与此同时还介绍了相关的数据处理和风振分析的方法。本章得到的主要结论如下:

(1) 当开孔山墙迎风时,厂房纵墙的外压分布与全封闭工况下的类似,而此时若另一山墙也开孔则会引起外压分布的迅速衰减。当厂房纵墙垂直迎风时,单侧或双侧山墙开孔均不影响纵墙外风压分布,此时可近似取全封闭工况下的外风压。

（2）山墙单一开孔工况下的内压分布比较均匀,随着风向角的增加,内压先减小后增大且分别在 0°和 90°时取得最大(绝对值)正值和负值。对于两端山墙开孔工况,当开孔处在迎风面时,纵墙内表面压力沿着纵墙长度方向迅速衰减,而在90°风向角时内表面风压趋于均匀且达到最大内吸力。

（3）从纵墙整体受力角度来看,山墙存在单一迎风开孔时,纵墙的最大平均净风压(压力)出现在 90°风向角,而最大平均净风吸力出现在 15°风向角。两端山墙开孔工况下,最大平均净风压力依然出现在 90°风向角,此时相应的最大吸力则产生于 150°风向角下。

（4）风荷载端部效应区在纵墙迎风端部约 1/4 纵墙长度的范围内,且该区域的风压体型系数均超过规范建议值。其中,以西山墙单一小开孔工况的端部受力最为不利,极值负体型系数接近－2.0。其靠近开孔的端部区域和其他非端部区域的最大吸力分别出现在 0°和 15°风向角。而两端山墙同时开孔时,两端部区最大吸力则出现在 45°和 135°斜风向,中间区最大吸力对应的风向角为 150°。对于各试验工况,最不利的正风压力均出现在纵墙垂直于来流时(90°风向角)。

（5）对纵墙端部区排架受力最为不利的是 45°和 135°风向角,此时西山墙单一开孔工况与全封闭工况下排架所受合力基本一致。而两端山墙开孔工况下,端部排架所受合力由于受到内压的叠加而大幅提高,最大合风压体型系数可以达到 3.0。

（6）当开孔迎风时,单一开孔工况与全封闭工况下屋盖外表面受力情况相似,而两端开孔工况下外压衰减较快。在 90°风向角时,三种工况屋盖的外压分布相近。

（7）无论哪种开孔情况,在特定的风向区间,屋盖所受的净风吸力均有不同程度的增加。西山墙单一开孔工况下,当孔口处在迎风向时(如 0°~60°风向角)屋盖所受净吸力会大幅提高。而两端山墙开孔工况下,虽然在大部分风向角下屋盖的净吸力有减弱的趋势,但是当风向角超过 135°以后,内压也会对屋盖所受的升力有较大贡献。

（8）全封闭、西山墙单一开孔以及两端山墙开孔工况下,屋盖整体受力的最不利风向角分别为 90°(来流垂直纵墙)、0°(来流垂直开孔)和 165°(来流正对着的较大开孔一侧屋盖的角部)。

（9）当考虑内压的协同作用后,试验结果表明,无论屋盖的整体还是局部风压体型系数,规范给出建议值均偏于安全。设计中应该对斜风向下屋盖的迎风角部区域以及垂直于来流方向的屋檐区予以加强。对于单一开孔的建筑,应适当对近开孔一侧屋面进行加强;而对于两山墙同时开孔的情况,设计中应当提高大开孔一侧屋面边缘区的体型系数。

(10) 对于本章研究的厂房,当结构全封闭时,屋盖的风振系数为 1.3～1.45 且在 0°风向角时风振放大效应最为明显,而当山墙存在单一开孔时,不同风向角下的风振系数在 1.27～1.55 变化且随着风向角增加有增大的趋势。开孔的存在将导致屋盖最大的等效静风吸力增加约 50%。全封闭和单一山墙开孔的工况下,屋盖整体所受的最不利等效静风吸力分别出现在 90°和 15°风向角下。

(11) 内压概率密度分布呈现一定的非高斯分布特性。相比单一开孔工况,两端山墙开孔工况的内压非高斯特性更加明显。因此,若按照高斯分布假定来确定峰值因子,则可能会低估内压的峰值响应,对围护结构的抗风安全不利。

(12) 对单一开孔建筑,内压峰值因子分布比较均匀,在开孔迎风时内压峰值因子可取 3.2～3.5,但其最大峰值因子出现在 45°或 75°等斜风向角下。对两端山墙开孔的建筑,内压峰值因子的分布较为不规律,且在多数风向角下的取值小于单一开孔的情况。

(13) 当考虑内外压力共同作用时,屋盖净风压的峰值因子分布呈现出明显的外风压分布特征。在 45°斜风向下,净风压峰值因子在屋盖尾流区的角部相比内压峰值因子有明显的增大,表明此时外压在该区域也呈现出明显的非高斯特性。

参 考 文 献

[1] 孙炳楠. C9417 号台风对温州民房破坏的调查[R]. 杭州:浙江大学,1995.

[2] 楼文娟,卢旦. 在建厂房的风荷载分布及其风致倒塌机理[J]. 浙江大学学报(工学版),2006, 40(11):1842-1846.

[3] Ginger J D, Letchford C W. Net pressures on a low-rise full-scale building[J]. Journal of Wind Engineering and Industrial Aerodynamics,1999,83(1-3):239-250.

[4] Ginger J D, Mehta K C, Yeatts B B. Internal pressures in a low-rise full-scale building[J]. Journal of Wind Engineering and Industrial Aerodynamics,1997,72(1):163-174.

[5] Sharma R N, Richards P J. The influence of Helmholtz resonance on internal pressures in a low-rise building[J]. Journal of Wind Engineering and Industrial Aerodynamics, 2003, 91(6):807-828.

[6] Vickery B J, Bloxham C. Internal pressure dynamics with a dominant opening[J]. Journal of Wind Engineering and Industrial Aerodynamics,1992,41(1-3):193-204.

[7] Holmes J D. Mean and fluctuating pressures induced by wind[C]//Proceedings of the 5th International Conference on Wind Engineering,Fort Conllins,1979:435-450.

[8] Liu H, Saathoff P J. Internal pressure and building safety[J]. Journal of Structural Engineering,1982,108(10):2223-2234.

[9] Stathopoulos T, Luchian H D. Transient wind induced internal pressures[J]. Journal of Engineering Mechanics,1989,115(7):1501-1514.

[10] 余世策,孙炳楠,楼文娟,等. 风致内压对大跨屋盖风振响应的影响[J]. 空气动力学学报, 2005,23(2):210-216.

[11] 卢旦,楼文娟,孙炳楠,等. 突然开洞结构的风致内压及屋盖响应研究[J]. 振动工程学报, 2005,18(3):299-303.

[12] 中华人民共和国建设部. GB 50009—2001 建筑结构荷载规范[S]. 北京:中国建筑工业出版社,2001.

[13] Holmes J D. Effect of frequency response on peak pressur emeasurements[J]. Journal of Wind Engineering and Industrial Aerodynamics,1984,17(1):1-9.

[14] 周暄毅,顾明. 单通道测压管路系统的优化设计[J]. 同济大学学报(自然科学版),2003, 31(7):798-802.

[15] 谢壮宁,顾明. 脉动风压测压系统的优化设计[J]. 同济大学学报(自然科学版),2002, 30(2):157-163.

[16] 冀晓华,余世策,蒋建群. 基于实用测压管路频响修正的风洞动态风压测试[J]. 山西建筑, 2014,40(11):32-34.

[17] Sparks P R,Baker J,Belville J,et al. Hurricane Elena Gulf Coast[R]. USA:Committee on Natural Disasters,1985.

[18] 程志军,楼文娟,孙炳楠,等. 屋面风荷载及风致破坏机理[J]. 建筑结构学报,2000,21(4): 39-47.

[19] 陆锋,楼文娟,孙炳楠. 大跨度平屋面结构风洞试验研究[J]. 建筑结构学报,2001,22(6): 87-94.

[20] 余世策,楼文娟,孙炳楠,等. 开孔大跨屋盖结构的内部风效应研究[J]. 浙大学报(工学版), 2005,39(8):1206-1211.

[21] Sharma R N,Richards P J. Net pressures on the roof of a low-rise building with wall openings[J]. Journal of Wind Engineering and Industrial Aerodynamics,2005,93(4):267-291.

[22] American Society of Civil Engineers,ASCE Standard. ASCE 7－02 Minimum Design Loads for Buildings and Other Structures[S]. New York:ASCE,2002.

[23] Standards Australia/Standards New Zealand. AS/NZS1170. 2 Structural Design Actions, part2:Wind Actions[S]. Sydney and Wellington:Standards Australia and Standards New Zealand,2012.

[24] 楼文娟,李本悦,陆峰. 大跨度屋面风压分布拟合公式及风荷载取值[J]. 同济大学学报, 2002,30(5):588-593.

[25] 中华人民共和国建设部. GB 50009—2012 建筑结构荷载规范[S]. 北京:中国建筑工业出版社,2012.

[26] Davenport A G. Gust loading factors[J]. Journal of Structural Division,1967,93(3):11-34.

[27] 张相庭. 结构抗风设计计算手册[M]. 北京:中国建筑工业出版社,1998.

[28] 谢壮宁,倪振华,石碧青. 大跨度屋盖结构的等效静风荷载[J]. 建筑结构学报,2007,28(1): 113-118.

[29] Chen X,Kareem A. Equivalent static wind loads for buffeting response of bridges[J]. Journal of Structural Engineering,2001,127(12):1467-1475.

[30] Kasperski M,Niemann H J. The LRC method-a general method of estimation unfavorable

wind load distributions for Linear and non-linear structures[J]. Journal of Wind Engineering and Industrial Aerodynamics,1992,41(44):1753-1763.

[31] Holmes J D. Effective static load distributions in wind engineering[J]. Journal of Wind Engineering and Industrial Aerodynamics,2002,90(2):91-109.

[32] Huang G,Chen X. Wind load effects and equivalent static wind loads of tall buildings based on synchronous pressure mearsurement [J]. Engineering Structures, 2007, 29 (10): 2641-2653.

[33] 沈国辉,孙炳楠,楼文娟.屋盖结构背景响应等效风荷载的一种简化算法[J].工程力学, 2006,23(1):163-168.

[34] Zhou X Y,Gu M. An approximation method for computing the dynamic responses and equivalent static wind loads of large-span roof structures[J]. International Jounal of Structural Stability and Dynamics,2010,10(5):1141-1165.

[35] 陈波,武岳,沈世钊.大跨度屋盖结构等效静力风荷载中共振分量的确定方法研究[J].工程力学,2007,24(1):51-55.

[36] 李寿科,李寿英,孙洪鑫.大跨屋盖的完全三分量等效静力风荷载[J].计算力学学报,2016, 33(2):194-201.

[37] Kumar K S,Stathopoulos T. Wind loads on low building roofs:A stochastic perspective[J]. Journal of Structural Engineering,2000,126(8):944-956.

[38] Kumar K S,Stathopoulos T. Synthesis of non-Gaussian wind pressure time series on low building roofs[J]. Journal of Structural Engineering,1999,21(12):1086-1100.

[39] 沈国辉,孙炳楠,楼文娟.大跨屋盖悬挑结构的风荷载研究[J].空气动力学学报,2004, 24(1):41-46.

[40] 李寿科,李寿英,陈政清,等.大跨开合式屋盖峰值风压的试验研究[J].振动与冲击,2010, 29(11):66-72.

[41] 林巍,楼文娟,申屠团兵,等.高层建筑脉动风压的非高斯峰值因子方法[J].浙江大学学报(工学版),2012,46(4):691-697.

[42] 张敏,楼文娟.矩形建筑双幕墙结构风压脉动的非高斯性及峰值因子[J].四川大学学报(工程科学版),2009,41(5):75-81.

[43] 余世策,楼文娟,孙炳楠,等.开孔结构内部风效应的风洞试验研究[J].建筑结构学报, 2007,28(4):76-82.

[44] Kareem A,Zhao J. Analysis of non-Gaussian surge response of tension leg platforms under wind loads[J]. Journal of Offshore Mechanics and Arctic Engineering, 1994, 116 (3): 137-144.

[45] Sadek F,Simiu E. Peak non-Gaussian wind effects for database-assisted low-rise building design[J]. Journal of Engineering Mechanics,ASCE,2002,128(5):530-539.

[46] 全涌,顾明,陈斌,等.非高斯风压的极值计算方法[J].力学学报,2010,42(3):560-566.

[47] 林巍,黄铭枫,楼文娟.大跨屋盖脉动风压的非高斯峰值因子计算方法[J].建筑结构,2013, 43(15):83-87.

第7章 屋盖开孔结构内压的风洞试验研究

通过前面几章的分析,已经建立了对开孔建筑风致内压的响应特点的基本认识。但是不难发现,以往的绝大部分研究[1~6]基本上是针对墙面开孔情况下展开风致内压特性的研究。然而在实际情况下,建筑屋盖出现开孔的情况也十分常见。例如,在强风作用下,建筑屋盖的角部区域和边缘区域存在较大的风吸力作用,这一点由第6章的介绍可以说明。所以这些区域在强风环境下更容易出现破坏。图7.1展示了某厂房屋盖的围护结构在经历台风袭击后出现破坏的情况。除了破坏性的开孔,建筑有时候为了满足某些使用功能的需求也会将屋顶设计成局部开敞的形式,如厂房的天窗、体育场的可开合屋盖(见图7.2)等。无论是由于破坏还是功能需求,当建筑屋顶出现开孔时,其风致内压响应对结构的作用就不可忽略。在第5章内压的影响因素研究中已经指出,内压响应不仅受开孔位置的影响,还与外部激励的特性(如来流的方向)紧密相关。5.2节曾指出墙面开孔在斜风向来流的作用下将产生内压涡激共振响应,而在屋面开孔的情况下,外部来流相对孔口基本属于斜风向激励,所以内压很有可能也会发生涡激共振的现象。考虑到作用在屋面的外压受到气流分离、脱落甚至再附着等情况的综合影响,比墙面风荷载要复杂许多。因此,十分有必要对屋面开孔情况下的风致内压响应特性展开深入的考察。

目前国内外对屋盖开孔情况下的内压响应研究仍比较少见。李寿科[7]对TTU缩尺模型的平屋盖在中间和角部开孔的情况进行了一系列的风洞试验研究。研究发现,当屋盖存在开孔时,内外表面的平均风压均表现为负值,两者相互叠加后会在屋盖的局部出现向下的正净压力值,对屋盖的承重较为不利。当屋盖角部开孔时,其相比中心开孔将产生更大的平均正净风压力。与此同时,屋盖开孔将使得迎风墙面的平均风压大幅提升,如屋盖中心开孔时墙面测点体型系数比封闭时增加86%。此外,他们还从相干性的角度分析发现,屋盖开孔情况下内压响应也呈现出均匀分布的特性,可以用统一的时程进行描述,且平均内压在大部分试验工况下均近似等于外压的0.8倍。随后,李秋胜等[8]和Wang等[9]同样对某典型的平屋盖在不同形状和尺寸的角部区域开孔下进行了风洞试验,以模拟不同角部破坏模式对建筑内部风荷载取值的影响。该研究表明,屋面存在开孔时并不影响气流分离泡和锥形涡的产生,并且由于涡脱效应的影响,内压响应将出现额外的共振现象,即内压呈现出双峰共振的特点。而对内压的概率分布特性进行考察发现,内压响应过程近似于高斯分布,且内外风压的相互抵消作用使得屋面所受的净风荷载的非高斯特性也得到明显减弱。

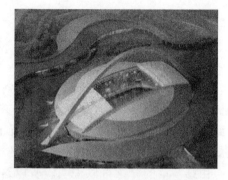

图 7.1　屋面破坏开孔　　　　　　　　图 7.2　可开合屋面结构

　　由于目前国内外有关屋盖开孔情况下的内压响应研究开展得十分有限,对该情况下内压响应特性的了解也不十分明确,因而直接导致相应的设计规范无法给出合理的内压设计值。此外,目前有关屋盖开孔时内压响应的理论模型研究也非常有限。前面几章已经介绍了,对于墙面存在主导开孔的情况,内压响应符合Helmholtz 谐振器模型,故可以表示为如下非线性形式:

$$\frac{\rho_a l_e V_0}{\gamma A P_a}\ddot{C}_{pi} + \frac{C_L \rho_a V_0^2 q}{2\gamma^2 A^2 P_a^2}\dot{C}_{pi}|\dot{C}_{pi}| + C_{pi} = C_{pe} \tag{7.1}$$

与之相对应的 Helmholtz 共振频率可以表示为

$$f_H = \frac{1}{2\pi}\sqrt{\frac{\gamma P_a A_0}{\rho_a l_e V_0}} \tag{7.2}$$

　　但是当开孔位置变到屋盖时,外部荷载激励的特性将发生显著改变。那么此时上述内压理论模型是否仍然适用也值得进一步的探讨。现有的研究主要针对平屋盖进行考察,但是考虑到屋面的形状将直接影响到风荷载的作用分布,进而可能会影响到内压的响应特性,故本节对某实际体育馆的半椭球屋面进行不同开孔情况下的风洞试验研究,分析开孔尺寸和位置、模型内部容积,以及建筑周边干扰等因素对其内压响应的影响,并探索墙面开孔的内压响应理论在屋盖开孔情况下的适用性。与此同时,为了考察不同破坏工况下内压响应的差异性,对相同尺寸的屋盖和墙面开孔情况进行对比试验。本章的研究将使读者了解屋盖开孔和墙面开孔情况下内压响应特性的差异以及屋盖开孔时内压的取值分布特点,从而为类似工程抗风设计提供一定的经验。

7.1　风洞试验概况

7.1.1　试验模型和工况

　　风洞试验的体育馆具有椭圆形平面,长轴半径和短轴半径分别为 42m 和 33m,屋盖的挑檐和最顶部高度分别为 12m 和 22m。采用 ABS 工程塑料分别制作了测试模型单体(见图 7.3)和周边的干扰模型(见图 7.4),模型缩尺比为 1∶130。试验中先对单体建筑和考虑周边干扰后的群体建筑进行外压测试,试验风向角为 0°~345°(见图 7.5),以 15°风向角间隔为一个工况,每个模型共测试 24 个工况。然后进行开孔后的内压测试,其中,屋面开孔共有 3 种尺寸,分别为:①靠近屋盖中心的开孔 A1,尺寸为 200mm×300mm;②靠近边缘的开孔 A2,尺寸为 200mm× 300mm;③与 A2 同区域的开孔 A3,尺寸为 200mm×600mm。图 7.5 给出了各开孔在屋盖的具体部位,其中,A2 位于 A3 的上半部分。另外,为了比较墙面破坏和屋面破坏时内压响应的差异性,在模型的墙面设有与 A3 同面积的开孔 A4,其尺寸为 300 mm×400mm,具体位置参见图 7.5。模型试验时采用了 V_0 和 $2.6V_0$(V_0 为模型的实际内部容积)两种容积。由于大容积只是用于对比,所以仅测试了 0° 风向角,而 V_0 容积则进行了全风向角的测试。Holmes[10] 和 John 等[11] 研究发现,当建筑物存在周边干扰时,会对其所受的风荷载有明显的影响,这就可能导致内压响应随之发生相应的变化。由此可见,研究干扰情况下的风致内压响应也是极为有益的,这也是以往研究中较少涉及的。因此,本节对屋面开孔且存在周边建筑干扰情况下的内压响应也进行了全风向角测试。群体试验中干扰体的相对位置及试验风向角如图 7.6 所示。表 7.1 总结了本次内压试验的所有测试工况。图 7.7 给出了模型屋盖的测点布置,其中对悬挑位置的上、下表面均布置了测压点且对风压变化敏感部位的测点进行了加密。

图 7.3　单体模型

图 7.4　有干扰的群体模型

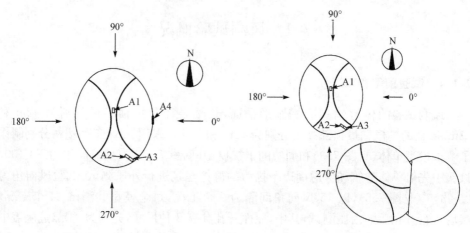

图 7.5 开孔位置及试验风向　　　　　图 7.6 干扰体位置及试验风向

表 7.1 内压试验工况

工况	开孔	内部容积	干扰情况	风向角/(°)
1	A1	$2.6V_0$	无	0～345
2	A2	$2.6V_0$	无	0～345
3	A3	$2.6V_0$	无	0～345
4	A1	V_0	无	0
5	A2	V_0	无	0
6	A3	V_0	无	0
7	A4	$2.6V_0$	无	0～180
8	A1	$2.6V_0$	是	0～345
9	A2	$2.6V_0$	是	0～345
10	A3	$2.6V_0$	是	0～345

7.1.2 试验流场和数据采集

本次屋盖模型的风洞试验在浙江大学 ZD-1 号风洞中进行。根据本工程所在地的地貌特征,按《荷载规范》[12]规定确定为 B 类地貌,地貌粗糙度指数 $\alpha=0.15$,50 年一遇的基本风压为 0.35kN/m^2,相当于离地面 10m 高度处的风速为 23.66m/s。离地面不同高度处的风速用指数规律模拟,即

$$U_Z = U_{10}\left(\frac{Z}{10}\right)^{\alpha} \tag{7.3}$$

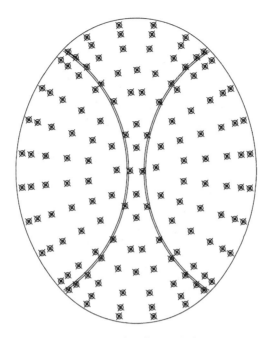

图 7.7　屋盖的外压测点布置

式中,U_{10} 为离地面 10m 高度处,对应 50 年重现期的 10min 平均风速,m/s;U_Z 为离地面高 Z 处的平均风速,m/s。

在风洞中,由尖塔和风洞地面的小方块粗糙元来实现上述风速剖面的模拟。其模拟结果如图 7.8 所示,可以看出其符合《荷载规范》的要求。而试验的湍流强度剖面则按照式(7.4)进行模拟:

$$I_u = I_{10}\left(\frac{Z}{10}\right)^{-\alpha} \tag{7.4}$$

式中,I_{10} 为 10m 高度处名义湍流强度,《荷载规范》建议对于 A、B、C、D 四类地貌分别取 0.12、0.14、0.23、0.39。

风洞中模拟的湍流强度如图 7.8 所示,与《荷载规范》的理论值较接近。图 7.9 给出了试验风速谱和理论 Kaimal 谱的比较,可以看出,两者基本上相符。综上所述,所模拟的风洞试验流场满足《荷载规范》要求,能为后续模型风压数据的可靠获得提供保障。

试验直接测得的各点风压系数均是以模型参考点(高度为 18cm 处)的风压为参考风压进行无量纲化。风洞试验中测得参考点,即对应于原型 23.4m 高度处的风速为 12.4m/s。试验中采样频率设定为 312.5Hz,每个工况共采集 64s。对得到的风压数据按照 6.1 节提到的方法分别进行管道频响修正和滤波处理。

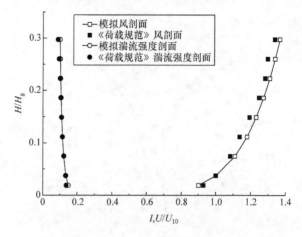

图 7.8　试验模拟风场

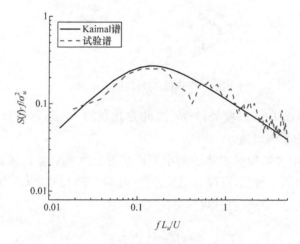

图 7.9　试验风速谱与理论谱比较

7.2　屋盖外风压分布情况

7.2.1　屋盖外荷载分布

为了解半椭球形屋盖表面的风荷载特性,图 7.10 分别给出了屋盖在 0°、45°、270°和 300°风向角下的平均外压系数分布。可以看出,当来流垂直屋盖的长轴方向时(0°风向角),屋盖迎风半球面所受的吸力较小,且由于来流在屋脊的突出部位产生了分离,因此,在屋脊部位产生的风荷载吸力最大。而此时屋盖的两侧和背风面外压呈现类似环状的分布特点,即沿同一高度处的椭圆弧风压近似相同,且该吸力随着高度的降低而减小。当来流方向垂直屋盖短轴时(270°风向角),屋盖在靠近来流一侧的吸力要小于远离来流的一侧。而此时在屋盖平行来流的两侧区域,风荷载的吸力分布比较均匀且大致呈现左右对称的特征。当屋盖处于斜风向来流作用时(如 45°和 300°风向角),屋脊在正对来流的位置会出现一个较大负压的集中区,而在背风一侧同样外压也近似呈现出环状的等值线分布特点。综合以上分析可以得出以下规律:对于本节研究的半椭球形屋盖,气流在爬升过程中产生的作用在屋盖上的吸力将增大且在屋脊分离区达到最大,而当气流翻越屋顶后,其对背风屋面所造成的吸力将随着高度降低而逐渐减小。

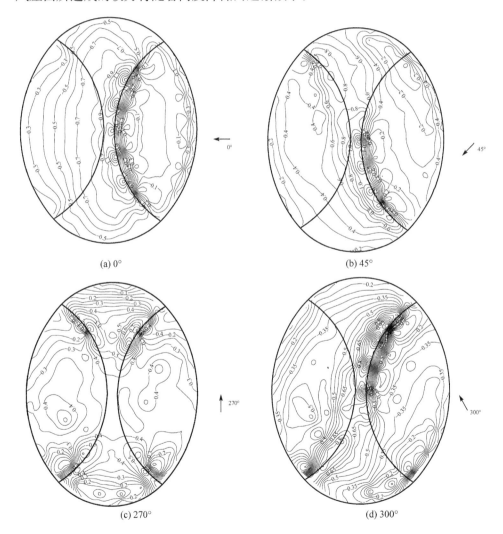

(a) 0°

(b) 45°

(c) 270°

(d) 300°

图 7.10　不同风向角下屋盖的外压系数分布

当考虑周边建筑干扰的影响后,图 7.11 同样给出了 4 个不同风向角(0°、45°、270°和300°)下屋盖平均外压系数分布。可以看出,在 0°和 45°风向角下,外压分布变化不大,因为此时干扰建筑处于来流的尾部,对所测试屋盖的风压分布影响较小。然而,当风向角转变到 270°时,屋盖受周边建筑干扰的影响开始呈现,不仅在迎风端部的前缘出现了局部的正压,而且在两侧区域和背风区的吸力均有所下降,这是来流受到建筑的阻挡以及在测试屋盖处产生了再附着造成的。随着风向角的继续增大,当达到 300°时,屋盖迎风端部的正压区范围得到进一步扩大,且相应的

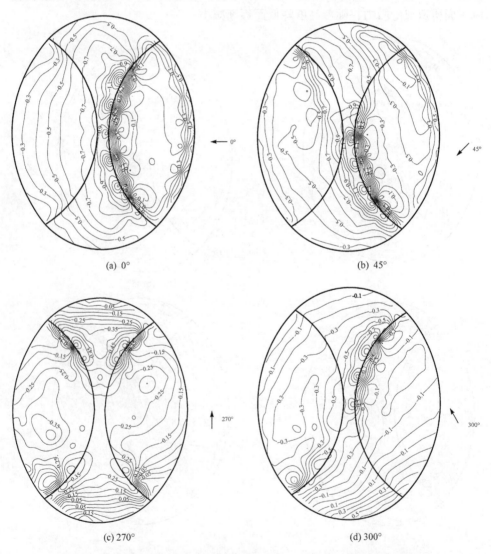

(a) 0°　　　　　　　　　　　　(b) 45°

(c) 270°　　　　　　　　　　　(d) 300°

图 7.11　考虑周边建筑干扰后不同风向角下屋盖平均外压系数分布

正风压值也有明显增强。同样,此时屋脊处所受的最大吸力相比未受扰动的单体建筑也有所减小。由此可见,周边建筑的干扰将对屋盖的表面受风特性有十分显著的影响,因此在结构的抗风设计中考虑周边环境干扰效应的作用将具有重要的工程意义。

7.2.2 外压的非高斯特性

为了比较开孔前后内外压的非高斯特性,首先对屋盖拟开孔位置区(A1~A3)中间某测点的外压进行非高斯特性分析。图 7.12 和图 7.13 给出了有、无干扰效应时全风向角下不同拟开孔位置区外压测点的偏度系数和峰度系数,具体计算方法可参见 6.5 节。从图 7.12 可以看出,对于拟开孔位置 A1,大部分风向角下外压在受到干扰前后的偏度系数变化并不显著,仅在 255°和 300°等干扰显著的风向角下出现一定偏差。其最小偏度系数出现在 135°风向角时且小于−1.0。同样,对于屋盖边缘开孔位置 A2 和 A3,偏度系数也在 255°风向角以后有明显的变化。两种工况下偏度系数的整体取值为−0.6~0.6。由图 7.13 的对比显示,峰度系数最大值出现 135°风向角下的屋顶近中心开孔 A1 时,其值高达 6.0。而对于屋

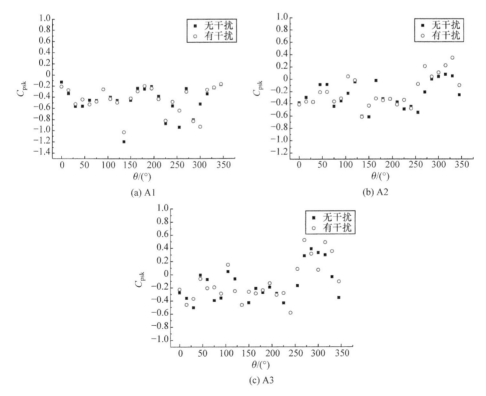

图 7.12　不同拟开孔位置外压测点偏度系数

盖边缘开孔 A2 和 A3,大部分的偏度系数集中在 3.0~4.0,且干扰体的存在似乎使得该情况下的峰度系数更趋近于对应的高斯值。

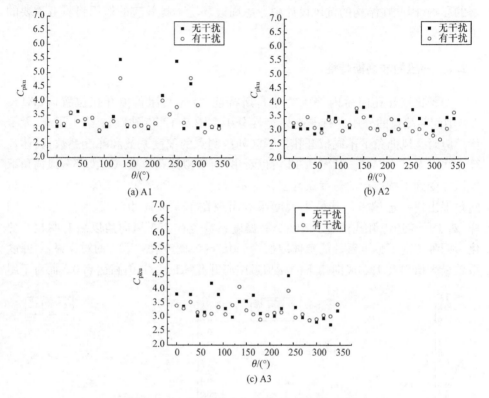

图 7.13 不同拟开孔位置外压测点峰度系数

为了进一步说明屋盖外压在不同的风向角或者干扰效应作用下的非高斯特性,图 7.14 和图 7.15 分别给出无、有干扰效应时 3 个典型风向角下的外压系数概率密度及相应的高斯分布。对于建筑单体,A1 位置在 0°风向角时接近高斯分布,而在 135°风向角时的非高斯特性最为显著,这与前面偏度系数和峰度系数的分析结果是一致的。A2 位置在 300°风向角时近似高斯分布,而其他两个风向角下均呈现一定的非高斯性。A3 位置在所给出的 3 个风向角下,外压均具有非高斯的特性。当建筑周边存在干扰体时,对比图 7.13(a)和 7.14(a)可知,A1 位置处的外压在 300°风向角时的非高斯特性有明显增强,但对 0°风向角时的结果几乎没有影响。而比较受扰前后 A2 和 A3 的外压概率密度可以发现,这两处位置对应的外压非高斯性有不同程度的减弱。尤其是 A3 位置处,当其在 300°风向角下处于正压的作用时,外压基本上已经服从高斯过程。通过以上分析可知,外压的非高斯特性随着不同风向角差异十分明显,而干扰体的存在也对外压的非高斯特性有显著的影响。

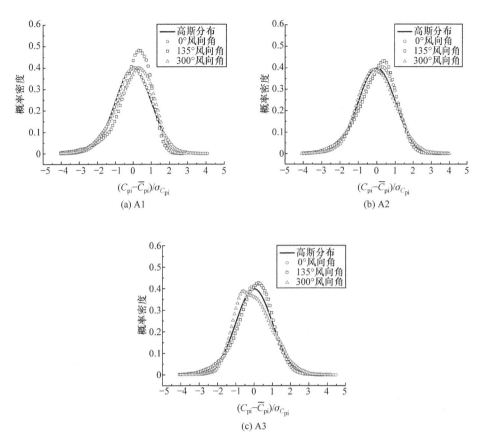

图 7.14　无干扰效应时 3 个典型风向角下的外压概率密度及相应的高斯分布

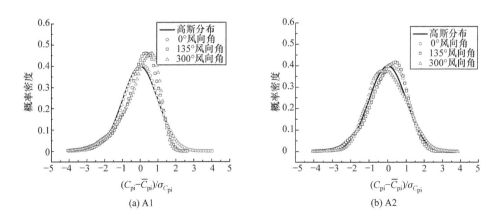

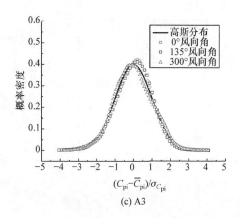

(c) A3

图 7.15　有干扰效应时 3 个典型风向角下的外压概率密度及相应的高斯分布

7.3　屋盖开孔的内压响应

7.3.1　内压响应的特点及影响因素

图 7.16 给出了工况 1~3(见表 7.1)下单体建筑屋盖的平均内压系数。可以看出,3 种工况下内压基本为负值,即其作用方向与外压相反,由此可以推测,它将对外压起到抵消作用从而减小屋盖所受的净风吸力。其中,A1 开孔(工况 1)产生的内部吸力最大,且其最大吸力出现在 165°风向角,最小吸力出现在 90°附近风向角,这可能与外压的分布特点有关。通过 7.2 节的分析可知,由于气流在屋脊开孔A1 处发生了分离,因此相比其他两个边缘开孔,A1 受到的外部吸力更加不利。Wang 等[9]指出屋盖存在开孔并不会影响气流分离的形成,且由此产生的外部风效应将通过开孔传递到建筑内部从而形成相应的内压响应。这就说明屋盖外部吸力大的位置开孔后产生的相应内部吸力也更大。尽管这对减小屋盖净风吸力有利,但可能会在屋盖外压较小的部位产生较大的向下净压(如图 7.10 中屋盖的边缘区域)。除此之外,较大负内压的叠加作用会大幅提升迎风墙面所受的净风压。例如,对于本节屋盖模型,当其在 0°风向角和开孔 A1 的情况下,迎风墙面(拟开孔A4 位置区域)受到的平均净风压系数约为 -1.45,接近全封闭工况下墙面平均外压的 2.1 倍。由此可见,屋盖开孔对受正风压作用的结构墙面受力极为不利,将大大增加墙面破坏的风险。从图 7.16 还可以发现,边缘开孔 A2 和 A3 所产生的风致内压响应在 240°风向角之前均十分接近,但是在 240°风向角之后 A3 所受的吸力会大于 A2。对于这两种开孔情况,较大的内部吸力出现在 0°和 210°附近风向角,且受开孔面积大小的影响并不显著。

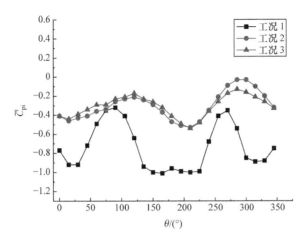

图 7.16　工况 1～3 下屋盖的平均内压系数

　　为了描述内压的脉动特点,图 7.17 给出了工况 1～3 下屋盖的均方根内压系数。可以看出,3 种工况下,屋脊位置 A1 的内压脉动最为明显而 A2 开孔所产生的内压脉动较小且随着风向角的变化不明显。对于工况 1,其内压的脉动响应与平均响应类似,即在气流分离的风向角(如 0°和 180°)产生脉动均方根较大,而在 90°和 270°等风向角下较小。因为在这些风向角下,气流沿着屋脊线爬升并未产生明显的分离效应。与工况 2 不同的是,开孔 A3(工况 3)在 300°风向角附近也产生了较大内压脉动。这是因为此时开孔处于靠近来流的迎风端部,外压脉动剧烈。而 A2 由于远离屋盖檐口,所以在该风向角下受到的外压脉动依然较弱。考虑到开孔 A1 和 A3 分别在 0°和 300°风向角下产生较大的内压脉动响应,下面对这两个工况下内压响应的频谱特性展开进一步的探索。

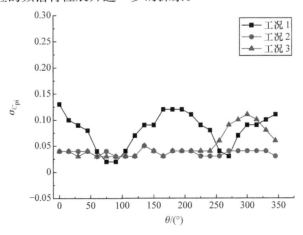

图 7.17　工况 1～3 下屋盖的均方根内压系数

图 7.18 和图 7.19 分别绘出了屋盖开孔工况 1 和 3 的内压响应功率谱。可以看出,屋盖内压响应存在两个共振峰:较大的峰值是 Helmholtz 共振造成的,其共振频率分别为 51Hz 和 60Hz,而共振频率约 30Hz 处的峰值可能是孔口处气流的涡脱造成的。为了探索 Helmholtz 频率方程的有效性,将识别到的频率代入式 (7.2)可以反算出惯性系数 C_I 的值,其结果为 0.53,接近李寿科等的识别结果。然而,目前研究[13~17]基于墙面开孔的经典理论得到的惯性系数经验值为 0.8~1.3,远大于屋盖开孔时的结果。而导致这一差别的主要原因可能是涡脱效应的耦合作用。Yu[18]经过不同风向的墙面开孔试验发现,当孔口处存在涡脱效应时,内压的共振频率方程将不再适用,这一点似乎验证了本节的上述发现。由此可见,对于屋盖开孔的情况,若仍采用经典的墙面开孔共振频率方程结合 C_I 的经验取值,则可能会低估内压响应的 Helmholtz 共振频率。

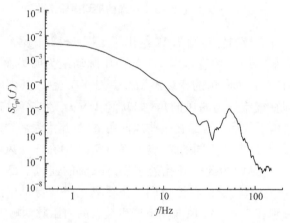

图 7.18　屋盖开孔工况 1 的内压响应功率谱(0°风向角)

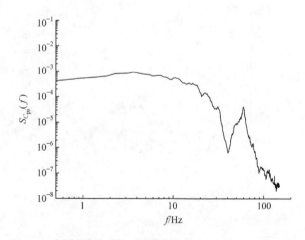

图 7.19　屋盖开孔工况 3 的内压响应功率谱(300°风向角)

为了探讨容积改变对风致屋盖开孔内压响应的作用,表 7.2 列出了 V_0 和 $2.6V_0$ 容积下内压均值、均方根和 Helmholtz 共振频率的比值。可以看出,内压的均值随容积变化而改变十分有限,但是均方根随容积的增加而减小,表明大容积下内压脉动响应有所减弱。此外,还可以发现共振频率也随着容积的增加而变小。对式(7.2)的进一步研究发现,当内压的 Helmholtz 共振频率满足该方程时,因为惯性系数 C_I 并不随容积变化,所以不同容积下的共振频率比的平方应当等于容积比的倒数。那么对于本次变容积试验,根据上述分析得到的 3 种开孔工况的理论频率比应该等于 1.61,而试验测得的结果仅为 $1.23 \sim 1.26$,小于理论值。这不仅再次说明式(7.2)不适合屋盖开孔时的内压 Helmholtz 共振频率估算,还引发了另一个关于内压的模型缩尺效应修正问题。第 4 章的研究已经指出,墙面开孔时为了保持建筑原型和模型间内压动力特性的相似性(主要是共振频率的相似性),模型的容积应该按照风速比的平方进行调整[19,20]。这一调整原理是基于内压以 Helmholtz 共振响应为主,即满足式(7.2)的前提下。因此,对于屋盖开孔的情况下,这一容积调节理论可能并不适用。

表 7.2　V_0 和 $2.6V_0$ 容积下内压均值、均方根和 Helmholtz 共振频率的比值

开孔位置	$\overline{C}_{pi}$ 之比	$\sigma_{C_{pi}}$ 之比	f_H 之比
A1	1.03	1.09	1.26
A2	1.03	1.08	1.25
A3	1.04	1.12	1.23

7.3.2　墙面或屋面开孔内压响应的区别

在强风或者台风等恶劣风环境下,建筑可能出现墙面或者屋面破坏而形成开孔。为了比较不同破坏工况下建筑内部风荷载作用效应的差别以避免出现更为恶劣的二次破坏,本节对屋盖或者墙面分别存在相同开孔尺寸的工况进行了风洞试验,即表 7.1 中的工况 3 和工况 7。其中,墙面开孔时内压响应的均值和均方根的试验结果绘于图 7.20。可以看出,最大的内压系数均值出现在 0°风向角,约为 0.6。与屋面开孔工况 3 有利于减小净风吸力不同的是,墙面开孔工况 7 在风向角小于 45°时,内压平均响应均为正值从而将增大屋盖所承受的整体升力。但是墙面开孔所产生的内部吸力远小于屋盖开孔时,故对迎风墙面的受力是有益的。比较图 7.20 和图 7.17 还可以发现,墙面开孔时的最大内压脉动响应均方根略大于屋盖开孔的情况,且两者分别出现在 0°和 300°风向角,即开孔正对来流的时候。通过以上比较分析可以得知,单体建筑的墙面开孔对屋盖受力比较不利,而屋盖开孔将增加迎风墙面的破坏风险。

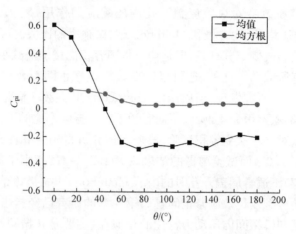

图 7.20　墙面开孔工况 7 的内压均值和均方根

　　为了进一步了解墙面开孔和屋面开孔在内压频响特性方面的差异,图 7.21 给出了 0°和 120°风向角下墙面开孔的内压响应功率谱。不难发现,当来流垂直开孔时,内压响应具有单一共振的特点,其共振频率约为 51Hz。取 $C_I = 0.8$ 代入式(7.2),可以得到理论的共振频率约为 50Hz,接近试验结果,这就说明此时内压响应符合 Helmholtz 共振的特性。但是相比屋盖开孔下的内压共振频率(见图 7.19),墙面开孔工况要偏小,这可能是涡脱的影响造成的。第 5 章的研究已经指出,当内压响应受到外部周期性的涡脱激励时,其固有的 Helmholtz 共振频率将会发生偏移,这一点由图 7.21 也可以说明。当风向角由 0°变到 120°后,内压呈现出明显的双峰共振的特点,在约 20Hz 频率处出现了额外的涡脱共振峰。而此时,原有的 Helmholtz 共振频率往高频方向偏移,达到 56Hz。由此可见,外压激励特性的差异将使得相同开孔尺寸的屋盖开孔比墙面开孔出现更高的内压共振频率。

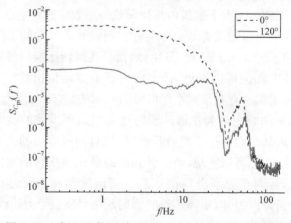

图 7.21　0°和 120°风向角下墙面开孔的内压响应功率谱

7.3.3　建筑周边干扰对内压响应的影响

在实际情况下,建筑物的周边一般都存在着其他建筑群体,从而会对来流风场产生一定的干扰效应。因此,研究周边干扰效应下的建筑内压响应也具有重要的工程意义。图 7.22 给出了存在周边干扰时(工况 8~10)以及与之相应的无干扰时(工况 1~3)的内压响应。图 7.22(a)显示,对于屋顶开孔 A1,干扰出现前后对内压响应有一定的影响。例如,180°风向角时吸力略有增大,而在 300°风向角时吸力有所减弱,但是该影响并不十分显著。然而对于屋盖边缘开孔 A2 和 A3,除在180°风向角下吸力有所增加外,平均内压在 300°风向角附近出现了骤增,且其作用方向也由吸力变为压力。这一点可由 7.2 节中屋盖的外压分布特点来解释,因为此时来流受扰后在该部位发生了附着现象,所以产生正内压。可以发现,最大的平

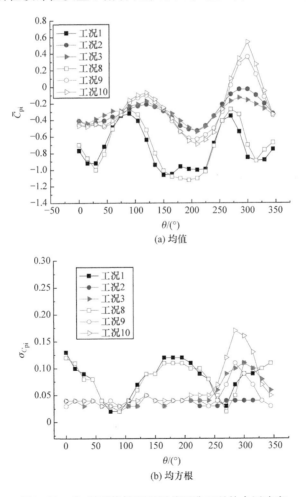

(a) 均值

(b) 均方根

图 7.22　有、无干扰情况下屋盖开孔工况的内压响应

均正压系数出现在工况 10（A3 开孔）且达到了 0.55，接近迎风墙面开孔（工况 7）的最大平均内压值，因此对屋盖所受的净升力比较不利。但相比墙面开孔工况 7，工况 10 所产生的内部吸力也更加不利。由此可见，受干扰后的屋盖开孔 A3 不仅对屋盖的整体吸力有较大贡献，而且将大幅提高迎风墙面所受的总净风压，所以比具有相同尺寸的墙面开孔更加不利。从图 7.22(b)可知，在 250°风向角以前，内压的脉动响应在受到干扰前后变化并不显著。对于开孔 A2 和 A3，内压均方根也在 300°风向角附近出现了大幅的提升。尤其是开孔 A3，其最大内压脉动均方根值已经相当于墙面开孔时的最大值（0°风向角）。考虑到两个边缘开孔工况的最大内压均值和均方根均在 300°风向角下获得，所以相应的极值内压也很有可能在该风向角下产生。

7.3.4　屋盖开孔内压响应的峰值因子

　　为了研究屋盖开孔后内压响应的非高斯特性，图 7.23 和图 7.24 给出了有、无周边建筑干扰情况下内压响应的偏度系数和峰度系数。可以看出，干扰前后内压的偏

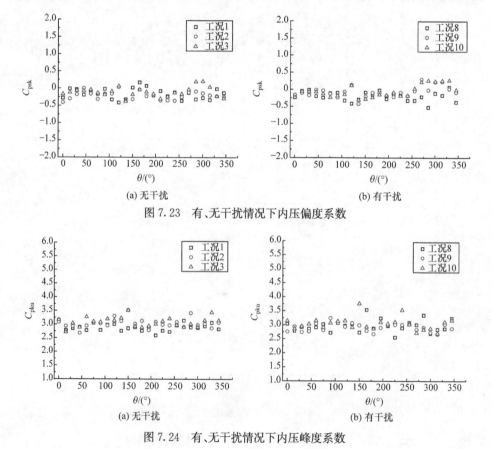

图 7.23　有、无干扰情况下内压偏度系数

图 7.24　有、无干扰情况下内压峰度系数

度系数变化并不十分明显,且大部分风向角下的系数均分布在-0.25~0.25。类似地,峰度系数受干扰的影响也十分有限,且除了个别风向角外都分布于2.75~3.5。总的来看,内压的峰度和偏度系数在多数风向角下接近高斯分布的取值。

为了进一步明确内压响应是否存在非高斯特性,图7.25和图7.26分别给出了0°、135°和300°风向角下不同开孔位置在有、无外部干扰时的内压响应概率密度与标准高斯分布的比较。可以发现,3种屋盖开孔情况在0°风向角下的内压响应最接近高斯分布特性,而在其他两个风向角下均呈现出一定的弱非高斯性。但是相比屋盖外压的响应来看(见图7.13和图7.14),相同风向角下内压响应的非高斯特性显得弱好多,且更加接近高斯过程。

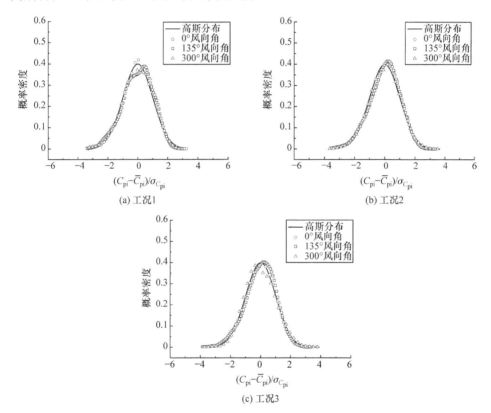

图7.25　无干扰时3个风向角下的内压系数概率密度及高斯分布

图7.27给出屋盖在开孔A1和A3下的内压峰值因子,因为屋盖开孔时内压响应依然具有同步性且服从均匀分布的特点,此处峰值因子取各个测点的平均值。可以看出,屋盖中心开孔A1和边缘开孔A3的峰值因子基本为3.5~4.5,均大于《荷载规范》的建议值,而且从整体上看,当屋盖开孔处的风荷载受到干扰时,其对峰值因子的影响并不十分明显。相比边缘开孔A3,屋盖中心开孔时内压峰值因子

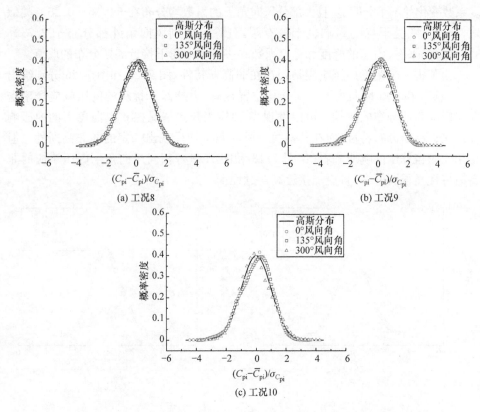

图 7.26　有干扰时 3 个风向角下的内压系数概率密度及高斯分布

随风向角的变化更加剧烈。因此,在围护结构设计中进行开孔屋盖内部极值风荷载的评估时应当提高相应的峰值因子取值,以确保其抗风的安全性。

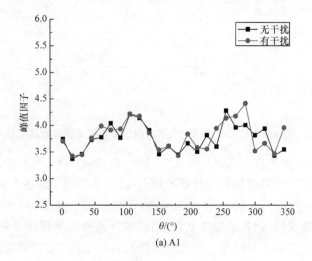

(a) A1

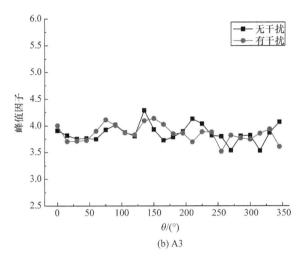

(b) A3

图 7.27　屋盖开孔 A1 和 A3 下的内压峰值因子

7.4　本章小结

本章对实际工程中可能出现的屋盖开孔情况下的内压响应特点进行了风洞试验研究,以使读者能够了解屋盖开孔后风致内压的取值规律及其与墙面开孔时内压响应的差异,从而为结构抗风设计提供经验。本章以某半椭球形屋盖为研究对象,考察了开孔面积、内部容积和周边干扰等不同因素影响下的内压响应变化规律,比较了屋盖和墙面破坏情况下内压响应的差别及对建筑的不利影响,分析了该屋盖内外表面风压的非高斯特性及内压峰值因子的取值规律。通过以上研究得到的主要结论如下:

(1) 对于本章所研究的椭球形屋盖,外部吸力最不利的位置在屋脊的气流分离区。背风面屋盖的吸力呈现出环状分布特点且吸力从屋顶到屋檐逐渐减小。当来流受到周边建筑的干扰时,屋盖局部的受力特性将发生显著变化,如从受吸力作用转变为受压力的作用。屋盖的外表面风压存在显著的非高斯特性。

(2) 对于单体建筑,当屋盖开孔时内压基本为负值,从而能够抵消屋盖所受的外部吸力。相比边缘开孔的情况,椭球形屋盖的屋脊部位开孔将产生更大的内部吸力,因此可能在屋盖的局部形成向下的净压力。

(3) 频谱分析表明,屋盖开孔时,风致内压响应可能存在双峰共振的特点,即包含涡脱共振峰和 Helmholtz 共振峰。在此条件下,基于墙面开孔导出的内压共振频率式(7.2)可能不适合对屋盖的 Helmholtz 频率进行预测。

（4）改变内部容积对内压的均值影响不大，但内压的均方根随着容积的增加而减小。此外，由于内压共振频率随容积的改变不再满足理论式（7.2）的关系，这就可能导致目前用于墙面开孔内压风洞试验模型缩尺效应修正的模型内部容积调节方法（见第4章）难以应用到屋盖开孔的情况中。

（5）对屋盖和墙面破坏时内压进行比较发现，墙面开孔时将大幅提升屋盖吸力，而屋盖破坏开孔后将对受正压作用的迎风墙面的受力造成极为不利的影响。此外，屋面开孔时将比墙面开孔具有更高的内压 Helmholtz 共振频率。

（6）当建筑存在周边干扰效应时，屋盖开孔所产生的内压响应可能会出现较大的正值。由于此时最大平均正内压和最大均方根内压均出现在同一风向角，且接近墙面开孔时的相应最大值，所以两种破坏情况对屋面升力的贡献相当。但是，由于屋面开孔将比墙面开孔产生更大的内部吸力，所以前者仍对迎风墙面更加不利。

（7）在某些风向角下，屋盖开孔后的风致内压响应仍呈现出一定的非高斯特性，但是相比外压要明显减弱。干扰体的存在似乎对内压非高斯特性的影响不太显著。总的来看，屋盖开孔情况下内压响应的峰值因子将达到 3.5 以上，因此建议进行建筑内部极值风效应的设计评估时适当提高峰值因子的取值。

参 考 文 献

[1] 徐海巍,余世策,楼文娟.开孔结构内压脉动影响因子的试验研究[J].浙大学报(工学版)，2013,48(3):487-491.

[2] Oh H J,Kopp G A,Inculet D R. The UWO contribution to the NIST aerodynamic database for wind load on low buildings:Part 3. Internal pressure[J]. Journal of Wind Engineering and Industrial Aerodynamics,2007,95(8):755-779.

[3] Sharma R N,Richards P J. Computational modeling of the transient response of building internal pressure to a sudden opening[J]. Journal of Wind Engineering and Industrial Aerodynamics,1997,72(1):149-161.

[4] Ginger J D,Holmes J D,Kim P Y. Variation of internal pressure with varying sizes of dominant openings and volumes[J]. Journal of Structural Engineering,2010,136(10):1319-1326.

[5] Holmes J D,Ginger J D. Internal pressures-The dominant windward opening case-A review[J]. Journal of Wind Engineering and Industrial Aerodynamics,2012,100(1):70-76.

[6] Pan F,Cai C S,Zhang W. Wind-induced internal pressures of buildings with multiple openings[J]. Journal of Engineering Mechanics,2013,139(3):376-385.

[7] 李寿科.屋盖开孔的近地空间建筑的风效应及等效静力风荷载研究[D].长沙:湖南大学,2013.

[8] 李秋胜,王云杰,李建成,等.屋盖角部开孔的低矮房屋屋面风荷载特性研究[J].湖南大学学报(自然科学版),2014,41(6):1-8.

[9] Wang Y J, Li Q S. Wind pressure characteristics of a low-rise building with various openings on a roof corner[J]. Wind and Structures, 2015, 21(1):1-23.

[10] Holmes J D. Wind pressure on tropical housing[J]. Journal of Wind Engineering and Industrial Aerodynamics, 1994, 53(1-2):105-123.

[11] John A D, Singla G, Shukla S, et al. Interference effect on wind loads on gable roof building[J]. Procedia Engineering, 2011, 14:1776-1783.

[12] 中华人民共和国建设部. GB 50009—2012 建筑结构荷载规范[S]. 北京:中国建筑工业出版社, 2012.

[13] Sharma R N, Richards P J. Computational modeling in the prediction of building internal pressure gain function[J]. Journal of Wind Engineering and Industrial Aerodynamics, 1997, 67-68:815-825.

[14] Vickery B J, Bloxham C. Internal pressure dynamics with a dominant opening[J]. Journal of Wind Engineering and Industrial Aerodynamics, 1992, 41(1-3):193-204.

[15] Xu H W, Yu S C, Lou W J. The inertial coefficient for fluctuating flow through a dominant opening in a building[J]. Wind and Structures, 2014, 18(1):57-67.

[16] Liu H, Saathoff P J. Building internal pressure:Sudden change[J]. Journal of the Engineering Mechanics Division, 1981, 107(2):109-321.

[17] Stathopoulos B T, Luchian H D. Transient wind-induced internal pressures[J]. Journal of Engineering Mechanics, 1989, 115(7):1501-1514.

[18] Yu S C. Wind tunnel study on vortex-induced Helmholtz resonance excited by oblique flow[J]. Experimental Thermal and Fluid Science, 2016, 74:207-219.

[19] Holmes J D. Mean and fluctuating pressures induced by wind[C]//Proceedings of the 5th International Conference on Wind Engineering, Fort Collins, 1979:435-450.

[20] Sharma R N, Mason S, Driver P. Scaling methods for wind tunnel modelling of building internal pressures induced through openings[J]. Wind and Structures, 2010, 13:363-374.

第8章 开孔厂房纵墙风荷载的数值模拟

以往对于开孔建筑风致内压特性的研究大多数是基于现场实测和风洞试验。Ginger 等[1,2]通过 TTU 建筑现场实测证实了建筑开孔后风致内压的共振效应。戴益民等[3]对沿海某低矮建筑进行了现场实测,研究了台风工况下低矮建筑表面的风荷载特征。现场试验虽然比较真实且能够检验理论的可靠性,但是其受测试条件、现场环境和测试设备精度的影响较大,导致实测的结果往往不具有典型性甚至还可能得到难以解释的结论。考虑到现场实测的复杂性和长期性,缩尺模型的风洞试验成为研究风致内压响应的主要手段。Holmes 等[4,5]、Sharma 等[6,7]、Ginger 等[8,9]、Oh 等[10]都通过风洞试验研究了内外压之间的传递特性及其影响因素。余世策等[11,12]和卢旦等[13,14]研究了突然开孔后内压的瞬态响应及内压与屋盖的耦合作用。但是风洞试验也存在一定的不足,如模型和流场的缩尺效应、试验成本高以及测压管道的压力畸变等。相比风洞试验,数值模拟技术能够详细地模拟实际的建筑和周边环境干扰,不仅可以反映较为真实的风环境,还能够形象地展示流场和风压场等众多信息,具有十分明显的优势。

随着计算机技术的迅速发展和湍流模型的日益完善,CFD 数值模拟技术也越来越成熟,并且已经在国内外数值风洞研究中得到了应用。Sharma 等[15,16]早在1997 年就用流体动力学软件对突然开孔后模型内压的瞬态响应进行了模拟,并获得了内压的自由衰减曲线。Bekele 等[17]、顾明等[18]用 Fluent 软件对 TTU 建筑表面的平均压力场进行了数值模拟并与 TTU 的实测结果进行了比较,发现数值模拟的结果具有一定的合理性。宋芳芳等[19]也用 Fluent 软件对不同开孔大小和位置下低矮建筑平均内压响应进行了分析,发现当迎风面和背风面同时存在开孔时,内压系数随着迎风面和背风面开孔面积比的增加而增大,但当该比值达到 3 以上时,内压系数趋近于稳定值。肖明葵等[20]对不同开孔形式下双坡屋面住宅进行研究后发现,开孔率对平均内压的影响不大,而开孔位置对其影响显著。楼文娟等[21]通过在建厂房的数值模拟分析了其可能的倒塌机理,即施工过程中较大开孔的存在使得墙面在内外压共同作用下净压力大幅增强。尽管 CFD 数值模拟技术具有经济高效、可视化程度高、受外环境干扰小等优点,但是其准确性和可靠性却很少被验证,这也是制约数值模拟技术在风工程中广泛应用的重要原因之一。

本章首先介绍 CFD 数值风洞技术的基本原理;然后以某大跨厂房为例,采用商用的 Fluent 软件对不同长度的单一开孔超高单层厂房墙面的内外表面平均风压进行数值模拟得到风压沿纵墙的分布规律,并研究厂房长宽比对墙面风压分布

的影响;最后将数值模拟结果与厂房模型的风洞试验结果进行对比来验证数值风
洞的有效性。

8.1　CFD 数值模拟的基本理论

CFD 数值模拟实质上是求解流体基本运动方程(连续性方程、动量定理方程、
能量守恒方程),以得到流场内各个基本物理量分布特性的过程。数值模拟的基本
思路是将时间和空间上连续的物理场用有限的离散点来代替,并建立各离散点上
变量之间关系的方程组,最终通过数值方法求解方程组来获得物理场变量的近似
值。因此,通过数值模拟就可以得到风速场、温度场和风压场等基本信息,可以用
于风工程领域中风环境的评估、建筑表面风压的预测和气动力分析等方面。数值
模拟分析的基本过程包括:①建立分析问题的物理模型并确定流场条件,也就是建
立流体的基本控制方程和相应的边界条件;②模型的离散(通常又称为网格的划
分),得到离散的控制方程组和边界条件;③选择求解法则和收敛标准对离散方程
的求解精度和求解效率进行控制;④最终输出并显示所需的求解结果。与之对应
的 CFD 软件包括:①前处理器,用于建模和离散;②求解器,用于设定边界条件和
求解法则;③后处理器,用来处理和显示流场的计算结果。下面对数值模拟的基本
相关原理进行介绍。

8.1.1　基本控制方程

流体的基本运动方程包括连续性方程(又称质量守恒方程)、动量方程和能量
方程。由于结构风工程的多数问题研究中通常不考虑热交换的作用,因此流体运
动主要由质量守恒方程和动量守恒方程来描述。连续性方程描述了单位时间内某
空间内流体质量的增加量等于同一时间内流体流入和流出该空间的流体的质量之
差。其具体方程表示如下[22,23]:

$$\frac{\partial \rho}{\partial t} + \frac{\partial (\rho u)}{\partial x} + \frac{\partial (\rho v)}{\partial y} + \frac{\partial (\rho w)}{\partial z} = 0 \qquad (8.1)$$

式中,t 为时间,s;ρ 为流体密度,kg/m³;u、v、w 是速度向量在 x、y、z 方向的分量。

对低风速下的空气,可以认为其是不可压缩流体,此时流体的密度为常数,故
式(8.1)可化简为

$$\frac{\partial u}{\partial x} + \frac{\partial v}{\partial y} + \frac{\partial w}{\partial z} = 0 \qquad (8.2)$$

动量方程又称为运动方程,对流体的微单元应用牛顿第二定律可得到

$$\frac{\partial (\rho u_i)}{\partial t} + \sum_{j=1}^{3} \frac{\partial (\rho u_i u_j)}{\partial x_j} = F_i - \frac{\partial p}{\partial x_i} + \sum_{j=1}^{3} \frac{\partial \tau_{ji}}{\partial x_j} \qquad (8.3)$$

式中,$u_i(i=1,2,3)$和 $u_j(j=1,2,3)$分别代表 x、y、z 三个方向的速度分量(u、v 和 w);$x_j(j=1,2,3)$分别对应 x、y 和 z 三个方向;P 为流体微单元上的压力;$F_i(i=1,2,3)$为流体在 x、y 和 z 三个方向的体积力,若只计重力的情况下,$F_x=F_y=0$;$\tau_{ij}(i,j=1,2,3)$表示由于黏性作用而产生的在 3 个方向的黏性应力。其计算方法如下:

$$\tau_{xx} = 2\mu \frac{\partial u}{\partial x} + \lambda \sum_{j=1}^{3} \frac{u_j}{x_j} \tag{8.4}$$

$$\tau_{xy} = \tau_{yx} = \mu\left(\frac{\partial u}{\partial x} + \frac{\partial v}{\partial x}\right) \tag{8.5}$$

式中,μ 为流体的运动黏度(又称第一黏度);λ 为第二黏度,一般可取为$-2/3$。关于黏性应力的其余分量可按照式(8.4)和式(8.5)进行类推。

将应力黏度代入式(8.3)可以得到

$$\frac{\partial(\rho u_i)}{\partial t} + \sum_{j=1}^{3} \frac{\partial(\rho u_i u_j)}{\partial x_j} = F_i - \frac{\partial p}{\partial x_i} + \sum_{j=1}^{3} \mu \frac{\partial^2 u_i}{\partial x_j \partial x_j} + S_i \tag{8.6}$$

式中,S_i 称为应力项。例如,S_x 可以表示为

$$S_x = \frac{\partial}{\partial x}\left(\mu \frac{\partial u}{\partial x}\right) + \frac{\partial}{\partial y}\left(\mu \frac{\partial y}{\partial x}\right) + \frac{\partial}{\partial z}\left(\mu \frac{\partial w}{\partial x}\right) + \frac{\partial}{\partial x}\sum_{j=1}^{3} \lambda \frac{\partial u_j}{\partial x_j} \tag{8.7}$$

对于黏性为常数的不可压缩流体,S_i 是微小量可以忽略。因此动量方程可简化为

$$\frac{\partial(\rho u_i)}{\partial t} + \sum_{j=1}^{3} \frac{\partial(\rho u_i u_j)}{\partial x_j} = F_i - \frac{\partial p}{\partial x_i} + \sum_{j=1}^{3} \mu \frac{\partial^2 u_i}{\partial x_j \partial x_j} \tag{8.8}$$

式(8.8)即为黏性不可压缩流体的动量方程,也称 Navier-Stockes(N-S)方程。

由连续方程式(8.2)和动量守恒方程式(8.8)构成的方程组,就可以用来求解黏性不可压缩流体的动力学问题。目前,关于该方程组的解法主要包括直接求解法和非直接求解法。直接求解法采用计算机直接对 N-S 方程进行求解,不引入任何湍流模型,也不对湍流方程作任何近似,因此从理论上来看,该方法可以得到相对准确的计算结果。但直接求解法通常要求极小的网格和极短的时间步长[22],特别是在计算高雷诺数的情况时,由于包含了尺度非常小的涡,需要更高程度的离散,其计算效率和耗时是目前计算条件难以满足的。

为此,研究人员提出了对流体动力方程近似简化后的非直接求解法。非直接求解法并不直接计算湍流特性而对其做一定程度的简化处理。根据所采用的简化方法不同又可以将其分为雷诺时均(Reynolds averaged Navier Stokes,RANS)法和大涡模拟(large eddy simulation,LES)法[23]。下面分别对这两种方法进行介绍。

8.1.2　湍流模型

1. RANS 模拟法

由于实际工程中更为关心的是流场的整体平均效果而不是某一瞬态的流场信息。这样就产生了流体运动的时均化分析方法,即通过求解时均化的 N-S 方程来反映流场的特征信息。这样不仅可以满足工程需求,而且可以大幅提升计算效率。RANS 就是这样一种时均化方法,其基本思想是将湍流运动当成平均流动和脉动流动的叠加,因此流体的各个运动变量可以表示为

$$u = \bar{u} + \tilde{u} \tag{8.9}$$
$$P = \bar{P} + \tilde{P} \tag{8.10}$$

式中,u 和 P 分别表示为流体的速度和压力,其中上标符号"-"和"~"分别代表平均分量和脉动分量。

将式(8.9)和式(8.10)代入不可压缩流体的连续性方程式(8.2)和动量方程式(8.8)并且忽略体力的作用,然后将得到的结果对时间取平均便可以得到如下时均化后的流动方程组:

$$\sum_{i=1}^{3} \frac{\partial \bar{u}_i}{\partial x_i} = 0 \tag{8.11}$$

$$\frac{\partial \bar{u}_i}{\partial t} + \sum_{j=1}^{3} \frac{\partial (\overline{u_i u_j})}{\partial x_j} = -\frac{\partial \bar{p}}{\rho \partial x_i} + \sum_{j=1}^{3} \nu \frac{\partial^2 \bar{u}_i}{\partial x_j \partial x_j} - \sum_{j=1}^{3} \frac{\partial \overline{\tilde{u}_i \tilde{u}_j}}{\partial x_j} \tag{8.12}$$

当流体密度不能忽略时,上述时均化后的方程可以写为

$$\frac{\partial \rho}{\partial t} + \sum_{i=1}^{3} \frac{\partial (\rho \bar{u}_i)}{\partial x_i} = 0 \tag{8.13}$$

$$\frac{\partial (\rho \bar{u}_i)}{\partial t} + \sum_{j=1}^{3} \frac{\partial (\rho \overline{u_i u_j})}{\partial x_j} = -\frac{\partial \bar{p}}{\partial x_i} + \sum_{j=1}^{3} \mu \frac{\partial^2 \bar{u}_i}{\partial x_j \partial x_j} - \sum_{j=1}^{3} \frac{\partial (\rho \overline{\tilde{u}_i \tilde{u}_j})}{\partial x_j} \tag{8.14}$$

由于采用了 RANS 法,式(8.14)又可以称为雷诺方程。该方程与 N-S 方程相比多出了一项 $\rho \overline{\tilde{u}_i \tilde{u}_j}$,该项是 N-S 方程时均化处理后多出的速度脉动量乘积的时均值项,也称为雷诺(Reynolds)应力项[24],是一个二阶对称张量。由此可知,流体的脉动特性将使平均流动中产生一种新的应力,使得方程未知量增加,从而导致原有的方程组不能封闭,因此必须引入新的湍流模型才能使方程组封闭。当引入了雷诺应力的近似方程后才能求解所有未知量。为了求解雷诺应力,需要通过一定的假定来建立相关的表达式(或称为湍流模型),通过这些表达式使湍流脉动值和时均值联系起来。根据采用的假定不同,湍流模型又可以分为涡黏模型和雷诺应力模型两大类。以下分别进行介绍。

1）涡黏模型

该模型不直接假定雷诺应力项而是通过将湍流应力表示为湍动黏度的函数进而对方程进行求解。根据 Boussinesq 提出的涡黏假定[25]，可得到雷诺应力与平均速度之间的关系：

$$-\rho\overline{\bar{u}_i\bar{u}_j}=\mu_t\left[\frac{\partial\bar{u}_i}{\partial x_j}+\frac{\partial\bar{u}_i}{\partial x_j}\right]-\frac{2}{3}\left[\rho k+\mu_t\frac{\partial\bar{u}_i}{\partial x_i}\right]\delta_{ij} \tag{8.15}$$

式中，μ_t 为湍动黏度；δ_{ij} 为克罗内克函数，其在 $i=j$ 时取 1，其余情况下取 0；k 为湍动能，可以按照式(8.16)计算：

$$k=\frac{1}{2}(\overline{u^2}+\overline{v^2}+\overline{w^2}) \tag{8.16}$$

以上公式的计算精度主要取决于湍动黏度。如何确定湍动黏度与时均变量的关系就是涡黏模型需要解决的问题。根据确定该关系的方程数多少，涡黏模型又可以分为零方程模型、单方程模型和两方程模型（又称为 k-ε 模型）。目前工程中应用较多的为两方程的 k-ε 模型。该模型将湍动黏度表示为 k 和 ε 这两个参数的方程[24,25]，即

$$u_t=\rho C_\mu\frac{k^2}{\varepsilon} \tag{8.17}$$

式中，C_μ 为经验常数，可取 0.09；ε 为湍动耗散率，可根据式(8.18)确定：

$$\varepsilon=\frac{\mu}{\rho}\overline{\frac{\partial\bar{u}_i}{\partial x_j}\frac{\partial\bar{u}_i}{\partial x_j}} \tag{8.18}$$

标准的 k 和 ε 模型是基于充分发展的湍流流场而建立的，是一种适用于高雷诺数的湍流模型。对于湍流未充分发展的区域（如近壁面区域），流体流动可能还会出现层流的情况。因此，采用这种高湍流的标准 k-ε 模型可能就会出现问题，必须采用特殊的方式进行处理。目前常用的解决办法是采用壁面函数，具体可以参见 8.2.3 节。此外，标准的双参数模型假定湍动黏度是各向同性的，因此对于湍流为各向异性的情况，该方法也会产生预测失真的情况。在风工程领域的研究中，经常涉及钝体的扰流问题。标准 k-ε 模型在处理钝体绕流时会遇到一定的问题，究其原因在于引入涡黏模型后使得绕钝体前缘的湍动能产生方式与实际情况不相同，为了修正该不足，研究人员后续又提出了 RNG(renormalization group) k-ε 模型和 Realizable k-ε 模型[24,26]。

2）雷诺应力模型

雷诺应力模型(Reynolds stress model，RSM)是直接对时均化后的 N-S 方程中的雷诺应力项进行假定。其基本思想是通过引入雷诺应力方程，使得原有的流

动方程组闭合。其中,补充的雷诺应力公式为[24]

$$\frac{\partial(\rho\,\overline{\tilde{u}_i\tilde{u}_j})}{\partial t}+\frac{\partial(\rho\,\overline{\tilde{u}_i\tilde{u}_j})}{\partial x_k}=\frac{\partial}{\partial x_k}\left(\frac{\mu_t}{\sigma_k}\frac{\partial\overline{\tilde{u}_i\tilde{u}_j}}{\partial x_k}+\mu\,\frac{\partial\overline{\tilde{u}_i\tilde{u}_j}}{\partial x_k}\right)-\rho\left(\overline{\tilde{u}_i\tilde{u}_k}\frac{\partial u_j}{\partial x_k}+\overline{\tilde{u}_j\tilde{u}_k}\frac{\partial u_i}{\partial x_k}\right)$$

$$-\frac{\mu_t}{\rho Pr_i}\left(g_i\,\frac{\partial\rho}{\partial x_j}+g_j\,\frac{\partial\rho}{\partial x_i}\right)$$

$$-C_1\rho\,\frac{\varepsilon}{k}\left(\overline{\tilde{u}_i\tilde{u}_k}-\frac{2}{3}k\delta_{ij}\right)-C_2\left(P_{ij}-\frac{1}{3}P_{kk}\delta_{ij}\right)$$

$$+C_1'\rho\,\frac{\varepsilon}{k}\left(\overline{\tilde{u}_m\tilde{u}_k}n_kn_m\delta_{ij}-\frac{3}{2}\overline{\tilde{u}_i\tilde{u}_k}n_jn_k-\frac{3}{2}\overline{\tilde{u}_j\tilde{u}_k}n_in_k\right)\frac{k^{3/2}}{C_ld\varepsilon}$$

$$+C_2'\left(\Phi_{km,2}n_kn_m\delta_{ij}-\frac{3}{2}\Phi_{ik,2}n_jn_k-\frac{3}{2}\Phi_{jk,2}n_in_k\right)\frac{k^{3/2}}{C_ld\varepsilon}$$

$$-\frac{2}{3}\rho\varepsilon\delta_{ij}-2\rho\Omega_k(\overline{\tilde{u}_m\tilde{u}_j}e_{ikm}+\overline{\tilde{u}_m\tilde{u}_i}e_{jkm})\tag{8.19}$$

式中,$C_1=1.8$;$C_2=0.6$;$C_1'=0.5$;$C_2'=0.3$;$C_l=C_\mu^{3/4}/\kappa$,κ 为 Karman 常数,可取 0.42;g_i 为 i 方向的重力加速度;Φ_{ij} 为压力应变项;Pr_i 为湍动的 Prandtl 数,可取为 0.85;Ω_k 为反映系统旋转力的参数。

式(8.19)实际上包含了湍动扩散、分子黏性、剪应力、浮力、压力应变、黏性耗散和系统旋转对湍流流动所产生的影响。RSM 模型也是基于高雷诺数下发展而来的高湍流模型,因此对于低湍流的情况也需要进行修正。相比涡黏模型,雷诺应力模型包含了更多的物理参数,能够考虑湍流的各向异性影响,适用范围更广,但在某些情况下(如回流流动)其求解精度并不一定比双参数模型好。由于方程形式复杂、求解参数更多,RSM 模型的求解效率要远低于涡黏模型。

2. LES 法

除了 RANS 法,LES 法[24,27]也是一种数值模拟方法。一般湍流中包含了不同尺度的涡旋,但其能量的输送却主要由大尺度涡来完成。大尺度涡受边界条件的影响比较显著,而相比之下,小尺度涡则趋于各向同性且受边界条件影响较小。因此,大涡模拟的基本思路是只针对湍流流动中的大尺度涡进行直接模拟求解,但不直接求解小尺度涡,而将其对大尺度涡的影响通过模型来近似反映。由此可知,LES 法是一种综合了 RANS 和直接求解法两者优点的近似数值求解方法。

在大涡模拟过程中,首先通过亚格子尺度(sub grid-scale,SGS)模型将涡分成大涡与小涡。涡的尺度大小实际上由模型划分的网格尺寸来衡量,即认为不存在比网格尺寸更小的涡,所以模型离散得到的是一个大涡流场。然后,对大涡场的运动方程进行直接求解,对小涡则应用亚格子应力模型来体现其对大涡的影响,这实际上也是一种雷诺时均模型。SGS 模型有多种,这里介绍一种 CFD 软件中常用的

Smagorinsky-Lilly 模型[27,28]。

对于大涡场,其运动方程和连续性方程可以表示为

$$\frac{\partial \rho}{\partial t} + \frac{\partial (\rho \bar{u}_i)}{\partial x_i} = 0 \tag{8.20}$$

$$\frac{\partial (\rho \bar{u}_i)}{\partial t} + \frac{\partial (\rho \overline{u_i u_j})}{\partial x_j} = -\frac{\partial \bar{p}}{\partial x_i} + \mu \frac{\partial^2 \bar{u}_i}{\partial x_j \partial x_j} - \frac{\partial \tau_{ij}}{\partial x_j} \tag{8.21}$$

式中,τ_{ij} 表示亚格子尺度应力,反映了小涡的贡献。可以按式(8.22)来求解:

$$\tau_{ij} - \frac{1}{3}\tau_{kk} = -2\mu_t \overline{S}_{ij} \tag{8.22}$$

式中,μ_t 代表亚格子尺度的湍动黏度,可以近似表示为

$$\mu_t = (C_s \Delta)^2 |\overline{S}| \tag{8.23}$$

式中,C_s 为亚格子应力常数,$C_s = C_{s0}(1 - e^{y^+/A^+})^{3/4}$,其中,$C_s = 0.1$,$A^+ = 25$,$y^+$ 为到壁面的最近距离;$\overline{S}_{ij} = \frac{1}{2}\left(\frac{\partial \overline{u_i}}{\partial x_j} + \frac{\partial \overline{u_j}}{\partial x_i}\right)$;$\overline{S} = (2\overline{S_{ij}S_{ij}})^{1/2}$;$\Delta = (\Delta_x \Delta_y \Delta_z)^{1/3}$,对二维问题,$\Delta = (\Delta_x \Delta_y)^{1/2}$,$\Delta_i$ 代表沿 i 轴方向的网格尺寸,体现小尺度涡的运动对方程的影响。

在标准的 Smagorinsky 模型中,参数 C_s 取固定值。研究表明[22],这对于有冲撞、分离、涡脱等复杂现象产生的钝体绕流是不太合理的。为此,Germano 等[29]和 Lilly[30]对该方法进行了修正,提出了 Dynamic-Smagorinsky 模型,其 C_s 的取值不再固定不变而是随时间与空间变化的函数。为保障数值计算的稳定性,在 CFD 计算软件 Fluent 中,Dynamic-Smagorinsky 模型的 C_s 默认为 $0 \sim 0.23$[26]。

由于大涡模拟是三维的非定常模拟,因此与雷诺时均法相比,需要消耗大量的计算资源,但是计算效率比直接求解法已经有了很大的提升,可以在高性能计算机上实现。通过以上分析可知,不同湍流模型均有各自的优缺点,实际应用中需要根据具体的研究问题和研究目标选择相应合理的模型,才能达到最优的求解效果。

8.1.3 边界条件及近壁面处理方法

1. 边界条件

边界条件就是给定流体方程的求解初始值和边界值。CFD 数值模拟中经常用到的边界条件包括流体的入口边界、流体的出口边界、壁面边界、对称边界和周期性边界等。

流体的入口条件是指在流域的入口边界处设定流动参数值,包括速度入口和压力入口等。风工程中经常应用的入口条件有风速剖面入口和脉动风速入口。其

中风速剖面入口是指将所研究地貌下的风速剖面作用在流域的入口,以模拟大气边界层来流作用在结构上的平均风荷载。脉动风速入口是指将脉动风压作用在计算域的入口用于评估结构所受的脉动风效应。对于复杂的边界入口条件,Fluent软件可以通过自带的 UDF 命令流进行导入。

流体的出口边界条件通常施加在距离建筑物较远的尾流区,以确保流体在此处已经充分发展。工程中应用较多的出口条件有:①自由出流条件,可用于求解出口边界条件未知的情况,但需要保证流体在出口处流动充分发展;②压力出口条件,用于定义出口处的静压,对于有回流的情况能够加快收敛速度。

壁面边界主要是用于限定流体和固体区域,通常 CFD 软件默认为无滑移的边界条件。例如,对于建筑的地面,通常可以设置为壁面。对于建筑结构外形或者流体的流动状态对称的情况可以采用对称边界,该边界也可以用于描述黏性流动中的无滑移边界。采用该边界条件使得计算中只求解一半的流域,从而能大大提高计算效率。周期性壁面则用于结构和流体流动呈周期性的情况。

边界条件是驱动计算域内流体流动的成因。在应用边界时应当同时给出出入口边界,如果只给出入口而没有出口条件,将会导致数值求解发散,是不合理的。

2. 近壁面处理方法

在近壁面区,流体运动受壁面的影响十分显著。随着距离壁面的高度不同,壁面区又可分为黏性底层、过渡层和对数律层 3 个子区[24]。黏性底层是一个紧挨着壁面的薄层,流体几乎处于层流的状态,此时黏性应力在流体的动量、热量及质量的交换中起主导作用。紧贴着黏性底层的是过渡层,其厚度也很小,因此通常归入对数律层。该层内的黏性力与湍流切应力作用相当,很难用一个公式或定律来描述。对数律层位于壁面区的最外面,其湍流切应力占主导地位而黏性应力作用不太明显,该层内的流速分布近似于对数律。

由于近壁区内流体处于低雷诺数的流动状态,湍流尚未得到完全发展且湍流的脉动影响也不如分子黏性的影响大,因此在这个区域内不能使用湍流模型直接进行求解。由于近壁区的求解结果将直接影响到数值模拟结果(如建筑物表面风压的计算),因此必须采用特殊的方式进行处理。

为了描述近壁面区域的流动特点,CFD 计算中采用两个无量纲的参数 u^+ 和 y^+ 来分别表示速度和距离:

$$u^+ = \frac{u}{u_\tau} \tag{8.24}$$

$$y^+ = \frac{\Delta y \rho u_\tau}{\mu} = \frac{\Delta y}{\nu} \sqrt{\frac{\tau_w}{\rho}} \tag{8.25}$$

式中,u 为流体的平均速度,m/s;τ_w 为壁面切应力,Pa;u_τ 为壁面的摩擦速度,$u_\tau =$

$(\tau_w/\rho)^{1/2}$,m/s;Δy 通常取为第一层网格到壁面的距离。

根据壁面不同的 y^+ 值,将上述近壁面划分为不同的区域,如图 8.1 所示[26]。

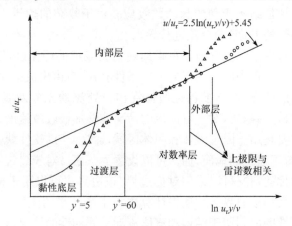

图 8.1 近壁区子层划分示意图

当 $y^+<5$ 时,属于黏性底层。此时近壁面网格密度足以求解黏性底层。该区域内流速沿壁面法线方向呈线性分布,即

$$u^+=y^+ \tag{8.26}$$

当 $60<y^+<300$ 时,流体处于对数率层。对应的近壁面网格密度不能求解黏性底层。此时速度沿壁面法向呈对数率分布,即

$$u^+=\frac{1}{\kappa}\ln(Ey^+) \tag{8.27}$$

式中,κ 为 Karman 常数;对光滑壁面,$\kappa=0.4,E=9.793$。

Fluent 软件中建议,在使用壁面函数法处理近壁面区湍流流动时,需要使参数 y^+ 满足 30～300,并且该值在接近下边界($y^+\approx30$)时获得的效果是最好的。无论采用哪种近壁面函数方法,y^+ 尽量避免出现在 5～30。然而在大涡模拟计算中,为保证计算精度,应尽量使近壁面的第一层网格尺寸就满足 $y^+\approx1$。第一层网格控制点离壁面的距离 Δy 可用式(8.28)估算[31]:

$$y^+=0.172\frac{\Delta y}{L}Re^{0.9} \tag{8.28}$$

式中,L 表示物体的特征长度。

通过上述分析可知,y^+ 值实际上反映了近壁面网格的疏密程度,且关系到数值模拟的精度。

为了求解近壁面的流动,采用壁面函数法建立壁面区流动物理量与湍流完全发展的核心区的关系。其基本思想是,对高湍流区域的核心区流动采用 $k\varepsilon$ 模型进行求解而用半经验的公式得到近壁面区的流动状态,这样就避免了直接求解近

壁面带来的误差。壁面函数的作用实质上就是架起了完全发展的湍流区和近壁面区之间流动数据交换的桥梁。

8.1.4　控制方程的离散化与求解

　　数值求解方程之前,需要将方程进行离散。这不仅包括空间的离散,对瞬态求解还要进行时域的离散。空间离散的基本思路为:采用网格划分对计算流域进行离散,在此基础上将控制方程离散到各网格节点上,即将微分方程转换到节点上的代数方程。该方法的本质类似于有限元分析方法,即通过空间内有限个点的近似解来差值得到整个计算域的近似解。当网格的尺寸足够小时,离散方程组的解将接近流域微分方程的真实解。

　　所谓离散格式,就是利用 Gauss 散度定理,将对流项和扩散项对控制体积的积分均转化为对边界的积分,此时边界上的值需通过节点插值得到。简而言之,离散格式就是指差值方式。CFD 数值模拟中常用的离散格式有中心差分格式、一阶迎风格式、二阶迎风格式、指数格式、乘方格式等。以上不同离散格式主要应用在对流项的离散,而扩散项通常默认采用中心差分格式。

　　中心差分格式就是采用线性插值的方法来对扩散项和对流项进行离散。所谓中心,就是指取线性插的中点。由于中心差分格式只能适用于流速较小或者网格间距很小的情况,因此该方法不适用于一般的流动问题。一阶迎风格式对对流项的离散取上游节点值,这与中心差分考虑上下游节点平均值的做法有所不同。由于一阶迎风格式考虑流动方向的影响且没有中心差分法的限制,因此应用较为广泛。但因为一阶迎风格式只有一阶截差,所以得到的结果精度不高,尤其是当网格尺寸不够密时很可能出现较大的计算误差。为了提高计算精度,高阶的迎风格式被提出,主要包括二阶迎风格式和 QUICK 格式。二阶迎风格式也需要通过上游节点的物理量来确定控制体积界面的物理量。但是与一阶迎风格式不同的是,二阶迎风格式不仅用到最近的上游点,还用到额外的上游点。如果说一阶迎风格式仍是线性的分布,那么二阶迎风格式则考虑了物理量在节点间分布曲线曲率的影响。二阶迎风格式具有二阶精度截差,所以计算结果比一阶迎风格式更加准确。QUICK 格式是指对流运动项的二次迎风差值。它的基本思路是在分段线性插值的基础上引入考虑曲率影响的修正系数,该曲率修正系数是由曲面两侧的两个点和迎风方向的另一个点共同决定的。QUICK 格式具有三阶精度截差,所以该方法能够得到比二阶迎风格式更精确的计算结果,但是其解的稳定性与流动方向有关。QUICK 格式通常用于六面体网格而二阶迎风格式多用于其他网格。

　　由于每个离散格式都有自己的优势和不足。文献[24]比较了各种离散格式的精度和稳定性(见表 8.1),供读者使用参考。总的来看,高阶离散格式的计算精度比低阶格式要高,而在采用低阶格式时应该使网格足够密以减少解的不稳定性。

表 8.1　常见离散格式的性能对比

离散格式	稳定性	精度与经济性
中心差分	条件稳定	在不发生振荡的参数范围内,可以获得较准确的结果
一阶迎风	绝对稳定	假扩散较严重,需加密计算网格来避免该问题
二阶迎风	绝对稳定	精度比一阶迎风格式高,仍有假扩散问题
指数、乘方格式	绝对稳定	主要用于无源项的对流-扩散问题
QUICK 格式	条件稳定	假扩散误差较小,精度较高,主要用于六面体或四边形网格

通过以上的离散过程已经将求解流域微分方程问题转化为求解节点代数方程的问题。但由于动量方程中包括了非线性项,代数方程不是线性方程组,并且速度分量同时出现在动量方程和连续性方程中,导致各个方程互相耦合,从而增加了求解难度。此外,压力项求解更加困难。所以通常情况下离散方程是不能直接求解的。为克服以上困难,对离散方程组提出了耦合式解法和分离式解法两大求解方法。图 8.2 给出了流场的各种数值解法[24],其中耦合式解法是指给定速度和压力等参数的初始量,联立求解整个离散控制方程,并通过收敛准则来判断解的准确性。而分离式解法并不同时求解所有变量,而是依次地解决各变量的代数方程组。分离式解法根据是否直接求解原始变量,又可以分为原始变量法和非原始变量法。由于非原始变量法不能扩展到三维的情况且容易导致涡量方程的发散,相比之下原始变量法更受欢迎。目前数值模拟中最常用的一种原始变量法是压力修正法。该方法也是流体计算软件中采用最多的。压力修正法实际上也是一种迭代收敛的计算方法,其基本思想是:先假定初始的压力场,然后通过动量方程求解出速度场,再由速度场结合连续性方程导出压力的修正方程以修正假定的压力场。最终通过不断的循环迭代得到压力场和速度场的收敛近似解。

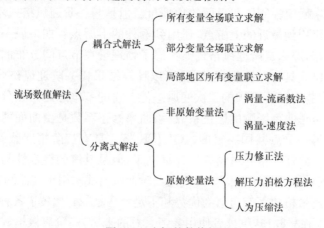

图 8.2　流场的数值解法

8.2　厂房数值模拟分析

通过 8.1 节的介绍,已经对 CFD 的模拟过程有了基本的了解。本节将结合开孔单层厂房来进一步介绍数值风洞技术在结构风工程中风压研究方面的应用。沿海地区受风灾的频率较高,因此该地区厂房结构的抗风设计是保障结构安全的重要方面。尤其是开孔的厂房结构,在台风或者强风的作用下,由于内外表面压力的相互作用,容易造成围护结构的破坏。对于大型厂房(如造船厂、模块厂房等)结构,其纵墙可长达上百米,风荷载的分布对其受力特性和抗风安全有重要的影响。目前,《荷载规范》[32] 对开孔后建筑墙面的风荷载体型系数仅取单一值。但实际上,由第 6 章的介绍可知,风荷载沿墙面的分布显然并不是均匀的,并且存在风荷载受力集中的端部效应区域。因此,《荷载规范》的取值方式可能对墙面的某些区域过于保守而对端部效应区域又可能偏于不安全。考虑到端部效应区域受风荷载较大是设计中需要关注的重点,所以有必要进一步探索不同长宽比下厂房端部效应区的位置和受力特性的差异性。本节将通过 CFD 数值技术对不同长度下开孔厂房的内外表面风压进行模拟,分析风荷载沿墙面的分布规律,重点考察结构长宽比对端部效应区的影响,并通过与模型风洞试验的结果比较来检验数值模拟技术的有效性。

本次数值模拟的开孔厂房尺寸及工况如表 8.2 所示。西山墙均居中开设 $100m$ $(W) \times 52m(H)$ 的大洞,其余三面墙均封闭。厂房所在地的地貌为 A 类,百年一遇的基本风压为 $0.6kN/m^2$。表 8.2 中工况 1 也为风洞试验工况,因此可以用来比较验证数值模拟技术的准确性。工况 1 计算模型对应的墙面测点布置如图 8.3 所示,其中,北纵墙测点布置与南纵墙相同,其余工况测点布置与工况 1 类似。第 6 章的研究已经表明,对厂房纵墙受力较为不利的风向角分别为 0° 和 90°。考虑到结构的对称性和计算工作量,本次数值计算中仅模拟 0° 和 90° 两个典型的不利风向角。风向角定义参见图 8.4。

表 8.2　计算模型尺寸

工况	长×宽×高/m	计算风向角/(°)
1	220×117×88	0,90
2	300×117×88	0,90
3	400×117×88	0,90
4	500×117×88	0,90

首先通过前处理软件对厂房模型进行建模,模型计算流域取 $20B \times 20L \times 6H$,以满足阻塞比的要求,同时消除流域的影响。其中,B、L、H 分别为厂房的宽度、

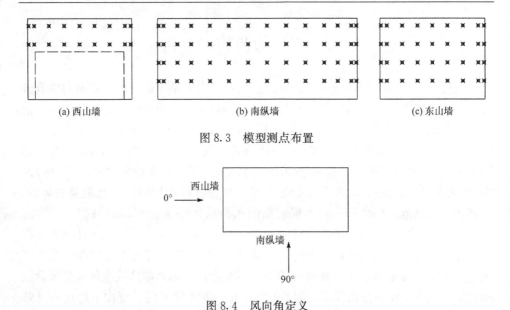

(a) 西山墙　　　　　　　　　(b) 南纵墙　　　　　　　　　(c) 东山墙

图 8.3　模型测点布置

西山墙

0° →

南纵墙 ↑

90°

图 8.4　风向角定义

长度和高度。模型位置为距离流域入口 $5L$ 处,以保证其后的尾流能够充分发展。由于结构比较规则,所以网格划分采用结构化网格并对厂房表面附近区进行了加密。由 8.2 节可知,建筑近壁面流域可以分为黏性底层和充分发展的湍流层(对数律层),而 $k\text{-}\varepsilon$ 等模型只对求解高湍流模型有效,对以层流为主的黏性底层,Fluent 软件采用壁面函数来近似求解,这就要求对充分发展的湍流层进行准确求解。因此,近壁面初始网格尺寸应该落在湍流层(对数律层)的范围内。为了满足上述要求,Fluent 软件要求参数 y^+ 在 $30\sim300$。根据经验式(8.28)可以近似估算第一层网格的尺寸,本节取近壁面最小网格尺寸为 $0.005\mathrm{m}$,以保证 y^+ 落在以上要求的范围内。为了控制网格总数同时考虑到计算精度,模拟中将网格增长率设定为 1.2。模型的网格划分参见图 8.5。

图 8.5　模型网格划分

本次模拟采用的流域分析软件为 ANSYS Fluent。入口边界采用速度入口，出口选为充分发展的自由出流，流域的顶面和侧面采用自由滑移壁面函数，厂房表面采用无滑移标准壁面函数。代数方程的求解方法选为压力和速度耦合的 SIMPLE 算法（压力修正法），湍流模型选用改进的 Realizable k-ε 模型。该模型的实质是将雷诺应力表达为涡黏性系数的函数，从而使得时均化后的 N-S 方程和连续性方程组成封闭的方程组。考虑到标准 k-ε 模型的局限性，研究人员提出了多种模型的修正方法[33,34]主要包括：对 ε 方程中的源项进行重新修正以及重新考虑方程中参数取值是按照某种函数分布而非简单地取某一常数。本节所采用的湍流模型就一种修正后的 k-ε 模型。

为了与风洞试验具有可比性，本次模拟中采用与风洞试验一致的边界层风剖面。入口边界条件中的风速剖面以及参数 k 和 ε 则通过编写 UDF（用户自定义）文件并导入 Fluent 软件来实现。文件编制中用到的相关参数取值如下：

来流风剖面采用的指数函数：

$$\frac{\overline{U}_Z}{\overline{U}_0} = \left(\frac{Z}{Z_0}\right)^{\alpha} \tag{8.29}$$

式中，Z_0 和 $\overline{U}_0$ 为标准 10m 高度和 10m 高度处的平均风速；Z 和 $\overline{U}_Z$ 为任一高度及该高度处对应的平均风速；α 为地面粗糙度指数，本节取为 0.12。

建筑所在地湍流强度：

$$I = 0.08\left(\frac{Z}{300}\right)^{-\alpha-0.05} \tag{8.30}$$

湍动能可以由湍流强度估算，即

$$k = \frac{3}{2}(\overline{U}I)^2 \tag{8.31}$$

湍流耗散率可以利用湍动能 k 和湍流积分长度 ℓ 估算：

$$\omega = \frac{k^{1/2}}{C_\mu^{1/4}\ell} \tag{8.32}$$

其中，C_μ 通常取为 0.09[24]。

当流域迭代计算收敛后可以得到各测点的风压值，进而通过式（8.33）转换为风压系数：

$$C_i = \frac{P_{wi} - P_{rs}}{0.5\rho_a V_r^2} \tag{8.33}$$

式中，P_{wi} 表示风压值，Pa；P_{rs} 表示静压力值，Pa；V_r 为参考点风速，m/s。本次数值模拟的各工况参考点均取在厂房屋面即 88m 高度处。

8.3　数值模拟结果及分析

图 8.6 给出了工况 1 在 0°风向角下厂房内压分布。可以看出,风压在厂房内部是均匀分布的,这一点与风洞试验和以往的研究结论是一致的。对厂房内表面测点的压力系数进行统计发现,内压系数标准偏差仅为 0.001,表明内压可以用统一值来进行描述。表 8.3 分别给出了 0°和 90°风向角下厂房工况 1 数值模拟和风洞试验的内压系数比较。可以看出,数值模拟得到的内压系数绝对值会稍稍偏大。0°风向角时数值模拟对内压预测还是比较准确的,误差仅在 5%以内;而 90°风向角时误差会稍稍偏大,但基本可以满足工程应用上的要求。

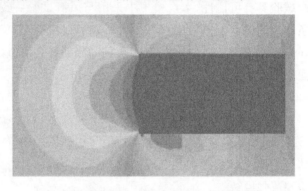

图 8.6　工况 1 在 0°风向角下厂房内压分布

表 8.3　数值模拟和风洞试验内压系数比较

风向角/(°)	风洞试验	数值模拟	误差/%
0	0.68	0.71	4.4
90	−0.51	−0.58	13.7

为了进一步比较数值模拟与风洞试验在风压模拟上的差异,表 8.4 给出了利用两种方法得到的在 0°和 90°风向角下纵墙外表面平均风压系数的分布结果。从风压大小来看,除了 90°风向角下背风纵墙数值模拟结果稍微偏大,其余情况下两者符合较好。但从风荷载分布来看,似乎两种风压预测方法还是存在着略微差别。在 0°风向角时,纵墙处在侧风面,沿着纵墙长度方向风压逐渐衰减,但是数值模拟所得到的风压沿墙面衰减比风洞试验慢。而当南纵墙迎风时,数值模拟的风压分布沿墙面中轴线有较好的对称性,而风洞试验得到的南纵墙风压分布在靠近开孔山墙处明显偏小,却在靠近封闭山墙区域形成较大正压区。这可能是风洞试验中试验流场的不均匀性造成的。对于处在背风面的北纵墙,数值模拟结果同样有较好的对称性且风荷载的吸力由纵墙两端向中间逐渐减小,而风洞试验得到的风压

分布较为均匀,但两者在背风纵墙的中间受力比较相似。

表 8.4　数值模拟和风洞试验纵墙风荷载分布比较

风洞试验结果	数值模拟结果

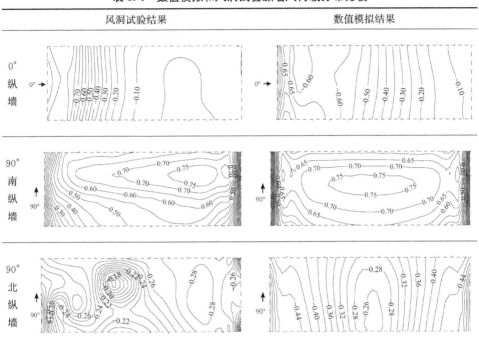

通过以上数值模拟与风洞试验结果的比较可知,数值风洞对厂房平均内压和纵墙表面平均风压的预测还是具有一定的参考价值。尤其是对迎风面正压,数值模拟的预测是比较可靠的,但在背风面其预测的负压结果可能会偏大(绝对值)。至于数值模拟与风洞试验结果存在差别可能由以下几方面原因造成:①数值模拟过程中采用的是标准的理想化的均匀入口,有较好的稳定性;而试验模拟得到的风场与理论值往往有一定的偏差且具有一定随机性;②数值模拟中模型是绝对密闭的,而风洞试验过程中模型可能会存在一定的背景泄漏而导致试验内压偏小;③厂房实尺的数值模拟和模型风洞试验的特征湍流尺度可能存在不同而造成纵墙压力分布的差异;④湍流模型的近似性、计算模型误差和截断误差等也可能造成两种方法产生的结果有所差异。

尽管数值模拟和风洞试验对内外风压数值的预测结果有一定的差别,但对不同长度的厂房还是能定性地反映风荷载变化趋势和分布规律。表 8.5 列出了 4 种不同长度厂房的内压数值模拟结果。由表 8.5 可见,随着厂房长度增加,内压变化并不明显。因为对于单一开孔厂房,根据质量守恒定律,可以得到内外压均值具有近似相等的关系[4],即

$$\overline{C}_{pi} = \overline{C}_{pe} \tag{8.34}$$

式中,$\overline{C}_{pi}$和$\overline{C}_{pe}$分别为平均内压系数和开孔位置的平均外压系数。

对开孔位置和开孔尺寸相同的厂房来说,外压是一定的,所以平均内压并不随厂房长度的增加而改变。另外,由表 8.5 还可以看出,当厂房存在单一开孔时,内压系数分别到达 0.7 和-0.6,而此时外压系数最大值也仅有-0.70 和 0.75。对于 0°风向角下的纵墙和 90°风向角下的迎风纵墙,考虑开孔后内外压叠加产生的平均合力分别达到全封闭情况时的 2.74 和 2.02 倍,对纵墙极为不利。因此,对存在单一开孔的建筑进行抗风设计时,应该重视内压的贡献。

表 8.5　各工况下厂房内压系数

工况	0°	90°
1	0.71	-0.58
2	0.70	-0.59
3	0.70	-0.60
4	0.70	-0.62

为了研究风荷载沿纵墙的分布规律,同时考虑到高层厂房纵墙 2/3 高度处外压较大且具有代表性,图 8.7 给出不同风向角下各工况的纵墙在 60m 高度处平均外压系数的分布,图中横坐标以无量纲 l_i/L 表示,其中,L 表示测点所在纵墙的长度。图 8.7(a) 中,l_i 表示测点距开孔西山墙的水平距离,图 8.7(b) 和 (c) 中 l_i 表示测点距纵墙中轴线的距离。

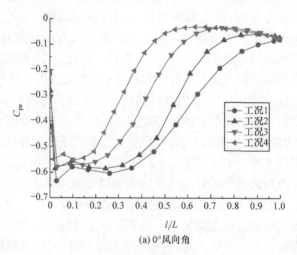

(a) 0°风向角

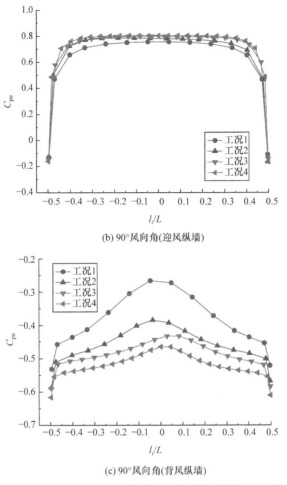

(b) 90°风向角(迎风纵墙)

(c) 90°风向角(背风纵墙)

图 8.7　不同风向角下各工况纵墙 60m 高度处平均外压系数分布

由图 8.7(a)可知,在 0°风向角下侧面纵墙在距离开孔西山墙 60m 范围内受吸力较大。在该范围之外,外压沿着纵墙长度方向迅速衰减,这是气流在纵墙迎风端部先分离后附着造成的。厂房越长,其尾部由于气流附着而产生的低吸力区域的范围越广。例如,最长的厂房工况 4,其 50%长度以上的区域受到比较小的均匀负风压,而短厂房工况 1 到达该值的区域基本已经处于纵墙的尾部。若同时考虑内压的作用,则纵墙迎风端部的最大风荷载吸力系数可以达到−1.3。因此,在厂房设计时应该着重对纵墙的端部区域进行加强。从图 8.7(a)还可以发现,纵墙端部受力集中区的长度几乎不随厂房长度的增加而改变。

当纵墙迎风时,由图 8.7(b)可知,所有工况外压分布基本相同。除了在两端部气流分离区,迎风纵墙的平均风压系数大小均在 0.75∼0.8,且沿纵墙中轴线呈对称分布。而此时背风纵墙呈现出两端吸力大、中间吸力小的分布状态,并且随着厂房长宽比的增加,背风纵墙的吸力将增强[见图 8.7(c)]。这是因为当背风纵墙长度增加时,在纵墙后将形成明显的涡流,加速了气体沿背风墙面的流动,这一点由不同长宽比下厂房内外风速矢量图(见图 8.8)可以说明。另外,从图 8.8 还可以发现,涡流主要存在于背风纵墙的两端区域,而中间区的速度矢量较小。这也就解释了背风面纵墙风荷载分布呈现出两端大、中间小的特点。

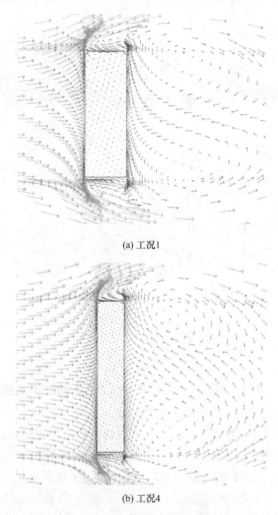

(a) 工况1

(b) 工况4

图 8.8　90°风向角下工况 1 和工况 4 风速矢量图

8.4　本章小结

本章首先介绍了数值模拟技术的基本原理和过程,使读者对数值风洞技术有基本的认识和了解。在此基础上通过对不同长度单一开孔厂房纵墙进行数值模拟来进一步展示数值模拟的基本流程和方法,以加深对该方法的理解。通过不同长宽比下厂房纵墙内外压表面风压的比较,分析了长宽比对风压分布的影响,并由数值模拟结果与风洞试验的对比考察了数值风洞技术的可靠性。本章的主要结论如下:

(1) CFD 数值模拟技术的基本思路是:将描述流域物理变化的动量方程和连续性方程离散为结构空间各节点的代数方程,然后在给定的边界条件下通过一定的数值计算方法得到流域内各物理变量的近似解。湍流模型、差分方法(离散格式)以及方程求解策略的选取对数值模拟计算结果的精度有显著影响。因此,在数值模拟过程中应当根据所研究的流体特性和关注的求解变量,选取合理的湍流模型和求解策略,在保证计算精度的前提下提高求解效率。在选用高湍流模型时(如 k-ε 双参数模型),近壁面网格划分方案应使得第一个网格节点落在对数律层内,即 y^+ 应落在 $30\sim300$。

(2) 数值风洞对迎风面正压值(包括内压和外压)的预测结果与风洞试验结果符合得较好。而对负内压的计算结果(绝对值)会稍微偏大,但总体结果可以满足工程上要求。在外压的分布规律方面:当纵墙处于侧风向时,数值模拟得到的外压衰减速度比风洞试验要快。而当来流垂直纵墙时,背风纵墙的吸力呈现出中间大、两端小的特点,这与风洞试验得到的近似均匀分布的特点有明显差别。这可能是数值模拟和风洞试验中流场和特征湍流的差异,以及湍流模型的精度等综合造成的。

(3) 单一开孔厂房内压是均匀分布的且不随厂房长度的改变而改变,风致内压的存在使纵墙受力大幅提高达到开孔前的 2 倍以上,所以在抗风设计时应引起重视。

(4) 厂房纵墙端部区存在受力集中区域,且该区域长度不随厂房长度的增长而改变。纵墙迎风时,其压力分布比较均匀,且风压系数基本在 0.8 附近;而背风时,纵墙的吸力将随着厂房长宽比的增加而增大。风速矢量的分析表明,纵墙的背风面两端存在明显的涡旋,且随着厂房长宽比的增加而不断加强。

参 考 文 献

[1] Ginger J D, Letchford C W. Net pressures on a low-rise full-scale building[J]. Journal of Wind Engineering and Industrial Aerodynamics,1999,83(1-3):239-250.

[2] Ginger J D, Mehta K C, Yeatts B B. Internal pressures in a low-rise full-scale building[J]. Journal of Wind Engineering and Industrial Aerodynamics,1997,72:163-174.

[3] 戴益民,李秋胜,李正农. 低矮房屋屋面风压特性的实测研究[J]. 土木工程学报,2008,41(6):9-13.

[4] Holmes J D. Mean and fluctuating pressures induced by wind[C]//Proceedings of the 5th International Conference on Wind Engineering, Fort Collins, 1979:435-450.

[5] Holmes J D , Ginger J D. Internal pressure-the dominant windward opening case-A review[J]. Journal of Wind Engineering and Industrial Aerodynamics, 2012, 100(1):70-76.

[6] Sharma R N, Richards P J. The influence of Helmholtz resonance on internal pressures in a low-rise building [J]. Journal of Wind Engineering and Industrial Aerodynamics, 2003, 91(6):807-828.

[7] Sharma R N, Richards P J. Net pressures on the roof of a low-rise building with wall openings[J]. Journal of Wind Engineering and Industrial Aerodynamics, 2005, 93(4):267-291.

[8] Ginger J D , Holmes J D, Kim P Y. Variation of internal pressure with varying sizes of dominant openings and volumes[J]. Journal of Structure Engineering, 2010, 136(10):1319-1326.

[9] Ginger J D , Holmes J D, Kopp G A. Effect of building volume and opening size on fluctuating internal pressure[J]. Wind and Structures, 2008, 11(5):361-376.

[10] Oh H J, Kopp G A, Inculet D R. The UWO contribution to the NIST aerodynamic database for wind load on low buildings: Part 3. Internal pressure[J]. Journal of Wind Engineering and Industrial Aerodynamics, 2007, 95(8):755-779.

[11] 余世策,楼文娟,孙炳楠,等. 背景孔隙对开孔结构风致内压响应的影响[J]. 土木工程学报, 2006, 39(6):6-11.

[12] 余世策,楼文娟,孙炳楠,等. 开孔结构内部风效应的风洞试验研究[J]. 建筑结构学报, 2007, 28(4):76-82.

[13] 卢旦,楼文娟,孙炳楠,等. 突然开洞结构的风致内压及屋盖响应研究[J]. 振动工程学报, 2005, 18(3):299-303.

[14] 卢旦,楼文娟. 突然开孔时孔口气流动力特性参数的数值模拟[J]. 工程力学, 2006, 23(10): 55-60.

[15] Sharma R N, Richards P J. Computational modeling of the transient response of building internal pressure to a sudden opening[J]. Journal of Wind Engineering and Industrial Aerodynamics, 1997, 72(1):149-161.

[16] Sharma R N, Richards P J. Computational modeling in the prediction of building internal pressure gain function[J]. Journal of Wind Engineering and Industrial Aerodynamics, 1997, 67-68:815-825.

[17] Bekele S A, Hangan H. A comparative investigation of the TTU pressure envelope, numerical versus laboratory and full scale results[J]. Wind and Structures, 2002 ,5(2-4):337-346.

[18] 顾明,杨伟,黄鹏,等. TTU 标模风压数值模拟及实验对比[J]. 同济大学学报(自然科学版), 2006, 34(12):1563-1567.

[19] 宋芳芳,欧进萍. 低矮建筑风致内压数值模拟与分析[J]. 建筑结构学报, 2010, 31(4): 69-77.

[20] 肖明葵,赵民,王涛. 双坡屋面低矮房屋风致内压的数值模拟[J]. 华侨大学学报(自然科学板), 2012, 33(3):310-315.

[21] 楼文娟,卢旦. 在建厂房的风荷载分布及其风致倒塌机理[J]. 浙江大学学报(工学版),
2006,40(11):1842-1846.

[22] 黄本才. 结构抗风分析原理及应用[M]. 2 版. 上海:同济大学出版社,2008.

[23] 张兆顺,崔桂香,许春晓. 湍流理论与模拟[M]. 北京:清华大学出版社,2006.

[24] 王福军. 计算流体动力学分析-CFD 软件原理与应用[M]. 北京:清华大学出版社,2004.

[25] Launder B E,Spalding D B. Lectures in Mathematical Models of Turbulence[M]. London:
Academic Press,1972.

[26] Fluent Incorporated. Fluent user's guide[S]. Canonsburg:Fluent Incorporated,2005.

[27] Felten F,Fautrelle Y,Terrail D Y,et al. Numerical modeling of electrognetically-riven tur-
bulent flows using LES methods[J]. Applied Mathematical Modeling,2004,28(1):15-27.

[28] Bouris D,Bergeles G. 2D LES of vortex shedding from a square cylinder[J]. Journal of Wind
Engineering and Industrial Aerodynamics,1999,80(1-2):31-36.

[29] Germano M,Piomelli U,Moin P,et al. A dynamic subgrid-scal eddy viscosity model[J].
Physics of Fluids,1991,3(7):1760-1765.

[30] Lilly D K. A proposed modification of the Germano subgrid-scal closure model[J]. Physics
of Fluids,1992,4(3):633-635.

[31] 顾罡. 二维单圆柱、双圆柱绕流问题和三维垂荡板运动的数值模拟[D]. 上海:上海交通大
学. 2007.

[32] 中华人民共和国建设部. GB 50009—2012 建筑结构荷载规范[S]. 北京:中国建筑工业出版
社,2012.

[33] 龚盈,王应时. 对 $k\varepsilon$ 湍流模型的修正及其应用效果[J]. 工程热物理学报,1988,9(3):
89-93.

[34] Launder B E,Spalding D B. The numerical computation of turbulent flows[J]. Journal of
Computer Methods in Applied Mechanics and Engineering,1974,3(2):269-289.

第9章 建筑内部风荷载的设计取值研究

开展各类建筑开孔情况下风致内压响应研究的最终目标是为建筑抗风设计进行合理的内部风荷载取值提供依据。虽然内压对建筑的抗风安全性同样具有重要的作用,但是相对外压而言,设计中对内压的重视程度却不如外压。这也是导致强风作用下建筑围护结构破坏现象频发的重要原因之一。对内压取值和响应特点的认识不足造成了设计中对内压的取值比较模糊,进而给结构的抗风安全带来潜在隐患。

从目前各国设计规范的发展水平来看,对内压的规定仍有许多不足之处,主要包括以下几个方面:

(1) 规范对内压的取值规定比较笼统,例如,日本规范[1]仅规定对不存在主导开孔的建筑内压系数可取 0 或者 -0.4;而美国规范[2]也只是笼统地针对 3 大类情况下的建筑分别给出了相应的内压系数,即当建筑完全开敞时取 $GC_{pi}=0$(G 为阵风因子),全封闭时取 $GC_{pi}=\pm 0.18$,而当建筑处于完全敞开和封闭状态之间的部分开敞状态下,$GC_{pi}=\pm0.55$。此外,大部分规范[3~6]均只是针对墙面开孔的情况而很少涉及屋盖开孔的情况。然而研究表明[7,8],屋盖开孔时的内压响应与墙面开孔时有明显差别。例如,屋盖开孔时孔口处来流已经不再满足准定常假定,那么规范用于计算墙面开孔下内压极值的准定常方法就不再适用于屋盖的情况。另外,屋盖开孔时平均内压响应与外压之间也不一定满足近似相等的关系。

(2) 部分规范的设计建议值可能会低估内压响应。Shamar 等[9]研究指出,澳大利亚/新西兰规范 AS/NZS1170.2:2002[10]由于没有考虑内压共振效应和斜风向下涡激振动的影响,从而导致在某些情况下会低估内压的峰值响应。Holmes 等[11]指出,美国规范 ASCE7 在估算内压的脉动均方根响应时没有考虑孔口气柱振荡的惯性效应,因此使得预测到的内压脉动小于实测的风洞试验结果。徐海巍等[12]结合风洞试验对我国规范有关内压计算方法进行了探讨,结果发现采用我国规范方法可得到沿高度变化的极值内压,这与试验中测得的极值内压具有均匀分布的特点有所不同。此外,《荷载规范》可能会低估内压的峰值因子但却高估了封闭状态下建筑的内压极值。

(3) 目前规范均没有考虑到内外风压组合时的相关性。由于最不利内外压可能并不是在同一时刻产生,若仅仅按照最不利的内压和外压进行直接组合,无疑会偏于保守但并不经济,因此引入考虑最不利内外压之间相关性的组合系数将有重要的工程应用价值。

(4) 未能全面体现内压影响因素的作用。以《荷载规范》[6]为例,其仅体现了不同开孔率下内压设计取值的差异,但是没有展现开孔位置改变和模型内部容积不同对内压设计取值的影响。另外,由第 2 章的分析可知,当建筑存在背景泄漏或者结构存在柔性时(大部分建筑存在的实际情况),内压的脉动响应会有一定的衰减并且共振响应也会得到抑制,这一点目前在大部分的规范中均没有详细说明和考虑。

(5) 多数规范对内压取值的规定并不考虑风向的影响。例如,美国规范对正负内压的极值取绝对值相同的设计值,而实际上不同风向角下内压的正负绝对值可能并不相同,需要予以分别考虑。

综合以上多方面分析可知,要合理地指导内压设计取值仍有许多问题需要解决,因此本章将以此为背景展开,从规范设计的角度出发对内压的设计取值方法进行探讨,结合风洞试验数据分析现有规范方法的有效性,在综合考虑多种因素对内压响应影响的基础上提出一套适合平均内压和极值内压抗风设计取值的计算方法,以期为工程设计和规范完善提供参考和思路。

9.1　平均内压设计取值

9.1.1　平均内压的计算方法

建筑的平均内压是主体结构设计时主要关心的风荷载设计指标。与国外规范采用内压系数不同的是,我国荷载规范应用体型系数来反映建筑的平均受风作用情况。对于封闭或存在开孔的建筑,我国规范规定内压体型系数取值如下:①封闭式建筑内压的局部体型系数可按照外表面风压的正负分别取 -0.2 或者 0.2;②对墙面存在单一主导开孔的建筑,当开孔率大于 0.02 且小于等于 0.1 时,取 $0.4\mu_{sl}$ (μ_{sl} 表示主导孔口位置对应的体型系数值),当开孔率大于 0.1 且小于等于 0.3 时,取 $0.6\mu_{sl}$;当开孔率大于 0.3 时取 $0.8\mu_{sl}$;③对于开敞情况,应按开放式建筑取值。本节将对第 5 章和第 6 章的不同墙面开孔模型的风洞试验结果进行分析,以得出内压的体型系数,并分析其受各因素变化的影响。由于第 7 章中屋盖开孔情况并不典型,所以此处不做讨论。内压体型系数的具体计算方法如下:

$$C_{pi}W_r = \mu_{si}\mu_z W_0 \tag{9.1}$$

式中,μ_{si} 代表内压的体型系数;μ_z 代表风压的高度变化系数。其中,等式左边为风洞试验得到的内压结果,等式右边为规范的计算方法。

本章将以第 5 章和第 6 章的模型风洞试验数据为基础进行内压设计取值的分析。为了方便讨论,此处对有机玻璃模型的 5 种开孔尺寸(见第 5 章)仍按照原来命名为 A1~A5,其开孔率分别为 51.5%、34.3%、17.2%、8.6%、4.3%。而将 ABS 厂房模型(见第 6 章)的 3 种西山墙单开孔情况(大开孔 100m×52m、中开孔 50m×52m、小开孔 30m×52m)分别命名为 F1~F3,相应的开孔率分别为 50.5%、25.3%、15.2%。为了综合考察各参数对内压体型系数的影响,从内压传

递方程的角度出发,由式(5.1)可知,无量纲化后的内压传递方程仅与参数 S^*、Φ_5
有关。其分别表示为

$$S^* = (A^{3/2}/V_0)(\alpha_s/U_h)^2 \tag{9.2}$$

$$\Phi_5 = \lambda/\sqrt{A} \tag{9.3}$$

由此可见,无量纲参数 S^* 和 Φ_5 综合包含了开孔面积、内部容积和来流风速的
影响,可以用来区分和定义体型系数的取值。由于参数 Φ_5 主要反映开孔面积大小
的影响,因此这里用规范广泛采用的开孔率这一参数来代替。下面就对不同 S^* 和
开孔率下的体型系数取值进行考察,以期从中找到一定的规律。由第 6 章分析可
知,存在单一开孔建筑的平均最大正、负内压分别出现在 0°和 90°风向角,因此以
下将重点对这两个风向角下的体型系数进行探讨。

图 9.1 和图 9.2 分别给出了厂房的开孔工况 F3 在 0°和 90°这两个最不利风
向角下屋盖和纵墙的内表面风压的体型系数分布。由图 9.1 可知,屋盖内表面风
压的体型系数均匀分布,且最大和最小体型系数分别达到 0.74 和 −0.55,因此在

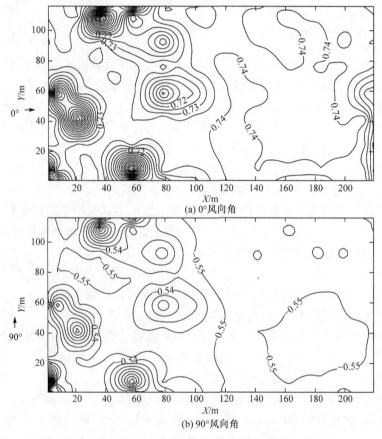

图 9.1　开孔 F3 在 0°和 90°风向角下屋盖内表面风压体型系数

计算屋盖最不利净风吸力和净风压力时可分别考虑这两个参数的贡献。然而对于纵墙内表面,图 9.2 显示出内压体型系数沿高度逐渐降低,这是因为规范计算方法中考虑了风压高度变化系数 μ_z 的影响。与试验结果不同的是,《荷载规范》给出的体型系数在建筑结构内部是一个统一值,由此得到的纵墙内压结果是随高度增加的,这与试验得到的内压均匀分布的特点是不相符的。另外,从体型系数取值的角度来看,对应开孔工况 F3(开孔率 15.2%),《荷载规范》规定的内压体型系数建议值为 $0.6\mu_{sl}$,即对于开孔迎风和侧风的情况分别取为 0.6 和 -0.6。由此可见,规范建议值在 $0°$ 风向角下会低估最大正内压的体型系数,但对最大平均内部吸力(负内压)的估计与试验结果比较接近。表 9.1 给出了厂房开孔工况 F1~F3 下,屋盖和纵墙内表面各测点内压体型系数的面积加权平均值。从表 9.1 可见,屋盖所受的平均内压体型系数值要小于纵墙,且最大正内压体型系数的绝对值要大于最大负内压(本节均指绝对值最大的负内压),所以设计时屋盖和纵墙,以及最大正、负内压体型系数均应该有所区分,而不应采用统一值。而现有《荷载规范》所建议采用的统一的体型系数可能会大大低估纵墙的平均内压值。

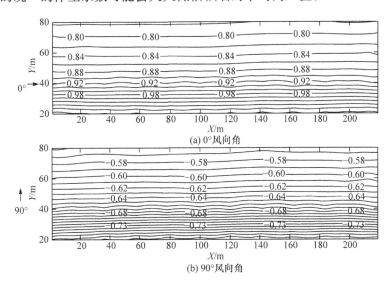

图 9.2 开孔 F3 在 $0°$ 和 $90°$ 风向角下纵墙内表面风压体型系数

表 9.1 厂房单开孔工况下内压的加权平均体型系数

工况	开孔率/%	屋盖内压		纵墙内压	
		$0°$	$90°$	$0°$	$90°$
F1	50.5	0.66	-0.49	0.82	-0.63
F2	25.3	0.69	-0.48	0.82	-0.58
F3	15.2	0.73	-0.55	0.93	-0.67

　　通过以上分析可知,《荷载规范》存在的一个重要问题是没有考虑到风致内压响应均匀分布的特性,从而得出随高度变化的内压响应值。相比之下,国外大多数规范[1,2]采用统一内压系数的方法似乎显得更加符合实际情况。实际上这一做法相当于同时考虑了式(9.1)中 μ_s 和 μ_z 的影响,即内压系数就等效于 $\mu_s\mu_z$。因此,当引入内压系数后,建筑内部的平均设计风荷载的计算公式变为

$$W_{\mathrm{pi}}=C_{\mathrm{pi}}\mu_{zr}W_0 \tag{9.4}$$

式中,μ_{zr} 为参考点风压高度系数,而 $\mu_{zr}W_0$ 即为参考高度的风压。根据式(9.4)的思路,以下着重考察不同参数对内压系数的影响,以确定其取值规律。

　　图9.3和图9.4分别给出参数 S^* 和开孔率影响下不利平均正、负内压系数的取值。由图9.3可见,0°风向角下的最大正压受开孔率的影响较明显,总的来看,开孔越靠近迎风墙面中心位置区域(如A3和A4),所产生的内压越不利。而由开孔A4和A5的比较可知,随着开孔高度变化,内压趋于增加,这就说明内压系数的大小还与开孔位置有关。产生上述现象的原因是与迎风墙面的外压分布特点密不可分的,因为迎风墙面的外风压呈现出中间向两侧衰减的趋势,且随着高度的增加而增大。就本试验结果来看,大部分内压系数分布在 $0.6\sim0.7$,因此可以保守取 $C_{\mathrm{pi}}=0.7$ 进行设计。图9.4则表明,在90°风向角下内压的系数随着开孔率的增大反而呈现增加(指绝对值)的趋势,但是受参数 S^* 变化的影响有限。对于17.2%以下的开孔率,内压系数可近似取 -0.5,而当开孔率增加到34.3%和51.5%时,内压系数可以分别取 -0.55 和 -0.63。如果按照现有规范采用风高系数和体型系数的计算体系,假设取墙面开孔中间高度的风高系数作为孔口处的平均风高系数来计算,可以得到相应的近似平均正、负内压体型系数值,具体计算公式如下:

$$\mu_{\mathrm{sm}}=C_{\mathrm{pi}}\mu_{zr}/\mu_{zm} \tag{9.5}$$

式中,μ_{zm} 和 μ_{sm} 分别代表开孔中间位置处的风压高度系数和体型系数值。

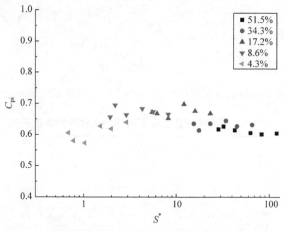

图9.3　不同参数下的正平均内压系数取值(0°风向角)

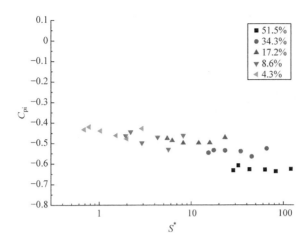

图 9.4　不同参数下的负平均内压系数取值（90°风向角）

表 9.2 给出了 V_0 容积下单开孔工况在 0°和 90°这两个不利风向角下的内压体型系数。可以看出,除最大开孔 A1 外,正内压体型系数绝对值均大于负内压,而小开孔相比其他开孔具有更大的体型系数。

表 9.2　V_0 容积的单开孔工况下内压的平均体型系数

工况	开孔率/%	风向角	
		0°	90°
A1	51.5	0.86	−0.89
A2	34.3	0.90	−0.75
A3	17.2	0.95	−0.67
A4	8.6	0.94	−0.66
A5	4.3	1.10	−0.75

9.1.2　内压与外压的组合系数

当建筑结构存在开孔时,通常需要考虑内外表面风压共同作用下的净风效应。由于结构内外表面风荷载特性的差异,同一方向的最大外压和最大内压并不一定在同一时刻发生,换言之,当结构所受的净风荷载达到最大时,内外表面风压并不一定都取得最大值。这就意味着如果按照最大外压和相应的最大内压进行直接组合,如最大正外压和最大负内压直接组合或者最大负外压和最大正内压直接组合,无疑会过保守估计结构所受的总净风荷载。因此,需要引入适当的组合系数以考虑两者的相关性。本节将以厂房开孔模型(F1~F3)为例对屋盖和墙面的内外表面风压的组合情况进行探讨。

　　首先要确定屋盖和墙面出现最不利外部风压、内部风压和净风荷载的各自风向角。由第 6 章的分析可知,纵墙的最大净风压力(正压)和净风吸力(负压)分别出现在 90°和 15°风向角,纵墙的内表面最大正、负风压则分别出现在 0°和 90°风向角。至于纵墙的外表面风压分布,图 9.5 和图 9.6 分别给出了不同开孔尺寸下南、北两纵墙外表面的面积加权平均风压系数。综合这两幅图可知,对于纵墙,最不利的外风压作用出现在 90°风向角时,这与最大负内压出现在同一风向角,因此对于纵墙的最大净风压力,可以直接采用最不利的正外压和负内压进行组合。然而,纵墙的外部吸力最不利值却位于 30°和 150°风向角,与内压最大值以及净风压力最大值对应的风向角均不相同。

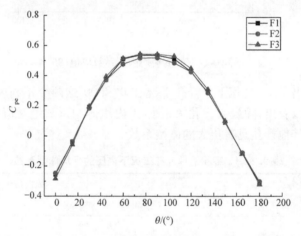

图 9.5　不同开孔工况下南纵墙外压系数的面积加权平均值

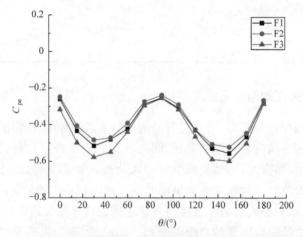

图 9.6　不同开孔工况下北纵墙外压系数的面积加权平均值

　　由于厂房模型屋盖在不同风向角下所受的合力基本为吸力,因此这里仅讨论屋盖受最大净风吸力的情况。同样,对屋盖各表面的风荷载也进行类似分析可以得到,屋盖的最不利净风吸力出现在 30°和 0°风向角下(见 6.3 节),而屋盖内表面的最大正压仍然出现在 0°风向角下。图 9.7 绘出了屋盖外表面面积加权平均风压随风向角的变化趋势。可以看出,屋盖整体的最大外部吸力出现在长边纵墙垂直迎风,即 90°风向角的情况下。由此可见,对屋盖来说,其最大净风吸力并非出现在最大内压或者最大外部吸力的风向角下。对于上述 3 种开孔情况,如果按照内外表面风压的最不利情况直接进行组合,所得到的屋盖最大平均净风吸力分别为试验测得的最大净风吸力的 1.4、1.4 和 1.5 倍,显得较为保守。

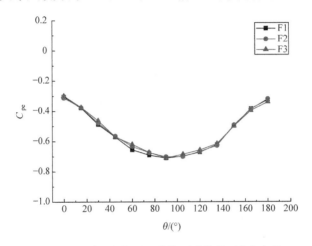

图 9.7　不同风向角下屋盖外压系数的面积加权值

通过图 9.5～图 9.7 的比较还可以发现,山墙存在不同尺寸的单一开孔情况对屋盖和迎风南纵墙的外压受力大小影响不大,但是对背风纵墙受到的吸力有明显的影响。其中,大开孔 F1 和 F2 的北纵墙受力特性较为接近,而小开孔 F3 的背风纵墙在 30°和 150°等附近风向角下所受的整体吸力有大幅提升,但在 90°风向角时,3 个开孔工况下北纵墙的整体受力情况又趋于一致。

在了解屋盖和纵墙各表面风压及净风合力最不利风向的基础上,再来进行相应的内外压组合系数的研究。以结构所受的最不利净风荷载为等效原则,按照以下方法分别确定内外压的组合系数:

$$\bar{C}_{pn}^{max} = \varphi_{e1}\bar{C}_{pe}^{max} - \varphi_{i1}\bar{C}_{pi}^{min} \tag{9.6}$$

$$\bar{C}_{pn}^{min} = \varphi_{e2}\bar{C}_{pe}^{min} - \varphi_{i2}\bar{C}_{pi}^{max} \tag{9.7}$$

式中,$\bar{C}_{pn}^{max}$ 和 $\bar{C}_{pn}^{min}$ 为最大正、负平均净风荷载,其符号同外压;$\bar{C}_{pe}^{max}$ 和 $\bar{C}_{pe}^{min}$ 为最大正、负平均外风荷载;$\bar{C}_{pi}^{max}$ 和 $\bar{C}_{pi}^{min}$ 为最大正、负平均内风荷载;φ_{e1} 和 φ_{e2} 为最大正、负均外压的组合系数;φ_{i1} 和 φ_{i2} 为最大正、负均内压的组合系数。

为了求解式(9.6)和式(9.7)中的 4 个组合系数,需要补充额外的方程。考虑到相比外压,内压具有均匀性且随风向角变化具有良好的规律性,可以先通过最大净风吸(压)力出现风向角下的内压和最大正(负)内压值之比确定相应的内压组合系数,然后通过式(9.6)和式(9.7)反算出外压所需要的组合系数。根据这一思路,表9.3给出了上述厂房在3种开孔工况下的纵墙最大平均净风压力、最大平均净风吸力以及屋盖最大平均净风吸力所分别对应的内外压组合系数。

表 9.3　厂房开孔工况的内外风压组合系数

工况	屋盖最大平均净吸力		纵墙最大平均净压力		纵墙最大平均净吸力	
	φ_{i2}	φ_{e2}	φ_{i1}	φ_{e1}	φ_{i2}	φ_{e2}
F1	0.82	0.66	1.00	0.99	0.97	0.71
F2	1.00	0.44	1.00	0.97	0.93	0.76
F3	1.00	0.38	1.00	1.00	0.92	0.82

从表9.3可知,计算屋盖的平均净吸力时,当开孔率小于25%时,内压组合系数可取1.0,而当开孔率达到50%时,内压组合系数仅为0.82。与此不同的是,屋盖的外压组合系数相对较小,最低仅为0.38并且随开孔率的减小而降低。对于纵墙的最大平均净风压,内外压的组合系数均可以取1,表明此时最大平均内部吸力和最大平均外部压力是同时发生的。纵墙的最不利平均净风吸力则出现在靠近最大平均正内压的风向角下,因为此时内压组合系数均在0.9以上,而相应的外压组合系数为0.7~0.8,且随着开孔率的减少呈现增长的趋势。综合对比墙面和屋面的组合系数可以发现,不考虑组合系数的折减而直接采用最不利的内外压系数组合对墙面的净风荷载估计有一定的合理性,此时仅略高估了外压的最大风吸力值。但是对于屋盖的净风吸力,直接组合法则可能会显得过于保守。

在实际应用式(9.6)和式(9.7)时,内压系数可取最不利正、负值(如在开孔垂直迎风或者平行来流的情况下),而外压系数可根据现行《荷载规范》方法计算,即采用体型系数和风压高度变化系数来反映,具体公式如下:

$$C_{pe} = \mu_{se}\mu_z / \mu_{zr} \tag{9.8}$$

式中,μ_{se}为外压体型系数,当其分别取迎风墙面和侧风墙面所对应的体型系数时,所得到的外压系数即可认为是最大平均正、负外压。

9.2　极值内压设计取值

已有的风灾调查[13,14]显示,大量低矮房屋在强风作用下的破坏形式主要表现为围护结构的损坏,如屋盖的撕裂和掀起等。当在建筑墙面开孔时,屋盖将受到内部上升气流和外表面吸力的共同作用,增加了其在恶劣风环境下的破坏风险。文献[15]认为,屋盖迎风端部的外部吸力与内压具有高度的相关性,所形成的净风吸力将会超过规范建议值。由于内压具有 Helmholtz 共振的响应特性[16]，其脉动值可能会超过外压，从而增加了结构所受的脉动净风压。而与建筑围护结构抗风设计紧密相关的正是极值内压的设计取值，因此正确地认识和评估建筑内部极值风荷载对其抗风设计具有同样重要的意义。9.1 节已经介绍了建筑平均内部风压的计算方法，本节将重点介绍极值内压的计算方法。

由于建筑脉动内压响应的复杂性，导致实际设计中仍然有不少问题有待深入研究。《荷载规范》[6] 中采用平均风压乘以阵风系数的方法来估算围护结构的极值风荷载，并对有限的几种开孔情况下的内压体型系数进行了规定。因为《荷载规范》中采用了随高度变化的影响系数和阵风因子，由此可以得到随高度变化的极值内压设计值。然而实际情况中，全封闭或存在主导开孔的建筑内压响应均具有较好的一致性[17]，即沿高度方向的内压响应相差不大。另外，在《荷载规范》中，应用来流湍流强度计算得到的阵风因子可能与内压真实的阵风因子有所不同，例如，对全封闭的建筑，其内压脉动响应通常远小于来流脉动。此外，关于极值内压计算中峰值因子的取值也仍存在一定的分歧。《荷载规范》给出的建议取为 2.5，而国外规范[1,2] 则通常采用 Davenport[18] 建议的公式计算峰值因子。已有的文献[12,19] 也已经指出，建筑开孔后内部风压的峰值因子可以提高到 3.2 以上，这一点由第 6 章的研究也可以证实。为了实现建筑内部极值风压的准确评估，本节将对第 6 章所述的不同开孔情况下厂房模型的屋盖和纵墙极值内风压取值进行研究，并与现有规范的估计值进行对比分析，在此基础上，提出围护结构极值内压的设计方法。

9.2.1　极值内压的计算方法

建筑围护结构内部极值风荷载的计算方法通常是采用平均风荷载加上具有一定概率保证率的脉动风荷载值，其计算公式如下：

$$\hat{W}_{\text{pi}} = \overline{W}_{\text{pi}} \pm g\widetilde{W}_{\text{pi}} \tag{9.9}$$

式中，$\hat{W}_{\text{pi}}$、$\overline{W}_{\text{pi}}$ 和 $\widetilde{W}_{\text{pi}}$ 分别表示内压的极值、平均值和均方根值；g 为峰值因子。当有大量的试验或者实测数据时，采用式（9.9）将得到较为可靠的极值内压。

为了便于设计应用，《荷载规范》给出了一套简化的计算方法。根据该方法，极值内压 $\hat{W}_{\text{pi}}$ 可以表示为

$$\hat{W}_{\text{pi}} = \beta_{gz}\mu_{\text{sl}}\mu_z W_0 \tag{9.10}$$

$$\beta_{gz} = 1 + 2gI(z) \tag{9.11}$$

式中，β_{gz} 为阵风因子；μ_{sl} 为风压的局部体型系数；W_0 为基本风压；$I(z)$ 为 z 高度处的来流湍流强度。

由式（9.10）可知，采用该方法可得到沿建筑高度变化的极值内压，这与实际情况不符。与《荷载规范》不同的是，国外大部分规范针对不同开孔情况下的建筑内压均采用相应的不随高度变化的定值来描述。由此可见，在计算极值内压时，需要

对规范中建议方法进行适当调整。为此,本节中提出了改进的极值内压计算式:

$$\hat{W}_{pi} = \beta_{gzi} C_{pi} \mu_{zr} W_0 \tag{9.12}$$

式中,μ_{zr}代表参考高度处的风压高度变化系数,其中参考高度可以参考国外规范[1,2]取建筑屋盖处的高度;β_{gzi}为内压阵风因子。

在计算高斯过程的极值内压中,峰值因子采用 Davenport 建议的方法估算[18],其表达式为

$$g = \sqrt{2\ln vT} + 0.5772/\sqrt{2\ln vT} \tag{9.13}$$

式中,T 为风荷载时程的时距;v 为随机过程的平均过零率。

然而在实际情况中,由于气流分离和涡脱等因素的影响,风荷载在屋盖和侧风墙面等部位的分布可能呈现非高斯特性[20,21],从而导致峰值因子的取值也会有所不同。当考虑内压非高斯特性的影响时,其峰值因子计算可以采用偏度非高斯峰值因子法[22],具体的计算公式参见式(6.69)。

本节将选取厂房(见第 6 章)的 4 种不同开孔情况进行计算。为了方便讨论,将其分别定义为:工况 1,全封闭,即建筑表面无开孔;工况 2,仅西山墙开孔,开孔尺寸为 $100m(W) \times 52m(H)$(开孔率约为 50%);工况 3,仅西山墙开孔,开孔尺寸为 $30m(W) \times 52m(H)$(开孔率约为 15%);工况 4,西山墙开 $100m(W) \times 52m(H)$ 洞的同时东山墙完全敞开(开孔率 100%)。

首先分析不同工况下内压的非高斯特性,6.5 节已经分析了工况 3 和工况 4 的偏度系数和峰度系数,图 9.8 和图 9.9 仅补充给出不同风向角下工况 1 和工况 2 的偏度系数和峰度系数。可以看出,全封闭工况 1 下内压的偏度系数和峰度系数均接近标准高斯分布的取值。因此,封闭状态下的建筑内压可以采用 Davenport 提出的高斯峰值因子[式(9.13)]。对于单一开孔工况 2 和工况 3,以及两端山墙开孔工况 4,偏度系数和峰度系数均偏离了标准的高斯值,内压响应呈现非高斯特性,故应采用非高斯峰值因子。

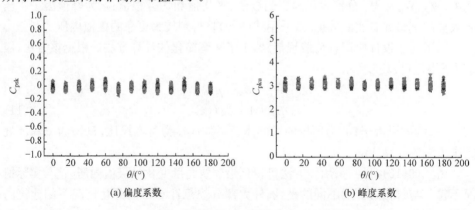

(a) 偏度系数　　　　　　　　(b) 峰度系数

图 9.8　工况 1 全封闭建筑内压的风度和偏度系数

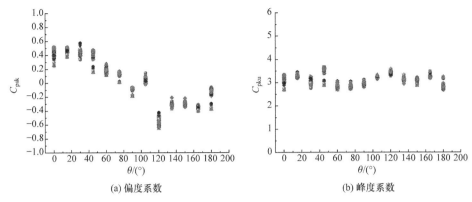

(a) 偏度系数　　　　　　　　　　(b) 峰度系数

图 9.9　工况 2 单一开孔建筑内压的风度和偏度系数

图 6.50 已经给出了不同风向角下工况 2～4 的屋盖内压峰值因子分布,可以看出,不同风向角下屋盖内压的平均峰值因子为 3.0～4.0,超过了《荷载规范》所建议的 2.5。其平均分布更加接近国外规范的建议取值,如日本规范建议取为 3.5。

9.2.2　极值内压的分布

对于屋盖,其最不利的内压为垂直屋盖向上的升力,即正的极值内压。为了描述屋盖所受的最不利极值内压的分布情况,首先采用式(9.9)获得不同风向角下屋盖内表面的极值风压,然后统计各测点极值内压的最大值,以此作为屋盖所受的最不利内压状态。考虑到全封闭状态下,内压响应基本为负值且正的内压极值也比较小,为了便于后面与规范比较,这里对全封闭工况仅讨论其最不利的负极值内压。

图 9.10 给出了屋盖内表面的最不利内压极值的分布。在所有试验工况中,全封闭工况内压基本为负值,对屋盖受力最为有利,内压极值吸力约为 $-0.18 \mathrm{kN/m^2}$。当厂房存在小开孔即工况 3 时,屋盖所受到的向上极值升力最大,达到 $1.8 \mathrm{kN/m^2}$,且各测点的最不利值均出现在 0° 风向角,即开孔迎风时。这是因为小开孔模型的平均内压值要大于大开孔工况。而当两端山墙同时敞开时,各测点最大极值内压均出现在 180° 风向角。由于此时大部分气流从厂房内部穿过,屋盖的极值升力相比单一开孔情况有明显减弱。

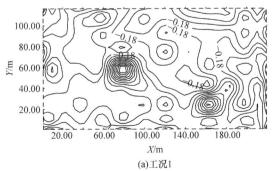

(a) 工况 1

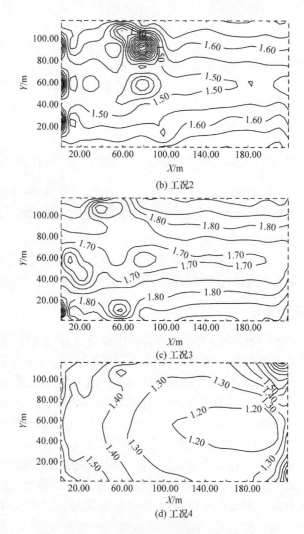

图 9.10　各工况下屋盖最不利极值内风压分布

　　为了与《荷载规范》中的建议取值进行比较,表 9.4 列举了按《荷载规范》方法即式(9.10)计算得到的屋盖内表面极值风荷载。考虑到国内外规范对峰值因子取值存在的差异性,表 9.4 分别给出了 g 为 2.5 和 3.5 时的设计极值内压计算结果。由于《荷载规范》中并未给出与试验两端开孔情况相对应的内压体型系数,因此这里不对该工况进行比较分析。可以看出,无论哪种峰值因子取值,规范方法得到的全封闭状态下的屋盖内压极值均远超过相应的风洞试验结果。导致这一差异的主要原因在于规范方法在计算全封闭状态下的极值内压时仍然采用来流的湍流强度 $I(z)$ 来估计阵风因子,而实际全封闭情况下建筑的内压脉动响应很小,远小于来流的脉动。风洞试验结果表明,在全封闭情况下,与最不利极值荷载$-0.18\mathrm{kN/m^2}$

相对应的平均内压已达到了 -0.15kN/m^2，由此可见，内压脉动分量对极值荷载的贡献有限。因此，规范中采用来流脉动来估算极值风压的方法将会放大内压脉动荷载，从而高估全封闭情况下建筑的极值内压。对于单一开孔情况下的屋盖，当峰值因子按《荷载规范》的建议取 2.5 时，其计算值明显小于试验得到的极值内压。然而当峰值因子取 3.5 时，按《荷载规范》的计算结果已经接近试验值。这说明在现有规范的设计方法下，有必要提高峰值因子的取值以准确评估屋盖围护结构的设计内压。

表 9.4　规范方法计算的极值内压

开孔工况	极值内压/(kN/m^2)	
	$g=2.5$	$g=3.5$
工况 1	-0.42	-0.48
工况 2	1.25	1.43
工况 3	1.66	1.91

　　类似地，为了解纵墙的极值内压取值情况，图 9.11 给出了南纵墙内表面最不利极值内压的分布。通过与图 9.10 相比较可知，各工况下的纵墙极值内压取值与屋盖基本相似。随着高度的增加，墙面的极值内压略微有减少趋势，但其最大值和最小值之间相差较小，可以认为其是均匀分布的。因此，从工程设计的角度来看，上述各工况下建筑极值内压可以分别采用定值来近似描述。

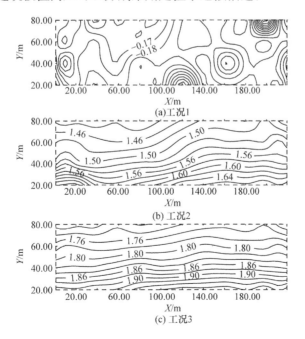

(a)工况1

(b) 工况2

(c) 工况3

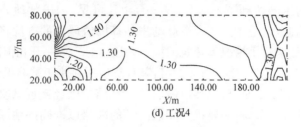

(d) 工况4

图 9.11　各工况下纵墙最不利极值内压分布

为了进一步分析《荷载规范》方法对建筑纵墙内表面设计风压的预测效果，图 9.12 给出了两种峰值因子(g 为 2.5 和 3.5)取值下纵墙极值内压的规范计算结果。可以看出，由于受风压高度变化系数的影响，规范方法计算得到的极值内压随着高度增加而显著增大。这与实际内压较为均匀的分布情况有所不同。全封闭状态下规范值也同样是高估了纵墙实际的极值内压。对于单一开孔情况，当 $g=$ 2.5 时，规范给出的两种开孔情况的建议取值分别为 $0.9 \sim 1.2\mathrm{kN/m^2}$（大开孔）以及 $1.3 \sim 1.7\mathrm{kN/m^2}$（小开孔），明显小于试验得到的纵墙内压极值。而当峰值因子 $g=3.5$ 时，大、小开孔的对应取值分别增加到 $1.1 \sim 1.4\mathrm{kN/m^2}$ 和 $1.5 \sim 1.9\mathrm{kN/m^2}$。尽管此时两种开孔情况下极值内压的取值均有所增大，但是对于 60m 高度以下的纵墙区域，《荷载规范》中给出的极值内压仍小于试验值。例如，在纵墙底部 20m 高度处的最大偏差分别达到 44%（大开孔）和 25%（小开孔）。

已有研究[23]表明，内压响应还与开孔的位置紧密相关。例如，单一开孔建筑的内压均值和脉动均方根值会随着开孔位置高度的提升而有所增加[23]。由此推测，当建筑物外墙的开孔位置较高时，其所受的极值内压可能比低开孔的情况更为不利。因此，对于高开孔的建筑，现行《荷载规范》会低估墙面的设计内压。

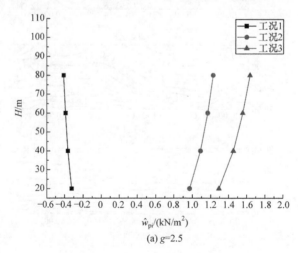

(a) $g=2.5$

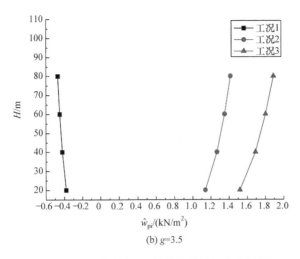

(b) $g=3.5$

图 9.12　按《荷载规范》计算的纵墙极值内风压

9.2.3　极值内压的设计参数取值

由《荷载规范》的设计方法可知,阵风因子是计算极值内压的关键参数。因此,正确认识峰值因子的实际取值规律将有助于提升围护结构的抗风设计安全性。图 9.13 给出了不同高度处规范阵风因子与试验阵风因子的比较。其中,在计算规范阵风因子时峰值因子 g 取 3.5。试验阵风因子则是由极值内压与平均内压之比得到。图中不同高度的试验阵风因子是由该高度各测点阵风因子经面积加权平均后得到的。由图 9.13 可知,对于全封闭和单一开孔建筑,试验得到的内压阵风因子沿高度变化很小,且单一开孔情况下该值随着开孔面积减少有增加的趋势。

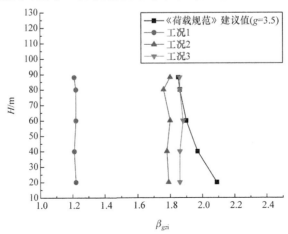

图 9.13　不同高度处规范与试验阵风因子比较

然而,由《荷载规范》[见式(9.11)]得到的阵风因子分布则随高度的增加而减小,近似于湍流强度剖面。由于全封闭工况下内压脉动响应比较微弱,其阵风因子仅为1.2,远小于单一开孔工况。由此可见,《荷载规范》对于封闭建筑的内压阵风因子应该进行适当的折减。

综合以上分析可见,相比现行的《荷载规范》,国外规范中所采用的规定极值内压系数的方法则显得更加符合实际内压响应的特点。本节中所建议的式(9.12)也是基于这一思路提出的。在实际应用过程中,还需要给出关键设计参数 $\beta_{gzi}C_{pi}$ 的取值。针对该厂房试验模型,取屋盖高度($H=88$m)为参考高度,采用式(9.12)并结合已有的极值内压数据,可以反算无量纲设计参数 $\beta_{gzi}C_{pi}$,其结果见表9.5。表中列出了各测点经面积加权平均后得到的屋盖和纵墙内压设计参数取值。由表9.5可知,4种试验工况下屋盖和纵墙的内压设计参数均十分接近,可以采用统一的定值来描述,即对于工况1~4,参数 $\beta_{gzi}C_{pi}$ 可以分别取为-0.14、1.20、1.40和1.03。

表 9.5　设计参数的建议取值

工况	屋盖	纵墙
1	-0.14	-0.14
2	1.19	1.20
3	1.38	1.40
4	1.03	1.01

9.3　本章小结

基于前面各章对风致内压响应特性的大量理论和试验研究的基础上,本章从规范抗风设计的角度出发,对建筑平均内压和极值内压的设计取值方法进行了探索,考察了内压系数的取值规律,提出了考虑内外压组合系数的新设计思路,结合试验数据分析了现有规范的不足并构建了一套基于内压系数的平均和极值内压设计计算方法。本章的研究目标主要为设计规范的完善以及后续的内压研究提供新的思路和方向,所提出的相关设计参数取值仍需要更多的试验数据进行补充和校验才能形成规范设计所需的建议值数据库。本章研究的主要成果如下:

(1)《荷载规范》给出的内压体型系数是均匀分布的统一值,与试验得到的沿高度变化的内压体型系数有所不同。屋盖内表面风压的最大正、负体型系数值(均指绝对值最大)要小于相应的墙面结果。因此如果按照现有规范设计体系进行内压计算,应当对屋盖和墙面的内压分别取不同的体型系数值。

(2)单一开孔厂房风洞试验结果的分析表明,最大正、负内压体型系数的绝对值并不相同,设计时应该有所区分,而不应采用统一绝对值。《荷载规范》所建议的体型系数可能会低估纵墙的平均内压值。

（3）采用内压系数的计算方法可以反映内压的实际分布规律。对本章试验模型而言,最大正内压系数基本分布在 0.6～0.7,且开孔位置越靠近墙面中心、开孔高度越高,该内压系数值越大。然而对应的最大负内压系数分布在 -0.45～-0.65,并且该值随着开孔率的增大反而呈现增加（指绝对值）的趋势,但是受参数 S^* 的影响不显著。

（4）对开孔厂房屋盖和纵墙的各表面风压及净风荷载的考察表明,大部分情况下最不利净风荷载并不出现在内、外压同时达到最大的情况。其中仅对于纵墙的最大净风压力,可以直接采用最不利的正外压和负内压进行组合,而其他情况均需要引入相应的内外压组合系数。

（5）由不同风向角下屋盖和两纵墙的整体外压分布特点可以发现,山墙存在不同大小的开孔对屋盖和迎风南纵墙的外压受力影响不大,但是对背风纵墙受到的吸力有明显的影响。相比前面两种大开孔工况,小开孔 F3 的背风纵墙则在 30° 和 150°等附近风向角下受到更大的整体吸力作用。

（6）对屋盖和墙面的组合系数比较表明,若直接采用最不利的内外组合的设计方法对墙面的净风荷载估计有一定的合理性,此时仅略微高估了外压的最大风吸力值。但是对于屋盖的净风吸力,直接组合法可能会显得过于保守,它将高估实际的净风荷载达 40%～50%。

（7）风洞试验研究表明,厂房在全封闭、单开孔和两端山墙开孔工况下,最不利的极值内压近似于均匀分布,可分别采用定值来描述。这与现行规范设计方法得到的沿高度变化的设计内压值有所区别。

（8）封闭厂房的内压响应基本服从标准高斯过程。相比单一山墙开孔的情况,厂房在两端山墙同时开孔后内压响应的非高斯特性更为明显。对于不同开孔模型,试验得到的内压峰值因子取值基本在 3～4,大于规范值 2.5。建议设计中考虑提高峰值因子取值。

（9）《荷载规范》方法高估了厂房在全封闭状态下的极值内压,但低估了单一开孔建筑墙面较低部位的极值内压。

（10）针对本章提出的极值内压设计公式,不同开孔工况下厂房的设计参数 $\beta_{gzi}C_{pi}$ 取值为:全封闭状态取 -0.14、山墙单开孔取 1.20（开孔率 50%）和 1.40（开孔率 15%）、两端山墙同时开孔取 1.03。

参 考 文 献

[1] AIJ 2004. Recommendations for Loads on Buildings[S]. Tokyo: Architecture Institute of Japan, 2004.

[2] ASCE. ASCE/SEI 7-05 Minimum Design Loads for Buildings and Other Structures[S]. New York: ASCE, 2005.

[3] National Research Council Canada. NRCC User's Guide-NBC Structural Commentaries(Part 4 of Division B)[S]. Ottawa: NRCC, 2005.

[4] Technical Committee CEN/TC250. Structural Eurocodes Eurocode 1: Actions on Structures-General Actions-Part 1-4: Wind Actions[S]. London: British Standards Institution, 2004.

[5] Building and Civil Engineering Sector Board. BS6399-2: 1997, Loading for Buildings-Part 2: Code of Practice for Wind Loads[S]. London: British Standards Institution, 1997.

[6] 中华人民共和国建设部. GB 50009—2012 建筑结构荷载规范[S]. 北京: 中国建筑工业出版社, 2012.

[7] 李寿科. 屋盖开孔的近地空间建筑的风效应及等效静力风荷载研究[D]. 长沙: 湖南大学, 2013.

[8] 李秋胜, 王云杰, 李建成, 等. 屋盖角部开孔的低矮房屋屋面风荷载特性研究[J]. 湖南大学学报(自然科学版), 2014, 41(6): 1-8.

[9] Sharma R N, Richards P J. The influence of Helmholtz resonance on internal pressures in a low-rise building[J]. Journal of Wind Engineering and Industrial Aerodynamics, 2003, 91(6): 807-828.

[10] Standards Australia/Standards New Zealand. AS/NZS1170. 2 Structural Design Actions, Part 2: Wind Actions[S]. Sydney and Wellington: Standards Australia and Standards Newzealand, 2002.

[11] Holmes J D, Ginger J D. Internal pressures-The dominant windward opening case-A review[J]. Journal of Wind Engineering and Industrial Aerodynamics, 2012, 100(1): 70-76.

[12] 徐海巍, 楼文娟, 余世策. 建筑围护结构内部设计风荷载研究[J]. 建筑结构学报, 2016, 37(12): 41-48.

[13] 孙炳楠, 傅国宏, 陈鸣, 等. 94 年 17 号台风对温州民房破坏的调查[J]. 浙江建筑, 1995, (4): 19-23.

[14] Henderson D J, Ginger J, Leitch C, et al. Tropical cyclone Larry damage to buildings in the Innisfail area[R]. Townsville: James Cook University, 2006.

[15] Sharma R N, Richards P J. Net pressures on the roof of a low-rise building with wall openings[J]. Journal of Wind Engineering and Industrial Aerodynamics, 2005, 93(4): 267-291.

[16] Ginger J D , Holmes J D, Kim P Y. Variation of internal pressure with varying sizes of dominant openings and volumes [J]. Journal of Structure Engineering, 2010, 136 (10): 1319-1326.

[17] Holmes J D. Mean and fluctuating pressures induced by wind[C]//Proceedings of the 5th International Conference on Wind Engineering, Fort Collins, 1979: 435-450.

[18] Davenport A G. Note on the distribution of the largest value of a random function with application to gust loading[J]. Proceedings of the Institution of Civil Engineering, 1964, 28(2): 187-196.

[19] 余世策,楼文娟,孙炳楠,等. 开孔结构内部风效应的风洞试验研究[J]. 建筑结构学报,
　　　2007,28(4):76-82.

[20] 李寿科,李寿英,陈政清,等. 大跨开合式屋盖峰值风压的试验研究[J]. 振动与冲击,2010,
　　　29(11):66-72.

[21] 林巍,楼文娟,申屠团兵,等. 高层建筑脉动风压的非高斯峰值因子方法[J]. 浙江大学学报
　　　(工学版),2012,46(4):691-697.

[22] 林巍,黄铭枫,楼文娟. 大跨屋盖脉动风压的非高斯峰值因子计算方法[J]. 建筑结构,2013,
　　　43(15):83-87.

[23] 徐海巍,余世策,楼文娟. 开孔结构内压脉动影响因子的试验研究[J]. 浙江大学学报(工学
　　　版),2014,48(3):487-491.

后　　记

　　针对目前有关内压设计取值认识不足的现状,本书对建筑风致内压响应的理论评估方法、风洞试验模拟策略以及数值模拟技术进行了详细介绍,并最终从规范设计的角度提出了内压抗风设计取值的方法。通过本书读者在认识建筑内部风效应特点的同时,可以从多角度来对内压设计取值进行评估。尽管本书的内容能够反映目前内压研究的主要和最新成果,但由于内压响应机理的复杂性以及开孔形式的多样性,依然有许多方面的内容有待充实和完善。这就需要对该研究领域的难题和新问题进行不断地探索和研究,才能形成一套完善的建筑风致内压响应的理论评估体系从而为工程抗风设计服务。从研究现状来看,有以下几方面问题值得深入探讨:

　　(1)孔口特征参数取值的不确定性一直是限制内外压传递方程在工程上应用的最主要原因。虽然本书第3章对单一开孔的孔口特征参数 C_I 和 C_L 做了大量研究,为参数取值提供了一些依据和方法,但是仍有一些悬而未决的问题。其中损失系数 C_L 的取值仍是一大难点。本书给出的经验预测方法中包含3个待定的常数,而这些常数的取值和影响因素仍需要通过大量的试验数据来确定。

　　(2)内压脉动均方根简化预测方法的确定。尽管 Holmes 提出的内压脉动均方根简化预测方法能够较好地反映内压脉动的变化规律,但是方程中还存在3个待定参数,因此无法直接应用该方程来预估内压的脉动响应。因此若要将该方程应用于实际设计,待定参数的确定是必须解决的关键问题。

　　(3)内压的涡激共振响应是目前内压研究的一个热点。目前对内压涡激共振的产生机理和理论评估方法尚缺乏深入的了解。继续开展内压涡激特性的研究,无论对完善内压的理论研究体系还是服务规范设计都有重要意义。

　　(4)屋盖开孔是工程中容易遇到的情况,但目前有关屋盖开孔时风致内压响应的研究开展得较少,这也就直接导致了规范取值的空白。本书第7章对屋盖开孔情况下的内压响应进行了初探,并指出屋盖开孔时内压响应与墙面开孔时有十分明显的差异。因此,深入考察屋盖开孔情况下内压的响应特性和评估方法是尤为必要的。

　　(5)虽然 CFD 数值风洞技术日益成熟,但是目前仍主要应用在建筑内外表面平均压力的预测上,而对于内压脉动响应的预测比较少见。那么应用 CFD 瞬态模拟技术来进行脉动内压时程的计算是否可靠,以及如何考虑围护结构(如屋盖)由于柔性变形与内压相互作用而产生的流固耦合问题也是 CFD 数值风洞技术未来所需要解决的难题。

最后感谢所有读者对本书的关注和阅读，希望本书的内容对您的学习、设计和研究等有所启发和帮助。

徐海巍

2017 年 3 月于浙江大学

编　后　记

　　《博士后文库》（以下简称《文库》）是汇集自然科学领域博士后研究人员优秀学术成果的系列丛书。《文库》致力于打造专属于博士后学术创新的旗舰品牌，营造博士后百花齐放的学术氛围，提升博士后优秀成果的学术和社会影响力。

　　《文库》出版资助工作开展以来，得到了全国博士后管委会办公室、中国博士后科学基金会、中国科学院、科学出版社等有关单位领导的大力支持，众多热心博士后事业的专家学者给予积极的建议，工作人员做了大量艰苦细致的工作。在此，我们一并表示感谢！

《博士后文库》编委会